高职高专机电类专业系列教材

机械工业出版社精品教材

液压与气压传动

第 3 版

主　编　马振福

副主编　赵堂春　朱青松

参　编　王学雷　乔彩颖

机械工业出版社

本书为高职高专机电类教材，全书包括液压传动与气压传动两部分。主要内容包括：液压与气压传动基本知识、液压动力装置、液压执行元件、液压控制元件及基本回路、液压辅助元件、液压传动系统实例、液压系统的设计与计算、液压伺服系统、液压传动系统的安装调试和故障分析、气源装置及辅助元件、气动执行元件、气动控制元件及基本回路、气压传动系统实例、气压传动系统设计、气压传动系统的安装调试和故障分析。

本书着重基本概念和原理的阐述，注重理论知识的应用，力求实现知识与技能的综合，为了体现液压与气动元件的直观性，增强读者对液压与气动元件的感性知识，本书增加了液压和气动元件的实物照片图。为了培养读者理论联系实际的能力，本书在相应章节中增加了技能实训项目。

本书可作为高职高专院校机电类相关专业教材，也可供工程技术人员和工人参考。

为方便教学，本书配有电子课件、思考题和习题解答、模拟试卷及答案。凡选用本书作为授课教材的教师均可来电免费索取。咨询电话：010-88379375。

图书在版编目（CIP）数据

液压与气压传动/马振福主编. —3 版. —北京：机械工业出版社，
2020.10（2024.1重印）
高职高专机电类专业系列教材　机械工业出版社精品教材
ISBN 978-7-111-66672-1

Ⅰ.①液… Ⅱ.①马… Ⅲ.①液压传动-高等职业教育-教材②气压传动-高等职业教育-教材 Ⅳ.①TH137②TH138

中国版本图书馆 CIP 数据核字（2020）第 184004 号

机械工业出版社（北京市百万庄大街22号　邮政编码100037）
策划编辑：于　宁　责任编辑：于　宁　王　宁
责任校对：梁　静　封面设计：陈　沛
责任印制：邓　博
天津翔远印刷有限公司印刷
2024 年 1 月第 3 版第 5 次印刷
184mm×260mm·18 印张·440 千字
标准书号：ISBN 978-7-111-66672-1
定价：49.50 元

电话服务　　　　　　　网络服务
客服电话：010-88361066　机 工 官 网：www.cmpbook.com
　　　　　010-88379833　机 工 官 博：weibo.com/cmp1952
　　　　　010-68326294　金 书 网：www.golden-book.com
封底无防伪标均为盗版　机工教育服务网：www.cmpedu.com

前　言

本书是为适应我国高职高专教育的需要而编写的。本书第 1 版于 2004 年 1 月正式出版，于 2013 年 1 月做了修订。本书自出版以来受到使用者的广泛好评，在高职高专的教学方法的改革中，获得了良好的教学效果。

随着教育教学方法改革的不断深化，社会对技术人才的需求也不断变化，为了更好地培养应用型工程技术人才，更好地为工程实际服务，现对第 2 版再次进行修订。

在修订过程中，在保证应用的稳定性和保持原有特色的基础上，对第 2 版做了适当的调整。为了更好地体现本书的实践性、元件的直观性，增强读者对液压与气动元件的感性知识，本版增加了液压和气动元件的实物照片图。为了实现知识与技能的综合、理论与实践的综合，本版在相应的章节中安排了技能实训项目，用以培养读者安装、调试和设计液压与气压传动系统的能力，培养读者分析、排除液压与气动元件和系统常见故障的能力。

本版由马振福、赵堂春、朱青松、王学雷和乔彩颖共同编写。其中，马振福编写了绪论、第一、四、六、九章，王学雷编写了第二、三章，乔彩颖编写了第五、七、八章，朱青松编写了第十、十一、十二章（第一、二、三、五节），赵堂春编写了第十二章（第四节）、十三、十四、十五章。本版由马振福任主编，赵堂春、朱青松任副主编。

由于我们编写水平有限，书中难免有疏漏之处，敬请广大读者指正。

编　者

目　录

绪 论

液压与气动技术是机电设备中发展速度最快的技术之一，特别是近年来，随着机电一体化技术的发展，液压与气动技术向更广阔的领域渗透。它是实现工业自动化的一种重要手段，具有广阔的发展前景。

液压与气压传动是以流体（液压油或压缩空气）为工作介质进行能量传递和控制的一种传动形式。利用各种元件组成不同功能的基本回路，再由若干个基本回路有机地组合成能完成一定控制功能的传动系统来进行能量的传递、转换和控制，以满足机电设备对各种运动和动力的要求。

一、液压与气压传动的工作原理

1. 液压传动的工作原理

（1）液压千斤顶　液压与气压传动的基本工作原理是相似的，现以图 0-1 所示的液压千斤顶为例，简述液压传动的工作原理。由图 0-1 可知，大缸体 9 和大活塞 8 组成举升缸，杠杆手柄 1、小缸体 2、小活塞 3、单向阀 4 和 7 组成手动液压泵。如提起手柄使小活塞向上移动，小活塞下腔容积增大，形成局部真空，于是油箱 12 中的油液在大气压力的作用下，通过吸油管 5 推开单向阀 4 进入小活塞下腔（此时单向阀 7 关闭），即手动液压泵吸油。当用力压下手柄时，小活塞下移，其下腔的密封容积减小，油压升高，单向阀 4 关闭，单向阀 7 打开，下腔的油液经管道 6 进入大缸体 9 的下腔，迫使大活塞 8 向上移动一段距离，举起重物，即完成一次压油动作。当再次提起手柄吸油时，举升缸下腔的压力油将力图倒流入手动液压泵内，但此时单向阀 7 自动关闭，使油液不能倒流，从而保证了重物不会自行下落。不断地往复提、压手柄，就能不断地把

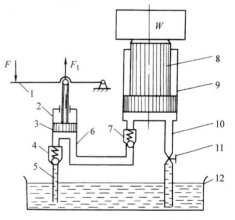

图 0-1　液压千斤顶工作原理

1—杠杆手柄　2—小缸体　3—小活塞
4、7—单向阀　5—吸油管　6、10—管道
8—大活塞　9—大缸体　11—截止阀　12—油箱

油液压入举升缸下腔，使重物逐渐升起，达到起重的目的。当工作完毕，打开截止阀 11，举升缸下腔的油液通过管道 10、阀 11 流回油箱，大活塞在重物和自重作用下向下移动，回到原始位置。

由液压千斤顶的工作过程可知，小液压缸与单向阀 4 和 7 一起完成吸油与压油，将杠杆的机械能转换为油液的压力能输出，称为（手动）液压泵。大液压缸将油液的压力能转换

为机械能输出，顶起重物，称为执行元件（液压缸）。在这里大、小液压缸组成了最简单的液压传动系统，实现了运动和动力的传递。

（2）机床工作台的液压传动系统 图 0-2a 为机床工作台液压系统结构原理。它由油箱 1、过滤器 2、液压泵 3、溢流阀 4、换向阀 5 和 7、节流阀 6、液压缸 8 以及连接这些元件的油管、接头等组成。

该系统的工作原理是：电动机驱动液压泵旋转，从油箱经过滤器吸油，泵输出的压力油→换向阀 5→节流阀 6→换向阀 7→液压缸 8 左腔，推动活塞而使工作台 9 向右运动。这时液压缸 8 右腔的油液→换向阀 7→回油管①→油箱。如果将换向阀 7 手柄转换成图 0-2b 所示状态，则压力油→换向阀 7→液压缸右腔，推动活塞而使工作台向左运动。并使液压缸左腔油液→换向阀 7→回油管①→油箱。

工作台的运动速度是由节流阀 6 来调节的。改变节流阀的开口大小，可以改变进入液压缸的流量，从而控制液压缸活塞的运动速度。

为了克服推动工作台时受到的各种阻力，液压缸必须产生一个足够大的推力，而这个推力是由液压缸中的油液压力所产生的。要克服的阻力越大，缸中的油液压力就越高；阻力小，压力就低。这就说明了液压传动的一个基本原理，即压力取决于负载。

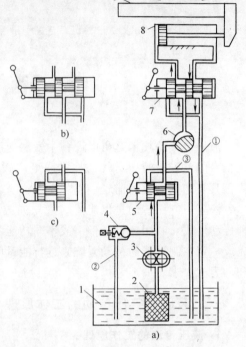

图 0-2 机床工作台液压系统结构原理
1—油箱 2—过滤器 3—液压泵 4—溢流阀
5、7—换向阀 6—节流阀
8—液压缸 9—工作台

溢流阀的作用是调节和稳定系统的最大工作压力，并溢出定量泵多余的油液。当工作台工作进给时，液压缸活塞需要克服大的负载并做慢速运动。因此，进入液压缸的压力油必须有足够的稳定压力才能推动活塞带动工作台运动。调节溢流阀的弹簧力，使之与液压缸最大负载力相平衡。当系统压力升高到稍大于溢流阀的弹簧力时，溢流阀便打开，将液压泵输出的部分油液经油管②溢回油箱。这时系统压力不再升高，工作台保持稳定的低速运动。当工作台快速退回时，因负载小所需压力低，溢流阀关闭，泵的流量全部进入液压缸，工作台则实现快速运动。

如果将换向阀 5 手柄转换成图 0-2c 所示状态，则液压泵输出的压力油→换向阀 5→回油管③→油箱。这时工作台停止运动，系统处于卸荷状态。

图 0-3 所示为该液压系统的图形符号图。结构式原理图直观性好，容易理解，但图形复杂，绘制困难。为了简化系统图，目前各国均用元件的图形符号来绘制液压和气压系统图。这些符号只表示元件的职能及连接通路，而不表示其结构和性能参数。目前我国的液压与气压系统图采用 GB/T 786.1—2009 所规定的图形符号绘制。

2. 气压传动的工作原理

图 0-4 为气动剪切机的工作原理。图示位置为剪切前的预备状态，空气压缩机 1 输出的

压缩空气→冷却器 2→油水分离器 3（降温及初步净化）→气罐 4（备用）→分水滤气器 5（再次净化）→减压阀 6→油雾器 7→气控换向阀 9→气缸 10。此时换向阀 A 腔的压缩空气将阀芯推到上位，使气缸上腔充压，活塞处于下位，剪切机的剪口张开，处于预备工作状态。

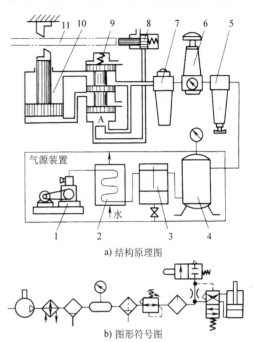

a) 结构原理图

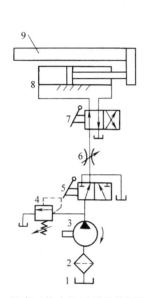

图 0-3　机床工作台液压系统的图形符号图
1—油箱　2—过滤器　3—液压泵　4—溢流阀
5、7—换向阀　6—节流阀
8—液压缸　9—工作台

b) 图形符号图

图 0-4　气动剪切机的工作原理图
1—空气压缩机　2—冷却器　3—油水分离器
4—气罐　5—分水滤气器　6—减压阀
7—油雾器　8—行程阀　9—气控
换向阀　10—气缸　11—工料

　　当送料机构将工料 11 送入剪切机并到达规定位置时，工料将行程阀 8 的阀芯向右推动，换向阀 A 腔经行程阀 8 与大气相通，换向阀阀芯在弹簧的作用下移到下位，将气缸上腔与大气连通，下腔与压缩空气连通。此时活塞带动剪刀快速向上运动将工料切下。工料被切下后，即与行程阀脱开，行程阀阀芯在弹簧作用下复位，将排气口封死，换向阀 A 腔压力上升，阀芯上移，使气路换向。气缸上腔进压缩空气，下腔排气，活塞带动剪刀向下运动，系统又恢复到图示预备状态，待第二次进料剪切。

　　从上面例子可以看到：液压泵（压缩机）将电动机的机械能转换为流体的压力能，然后通过液压缸或液压马达（气缸或气马达）将流体的压力能再转换为机械能以推动负载运动。液压与气压传动的过程即是：

机械能————→流体压力能————→机械能
（电动机）　（液压泵，空压机）　〔液压（气）缸，液（气）压马达〕

二、液压与气压传动系统的组成

　　由上面的例子可以看出液压与气压传动系统主要由以下几部分组成：
　　（1）能源装置　把机械能转换成流体压力能的装置。一般常见的是液压泵或空气压

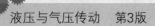

缩机。

（2）执行元件　把流体的压力能转换成机械能的装置。它可以是做直线运动的液压缸或气缸，也可以是做回转运动的液压马达或气压马达。

（3）控制调节元件　对系统中流体压力、流量和流动方向进行控制和调节的装置。例如溢流阀、流量阀、换向阀等。

（4）辅助元件　保证系统正常工作所需的上述三部分以外的装置。如油箱、过滤器、分水滤气器、油雾器、消声器、蓄能器、管件等。

（5）传动介质　传递能量的流体，即液压油或压缩空气。

三、液压与气压传动的优缺点

与机械传动和电力拖动系统相比，液压与气压传动具有以下优缺点。

1. 液压与气压传动的优点

1）液压与气动元件的布置不受严格的空间位置限制，布局安装灵活，可构成复杂系统。

2）在运行过程中可实现无级调速，调速范围大。

3）操作控制方便、省力、易于实现自动控制，与电气、电子控制结合易于实现自动工作循环和自动过载保护。

4）液压与气动元件已标准化、系列化和通用化，便于系统的设计、制造和推广使用。

2. 液压与气压传动的缺点

1）在传动过程中，能量需经两次转换，故传动效率低。

2）由于传动介质的可压缩性和泄漏等因素的影响，其传动不能保证严格的传动比。

3）液压与气动元件制造精度高，系统出现故障不易查找。

3. 液压与气压传动的各自特点

（1）液压传动

1）液压传动可采用很高的压力（一般可达32MPa或更高），故可输出更大的动力。在同等输出功率的情况下，液压传动装置体积小，重量轻，惯性小，动态性能好。

2）运动平稳，反应快。

3）采用油液作工作介质，能自行润滑，故使用寿命长，但有油液污染。

4）油液在管路中流动压力损失较大，故不宜作远距离传动。

5）液压传动对油温的变化较敏感，不宜在低温、高温和温度变化很大的环境中工作。

（2）气压传动

1）工作介质是空气，取之不尽，用之不竭，成本低，用后排入大气不污染环境。

2）气体在管路中流动压力损失小，适用于集中供气和远距离输送。

3）压缩空气的压力较低，一般用于输出动力较小的场合。

4）空气可压缩性大，气压传动稳定性差。

总的来说，液压与气压传动的优点是主要的，其缺点将随着科学技术的发展不断得到克服。例如，将液压传动、气压传动、电力拖动、机械传动合理地联合使用，构成气—液、电—液（气）、机—液（气）等联合传动，以进一步发挥各自的优点，弥补某些不足，因此，在工程实际中得到了广泛应用。

四、液压与气动技术的应用和发展

液压传动因具有结构简单、体积小、重量轻、反应速度快、输出力大、可方便地实现无级调速、易实现频繁换向、易实现自动化等优点，所以在机床、工程机械、矿山机械、压力机械和航空工业等领域得到广泛应用。

气压传动因具有操作方便、无油、无污染、防火、防电磁干扰、抗振动、抗冲击等优点，所以在电子工业、包装机械、印染机械、食品机械等领域应用广泛。

随着液压机械自动化程度的不断提高，液压元件数量急剧增加，元件小型化、系统集成化是必然的发展趋势。特别是近年来，机电技术的迅速发展，液压技术与传感技术、微电子技术密切结合，出现了许多新型元件，如电液比例阀、数字阀、电液伺服液压缸等，机（液）电一体化元器件使液压技术正向高压、高速、大功率、节能高效、低噪声、长寿命、高集成化等方面发展。液压元件和液压系统的计算机辅助设计（CAD）、计算机辅助测试（CAT）、计算机实时控制技术取得了飞速发展。同时，我国大力研制、开发国产液压件新产品，加强产品质量可靠性以及新技术应用的研究，不断调整产品结构，对一些性能差的产品，采用逐步淘汰的措施。由此可见，随着科学技术特别是控制技术和计算机技术的发展，液压传动与控制技术将得到进一步发展，应用将更加广泛。

当今气动技术已发展成包括传动、控制与检测在内的自动化技术。它作为柔性制造系统（FMS）在包装设备、自动生产线和机器人等方面成为不可缺少的重要手段。由于工业自动化技术的发展，气动控制技术以提高系统的可靠性、降低总成本为目标，研究和开发系统控制技术和机、电、液、气综合技术。显然，气动元件的微型化、节能化、无油化、位置控制高精度化以及与电子相结合的应用元件是当前的发展特点和研究方向。

思考题和习题

0-1 什么叫液压传动？什么叫气压传动？

0-2 液压与气压传动系统由哪些基本组成部分？试说明各组成部分的作用。

0-3 液压传动与机械、电力拖动比较有哪些主要的优缺点？

0-4 液压传动与气压传动有何异同？

0-5 一个工厂能否采用一个液压泵站集中供给压力油？说明理由。

第一章　液压与气压传动基本知识

液压传动的工作介质是液体。最常用的是液压油，此外还有乳化型传动液和合成型传动液等。气压传动的工作介质是压缩空气。

本章主要讲述工作介质的物理性质，液压与气压传动系统对工作介质的要求和选用，液体静力学的基本特性，液体与气体流动时的运动特性等液压与气压传动的基础知识。

本章重点

1）液压油的物理性质。

2）液压传动的基本原理，即连续性方程和伯努利方程，液体流经管路的压力损失等。

3）液压油的选用。

4）空气的基本性质及气压传动系统对工作介质的要求。

第一节　流体的主要物理性质

一、密度

密度是单位体积流体的质量，通常用 $\rho(\mathrm{kg/m^3})$ 表示，即

$$\rho = \frac{m}{V} \tag{1-1}$$

式中，m 是流体的质量（kg）；V 是流体的体积（$\mathrm{m^3}$）。

矿物油型液压油的密度随温度的上升而有所减小，随压力的提高而稍有增加，但变动值很小，可忽略不计。常用液压油的密度为 $900\mathrm{kg/m^3}$。

二、黏性

1. 黏性的意义

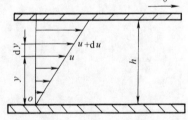

图 1-1　液体的黏性示意图

流体在外力作用下流动（或有流动趋势）时，分子间的内聚力阻止分子相对运动而产生一种内摩擦力，这种现象叫流体的黏性。流体只有在流动（或有流动趋势）时才会呈现出黏性，静止流体是不呈现黏性的。

黏性使流动流体内部各处的速度不相等，以图 1-1 为例，若两平行平板间充满流体，下平板不动，而上平板以速度 u_0 向右平动。由于流体的黏性，使紧靠下平板和上平板的流体层速度分别为零和 u_0，而中间各流层的速度则从上到下按递减规律，呈线性分布。

实验测定表明，流体流动时相邻流层间的内摩擦力 F 与流层接触面积 A、流层间相对运

动的速度梯度 $\mathrm{d}u/\mathrm{d}y$ 成正比

$$F=\mu A \frac{\mathrm{d}u}{\mathrm{d}y} \qquad (1-2)$$

式中，μ 是比例常数，称为动力黏度。若以 τ 表示内摩擦切应力，即单位面积上的内摩擦力，则

$$\tau=\frac{F}{A}=\mu \frac{\mathrm{d}u}{\mathrm{d}y} \qquad (1-3)$$

这就是牛顿流体内摩擦定律。

2. 流体的黏度

流体黏性的大小用黏度来表示，常用的黏度有三种：即动力黏度、运动黏度和相对黏度。

（1）动力黏度 μ　流体在单位速度梯度下流动时，流动层间单位面积上产生的内摩擦力，单位为 $\mathrm{N \cdot s/m^2}$ 或 $\mathrm{Pa \cdot s}$（帕·秒）。

（2）运动黏度 ν　运动黏度是动力黏度与其密度的比值，即 $\nu=\mu/\rho$，单位为 $\mathrm{m^2/s}$。运动黏度 ν 无明确的物理意义，但 ISO 规定统一采用运动黏度来标志流体黏度，液压油的牌号就是采用它在40℃时运动黏度（以 $\mathrm{mm^2/s}$ 计）的中心值来标号的，例如 L-HL32 普通液压油在40℃时的运动黏度的中心值为 $32\mathrm{mm^2/s}$。

（3）相对黏度　相对黏度又称条件黏度，由于测量仪器和条件不同，各国相对黏度的含义也不同，如美国采用赛氏黏度（SSU）；英国采用雷氏黏度（R）；而我国、德国和俄罗斯等国用恩氏黏度（°E）。

恩氏黏度（°E）用恩氏黏度计测定，即将200ml被测液体装入黏度计的容器内，容器周围充水，电热器通过水使液体均匀升温到温度 t℃，液体由容器底部 $\phi2.8\mathrm{mm}$ 的小孔流尽所需要的时间 t_1（s）和同体积蒸馏水在20℃时流过同一小孔所需时间 t_2（s）（通常平均值 $t_2=51\mathrm{s}$）的比值，称为被测液体在这一温度 t℃的恩氏黏度°E，即

$$°E=\frac{t_1}{t_2} \qquad (1-4)$$

恩氏黏度与运动黏度（$\mathrm{m^2/s}$）的换算关系为

当 $1.35 \leqslant °E \leqslant 3.2$ 时

$$\nu=\left(8°E-\frac{8.64}{°E}\right)\times10^{-6} \qquad (1-5)$$

当 °E>3.2 时

$$\nu=\left(7.6°E-\frac{4}{°E}\right)\times10^{-6} \qquad (1-6)$$

（4）调合油的黏度　当油液产品的黏度不符合要求时，可将同一型号两种黏度不同的油按适当的比例混合起来使用，称为调合油。调合油的黏度可用下面经验公式计算

$$°E=\frac{a_1°E_1+a_2°E_2-c\,(°E_1-°E_2)}{100} \qquad (1-7)$$

式中，$°E_1$、$°E_2$ 是混合前两种油液的恩氏黏度，取 $°E_1>°E_2$；$°E$ 是混合后的调合油的恩氏黏

度；a_1、a_2 是两种油液各占的体积百分数（$a_1+a_2=100\%$）；c 是实验系数，见表 1-1。

表 1-1　实验系数 c 的值

a_1	10	20	30	40	50	60	70	80	90
a_2	90	80	70	60	50	40	30	20	10
c	6.7	13.1	17.9	22.1	25.5	27.9	28.2	25	17

3. 黏度与温度的关系

液压油黏度对温度的变化十分敏感，如图 1-2 所示，温度升高，黏度下降。这种油液黏度随温度变化的性质称为黏温特性。不同种类的液压油有不同的黏温特性，由图 1-2 可见，温度对液压油黏度影响较大，必须引起重视。

液体的黏温特性常用黏度指数 VI 来度量。黏度指数 VI 值越大，说明油液黏度随温度的变化率越小，即黏温特性越好。

一般要求工作介质的黏度指数 VI

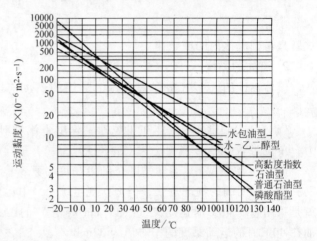

图 1-2　黏度和温度的关系

值应在 90 以上。当液压系统的工作温度范围较大时，应选用黏度指数较高的工作介质。几种典型工作介质的黏度指数列于表 1-2 中。

表 1-2　典型工作介质的黏度指数

介质种类	黏度指数 VI	介质种类	黏度指数 VI
常用液压油 L-HL	90	高含水液压液 L-HFAE	≈ 130
抗磨液压油 L-HM	$\geqslant 95$	油包水乳化液 L-HFB	$130 \sim 170$
低温液压油 L-HV	130	水-乙二醇液 L-HFC	$140 \sim 170$
高黏度指数液压油 L-HR	$\geqslant 160$	磷酸脂液 L-HFDR	$-31 \sim 170$

三、流体的可压缩性

流体受压力作用而使其体积发生变化的性质，称为流体的可压缩性。对于一般液压系统压力不高时，液体的可压缩性很小，因此可认为液体是不可压缩的，而在压力变化很大的高压系统中，就必须考虑液体可压缩性的影响。而气体的可压缩性比液体要大得多。当液体混入空气时，其可压缩性将显著增加，并将严重影响液压系统的工作性能，因此在液压系统中应使油液中的空气含量减少到最低限度。

四、空气的基本性质

1. 空气的湿度

自然界中的空气是由多种成分组成的，其中 78%（体积分数）是氮气（N_2），21%（体积分数）是氧气（O_2），1%（体积分数）为其他气体。此外，空气中常含有一定量的水蒸气，含有水蒸气的空气称为湿空气，不含有水蒸气的空气称为干空气。大气中的空气基本上都是湿空气。在一定温度下，含水蒸气越多，空气就越潮湿。当温度下降时，空气中水蒸气的含量降低。

空气作为传动介质，其干湿程度对传动系统的稳定性和寿命有直接影响。因此，各种元件对空气的含水量有明确规定，常采取一些措施滤除空气中的水分。

2. 空气的可压缩性

空气的体积受温度和压力的影响较大，有明显的可压缩性。温度越高、压力越大，空气的可压缩性越大。只有在某些特定条件下，才能将空气看作是不可压缩的。

在实际工程中，管路内气体流速较低，湿度变化不大，可将气体看作是不可压缩的，其误差很小。但在某些气动元件（如气缸、气马达）中，局部流速很高，则必须考虑气体的可压缩性。

3. 气阻与气容

在气压传动系统中，为了控制运动（例如气缸的调速），常用气阻来调节压力和流量的大小。所谓气阻，就是指体积小、阻力大的流通部件，其形式很多，可以做成恒定值的（如毛细管），也可以做成可调值的（如可调节流装置）。恒定值气阻是指在一定的压降和流量时，两者的比值为定值，不可调节。

气压传动系统中储存或放出气体的空间称为气容。管道、气缸、储气罐等都是气容。气动系统的运行过程，实际上存在着无数次的充、放气过程。因此，在气动系统的设计、安装、调试及维修中，必须考虑气容。例如，为了提高气压信号的传输速度，提高系统的工作频率和运行的可靠性，应限制管道气容，消除气缸等执行元件的气容对控制系统的影响。又如，为了延时、缓冲等目的，应在一定的部位设置适当的气容。特别是在调试及维修中，不适当的气容往往造成系统工作不正常。

4. 气体的高速流动及噪声

气压传动设备工作时，常出现气体的高速流动，如气缸、气阀的高速排气，冲击气缸喷口处的高速流动，气动传感器的喷流等。气动设备工作时的排气，由于出口处气体急剧膨胀，会产生刺耳的噪声。噪声的强弱随排气量、排气速度和排气通道的形状而变化，排气的速度和功率越大，噪声也就越大。为了降低噪声，应合理设计排气口形状并降低排气速度。

> **讨论练习题**
>
> 1）把分别盛有水和某种油液的两个容器放在桌面上，试问这两种液体哪种黏度大？为什么？
> 2）液压油的黏度是否受温度的影响？如何影响？举例说明。

五、对液压油的要求和选用

1. 对液压油的要求

在液压系统中，液压油除传递运动和动力外，又起润滑和散热的作用，为此，应具备以下性能：

1）适当的黏度，较好的黏温特性。

2）润滑性能好。在工作压力和温度发生变化时，应具有较高的油膜强度。

3）成分纯，杂质少。

4）对金属和密封件有良好的相容性。

5）具有良好的化学稳定性和热安定性，油液不易氧化、不易变质。

6）抗泡沫性好，抗乳化性好，腐蚀性小，防锈性好。

7）流动点和凝固点低，闪点（明火能使油面上油蒸气闪燃，但油本身不燃烧时的温度）和燃点高。

8）对人体无害，成本低。

2. 液压油的种类和选用

（1）液压油的种类

液压油的种类很多，主要有石油型、合成型和乳化型三类。液压油的主要品种及其性质列于表1-3。

表 1-3　液压油的主要品种及其性质

性　能	可燃性液压油			抗燃性液压油			
	石油型			合成型		乳化型	
	通用液压油	抗磨液压油	低温液压油	磷酸脂液	水-乙二醇液	油包水液	水包油液
密度/(kg·m⁻³)	850~900			1100~1500	1040~1100	920~940	1000
黏度	小~大	小~大	小~大	小~大	小~大	小	小
黏度指数 VI≥	≥90	≥95	≥130	130~180	140~170	130~150	极高
润滑性	优	优	优	优	良	良	可
防锈蚀性	优	优	优	良	良	良	可
闪点/℃≥	170~200	≥170	150~170	难燃	难燃	难燃	不燃
凝点/℃≤	≤-10	≤-25	-35~-45	-20~-50	≤-50	≤-25	≤-5

石油型液压油是以机械油为原料，精炼后按需要加入适当添加剂而成。这类液压油润滑性能和防锈性能好，黏度等级范围宽，目前有90%以上的液压系统采用石油型液压油作为工作介质。但它抗燃性较差，液压油的主要品种及其特性和用途列于表1-4。

表 1-4　液压油的主要品种及其特性和用途

分类	名　称	代　号	主　要　用　途
石油型	普通液压油	L-HL	适用于7~14MPa的液压系统及精密机床液压系统（环境温度为0℃以上）
	抗磨液压油	L-HM	适用于低、中、高压液压系统，特别适用于有防磨要求并带叶片泵的液压系统
	低温液压油	L-HV	适用于-25℃以上的高压、高速工程机械、农业机械和车辆的液压系统（加降凝剂等，可在-20~-40℃下工作）
	高黏度指数液压油	L-HR	用于数控精密机床的液压系统和伺服系统
	液压导轨油	L-HG	适用于导轨和液压系统共用一种油品的机床，对导轨有良好的润滑性和防爬性

（续）

分类	名　称	代　号	主　要　用　途
石油型	全损耗系统用油	L-AN	浅度精制矿油,抗氧化性、抗泡沫性较差,主要用于机械润滑,可做液压代用油,用于要求不高的低压系统
	汽轮机油	L-TSA	深度精制矿油加添加剂,改善抗氧化、抗泡沫等性能,为汽轮机专用油,可做液压代用油,用于要求不高的低压系统
	其他液压油		加入多种添加剂,用于高品质的专用液压系统
乳化型	水包油乳化液	L-HFA	又称高水基液,特点是难燃、温度特性好,有一定的防锈能力,润滑性差,易泄漏,适用于有抗燃要求、油液用量大且泄漏严重的系统
	油包水乳化液	L-HFB	既具有石油型液压油的抗磨、防锈性能,又具有抗燃性,适用于有抗燃要求的中压系统
合成型	水-乙二醇液	L-HFC	难燃,黏温特性和抗蚀性好,能在 -30~60℃ 温度下使用,适用于有抗燃要求的中低压系统
	磷酸脂液	L-HFDR	难燃,润滑抗磨性能和抗氧化性能良好,能在 -54~135℃ 温度范围内使用;缺点是有毒。适用于有抗燃要求的高压精密液压系统

在一些高温、易燃、易爆的工作场合,为了安全起见,应该在系统中使用合成型和乳化型。其中合成型液压油主要有水-乙二醇液、磷酸酯液和硅油等;乳化型液压油分为水包油乳化液（L-HFA）和油包水乳化液（L-HFB）两大类。

（2）液压油的选用

1）液压油的类型。应根据其工作性质和工作环境要求来选择。

2）液压油的牌号。主要是根据工作条件选用适宜的黏度。选择时应考虑液压系统在以下几方面的情况:

① 工作压力。工作压力较高的系统宜选用黏度较大的液压油,以减少泄漏。

② 运动速度。当液压系统的工作部件运动速度较高时,宜选用黏度较小的液压油,以减轻液流的摩擦损失。

③ 环境温度。环境温度较高时宜选用黏度较大的液压油。因为环境温度高会使油的黏度下降。

另外,也可根据液压泵的类型及工作情况选择液压油的黏度。

第二节　流体静力学基础

流体静力学是研究流体处于相对平衡状态下的力学规律及其应用,所谓"相对平衡"是指流体内部各质点间没有相对运动,至于流体整体,完全可以象刚体一样做各种运动。

一、液体静压力及其特性

（1）液体静压力 p　当液体相对静止时,液体单位面积上所受的法向力称为压力,相当于物理学中的压强,即

$$p = \frac{F}{A}$$

(1-8)

式中，p 的单位为 N/m² 或 Pa（帕斯卡）。工程中也常采用 kPa（千帕）或 MPa（兆帕）。换算关系为 $1MPa = 10^3 kPa = 10^6 Pa$。

当液体受到外力的作用时，就形成液体的压力，如图 1-3 所示。

（2）液体静压力的特性

1）液体静压力沿着内法线方向作用于承压面。

2）静止液体内任一点处的静压力在各个方向上都相等。

二、液体静力学基本方程

如图 1-4a 所示，密度为 ρ 的液体在容器内处于静止状态，作用在液面上的压力为 p_0，如计算距液面深度为 h 处某点的压力 p，可以假想在液体内取出一个底面包含该点，底面积为 ΔA 的一微小液柱来研究，如图 1-4b 所示。这个液柱在重力及周围液体压力的作用下，处于平衡状态，所以有

$$p\Delta A = p_0 \Delta A + \rho g h \Delta A$$

故 $\qquad\qquad\qquad\qquad p = p_0 + \rho g h \qquad\qquad\qquad\qquad (1\text{-}9)$

式（1-9）称为液体静力学基本方程。由式（1-9）可知：

1）静止液体内任一点处的压力由两部分组成：一部分是液面上的压力 p_0，另一部分是液柱的重力所产生的压力 $\rho g h$。当液面上只受大气压力 p_a 时，则

$$p = p_a + \rho g h \qquad\qquad\qquad\qquad (1\text{-}10)$$

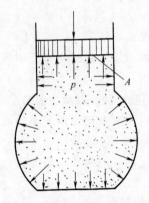

图 1-3 外力作用形成的压力

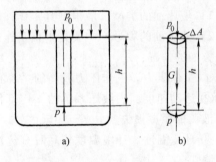

a)　　　　　b)

图 1-4 静止液体内的压力分布规律

2）静压力随液体深度呈线性规律递增。

3）离液面深度相同处各点的压力均相等，由压力相等的点组成的面称为等压面，在重力作用下，静止液体中的等压面是一个水平面。

三、压力的测量与表示方法

压力的表示方法有两种：绝对压力和相对压力。绝对压力是以绝对真空作为基准所表示的压力；而相对压力是以大气压力作为基准所表示的压力。由于大多数测压仪表所测得的压力都是相对压力，所以相对压力也称为表压力。绝对压力和相对压力的关系如下

绝对压力 = 相对压力 + 大气压力

当绝对压力小于大气压力时，比大气压力小的那部分数值称为真空度，即

真空度＝大气压力－绝对压力

绝对压力、相对压力和真空度的相互关系如图1-5所示。

四、压力的形成与传递

由静力学基本方程可知，静止液体中任意一点处的压力都包含了液面上的压力 p_0，这就说明在密闭容器中的静止液体，由外力作用所产生的压力可以等值传递到液体内部的所有各点。这就是帕斯卡原理。如图1-6所示密闭连通器中，各容器上压力表指示的数值都相同。通常在液压传动系统中，由外力产生的压力 p_0 要比由液体自重所产生的压力 $\rho g h$ 大得多，且管道之间的配置高度差又很小，为使问题简化常忽略由液体自重所产生的压力，一般认为静止液体内压力处处相等。

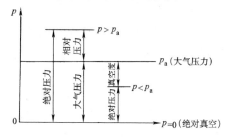

图1-5　绝对压力、相对压力和真空度

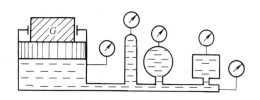

图1-6　密闭连通器内压力处处相等

例 1-1　图1-7所示为相互连通的两个液压缸，已知大缸内径 $D = 100\text{mm}$，小缸内径 $d = 30\text{mm}$，大活塞上放一重物 $G = 20000\text{N}$。问在小活塞上应加多大的力 F_1 才能使大活塞顶起重物？

解　根据帕斯卡原理，由外力产生压力在两缸中相等即

$$\frac{4F_1}{\pi d^2} = \frac{4G}{\pi D^2}$$

故顶起重物时在小活塞上应加的力为

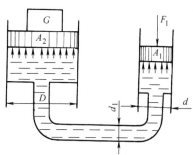

图1-7　液压千斤顶

$$F_1 = \frac{d^2}{D^2} G = \frac{30^2}{100^2} \times 20000\text{N} = 1800\text{N}$$

液压压力机和液压千斤顶等液压起重机械就是利用这个原理进行工作的。

如果 $G = 0$，不论怎样推动小活塞，也不能在液体中形成压力，即 $p = 0$，反之，G 越大，液压缸中压力也越大，推力也就越大，这说明了液压系统的工作压力取决于外负载。

综上所述，液压传动是依靠液体内部的压力来传递动力的，在密闭容器中压力是以等值进行传递。所以帕斯卡原理是液压传动基本原理之一。

五、流体作用于固体壁面上的力

液体与固体壁面相接触时，固体壁面将受到液压力的作用。由于在液压传动计算中质量力（$\rho g h$）可以忽略，静压力处处相等，所以可认为作用于固体壁面上的压力是均匀分布的。

当固体壁面为平面时，液压力作用平面上的总作用力 F 等于液体静压力 p 与该平面面积 A 的乘积，即

$$F = pA \qquad (1\text{-}11)$$

对于液压缸，如图 1-8a 所示，在无杆腔侧活塞（活塞直径为 D、面积为 A）上所受的液体作用力 F 为

$$F = pA = \frac{\pi D^2}{4} p$$

当固体壁面为曲面时，计算液体压力作用在曲面上的力，必须首先明确要计算的是曲面上哪一个方向的力。设该力为 F_x，其值等于液体静压力 p 与曲面在该方向投影面积 A_x 的乘积，即

$$F_x = pA_x \qquad (1\text{-}12)$$

如图 1-8b、c 所示的球面和圆锥体面，液体静压力 p 沿垂直方向作用在球面和圆锥体面上的力 F_x，就等于该部分曲面在垂直方向的投影面积 A_x 与压力 p 的乘积，其作用点通过投影圆的圆心，其方向向上，即

$$F_x = pA_x = p\,\frac{\pi}{4} d^2$$

式中，d 为承压部分曲面投影圆的直径。

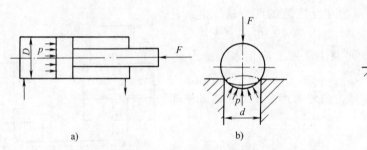

图 1-8　液压力作用在固体壁面上的力

第三节　流体动力学基础

由于液压系统工作时油液总是在不断地流动，因此除了研究静止液体的基本力学规律外，还必须讨论液体在外力作用下流动时的运动规律，即研究液体流动时流速和压力的变化规律。

一、基本概念

1. 理想液体和恒定流动

由于实际液体具有黏性和可压缩性，液体在外力作用下流动时有摩擦力，压力变化又会使液体体积发生变化，这就增加了讨论问题的难度。为简化起见，在开始分析问题时可以先假设液体为无黏性、不可压缩的理想液体，然后再根据实验结果，对理想液体的基本方程加以修正，使之比较符合实际情况。我们把这种假想的既无黏性又不可压缩的液体称为理想液体。而把事实上既有黏性又可压缩的液体称为实际液体。

液体流动时，若液体中任一点处的压力、流速和密度都不随时间而变化，则这种流动就称为恒定流动（亦称定常流动或非时变流动）；反之，只要压力、流速和密度中有一个参数随时间而变化，则称为非恒定流动（亦称非定常流动或时变流动）。恒定流动与时间无关，研究比较方便，因此在研究液压系统的静态性能时，往往将一些非恒定流动问题适当简化，作为恒定流动来处理。但在研究其动态性能时则必须按非恒定流动来考虑。

2. 流量和平均流速

（1）通流截面　液体在管道中流动时其垂直于流动方向的截面称为通流截面。

（2）流量　单位时间内流过某一通流截面的液体体积称为流量，用 q 表示，即

$$q = \frac{V}{t} \tag{1-13}$$

单位为 m^3/s 或 L/min，换算关系为 $1\text{m}^3/\text{s} = 6 \times 10^4 \text{L/min}$。

（3）平均流速　液体流动时，由于黏性的作用，使得在同一截面上各点的流速不同，分布规律较为复杂，如图 1-9 所示，计算很不方便，现假设通流截面上各点的流速均匀分布，液体以此平均流速 v 流过通流截面的流量与以实际流速流过的流量相等。即

$$v = \frac{q}{A} \tag{1-14}$$

在工程实际中，平均流速 v 才具有实用价值。在液压缸中，液体的流速即为平均流速，它与活塞的运动速度相同，从而可以建立起活塞运动速度与液压缸有效面积和流量之间的关系。当液压缸的有效面积一定时，活塞运动速度取决于输入液压缸的流量。

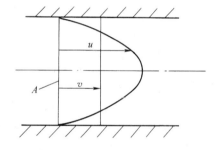

图 1-9　实际流速和平均流速

3. 流态、雷诺数

（1）液体的流动状态　液体的流动有两种状态：层流和湍流。

1）层流　液体的各质点间互不干扰，平行于管道轴线呈线性或层状流动，如图 1-10a 所示。

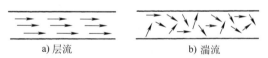

a)层流　　　　　　b)湍流

图 1-10　液体的流动状态

2）湍流　液体各质点的运动杂乱无章，除了平行于管道轴线的运动外，还存在着剧烈的横向运动，如图 1-10b 所示。

（2）雷诺数 Re　液体在管道中流动时是层流还是湍流，可通过雷诺数 Re 来判断，即

$$Re = \frac{vd}{\nu} \tag{1-15}$$

式中，v 是平均流速；ν 是液体的运动黏度；d 是管道内径。

对于非圆截面的管道，Re 可用式（1-16）计算

$$Re = \frac{4vR}{\nu} \tag{1-16}$$

式中，R 是通流截面的水力半径。它等于液流的有效面积 A 和它的湿周（通流截面上与液体接触的周界长度）x 之比，即

$$R = \frac{A}{x} \tag{1-17}$$

水力半径的大小对管道的通流能力影响很大。水力半径大，意味着液流和管壁的接触周长短，管壁对液流的阻力小，因而通流能力强；水力半径小，则通流能力就差，管道容易堵塞。

流动液体由层流转变为湍流时的雷诺数和由湍流转变为层流的雷诺数是不相同的。后者的数值小，所以一般都用后者作为判断液流状态的依据，称为临界雷诺数，以 Re_{cr} 表示。当液流的实际雷诺数 Re 小于临界雷诺数 Re_{cr} 时，液流为层流；反之则为湍流，常见的液流管道的临界雷诺数 Re_{cr} 可由实验测定，见表1-5。

表 1-5 常见的液流管道的临界雷诺数

管道的形状	临界雷诺数	管道的形状	临界雷诺数
光滑的金属圆管	2320	有环槽的同心环状缝隙	700
橡胶软管	1600～2000	有环槽的偏心环状缝隙	400
光滑的同心环状缝隙	1100	圆柱形滑阀阀口	260
光滑的偏心环状缝隙	1000	锥阀阀口	20～100

二、连续性方程

流量连续性方程是质量守恒定律在流体力学中的一种表达形式，根据质量守恒定律，液体流动时既不能增加，也不会减少，而且液体流动时又被认为是几乎不可压缩的。这样，液体流经无分支管道时，每一通流截面上通过的质量一定是相等的。设液体在图1-11所示管道中作恒定流动，若任取1、2两个通流截面的面积分别为 A_1 和 A_2，并且在该二截面处的液体密度和平均流速分别为 ρ_1、v_1 和 ρ_2、v_2，则根据质量守恒定律，在单位时间内流过两个截面的液体质量相等，即

$$\rho_1 v_1 A_1 = \rho_2 v_2 A_2$$

当忽略液体的可压缩性时，即 $\rho_1 = \rho_2$，则得

$$v_1 A_1 = v_2 A_2 \tag{1-18}$$

由于通流截面是任意选取的，故

$$q = vA = 常数 \tag{1-19}$$

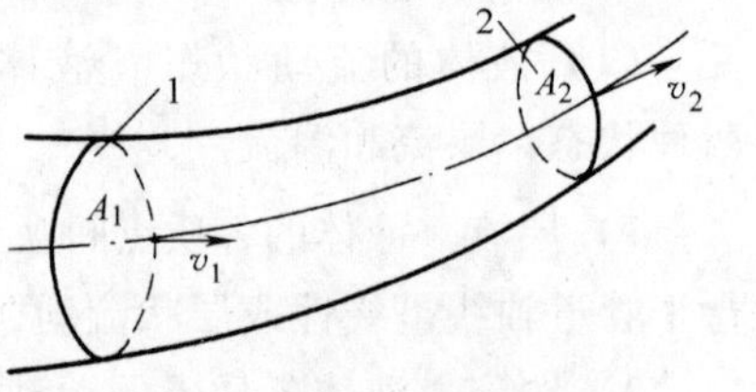

图 1-11 液流连续性原理

这就是理想液体的连续性方程。这个方程表明，不管通流截面的平均流速沿着流程怎样变化，流过不同截面的流量是不变的。还表明液体流动时，通过管道不同截面的平均流速与其截面积大小成反比，即管径粗的地方流速慢，管径细的地方流速快。

例1-2 图1-7所示的液压千斤顶在压油过程中，已知活塞1的直径 $d = 30mm$，活塞2的直径 $D = 100mm$，管道5的直径 $d_1 = 15mm$。假定活塞1的下压速度为 $200mm/s$，试求活塞2上升速度和管道5内液体的平均流速。

解 1）活塞1排出的流量

$$q_1 = A_1 v_1 = \frac{\pi d^2}{4} v_1 = \frac{3.14 \times 0.03^2}{4} \times 0.2 m^3/s = 1.413 \times 10^{-4} m^3/s$$

2）根据连续性原理，推动活塞 2 上升的流量 $q_2 = q_1$，由式（1-14）可得活塞 2 上升速度

$$v_2 = \frac{q_2}{A_2} = \frac{4q_2}{\pi D^2} = \frac{4 \times 1.413 \times 10^{-4}}{3.14 \times 0.1^2} \text{m/s} = 1.8 \times 10^{-2} \text{m/s}$$

3）同理在管道 5 内流量 $q_5 = q_1 = q_2$，所以

$$v_5 = \frac{q_5}{A_5} = \frac{4q_5}{\pi d_1^2} = \frac{4 \times 1.413 \times 10^{-4}}{3.14 \times 0.015^2} \text{m/s} = 0.8 \text{m/s}$$

综上所述，液压传动是依靠密封容积的变化传递运动的，而密封容积的变化所引起流量变化要符合等量原则，所以液流连续性原理是液压传动的基本原理之一。

讨论练习题

1）什么是流量和流速？二者之间有何关系？液体在管道中的流速指的是什么速度？

2）液压缸有效面积一定时，其活塞运动的速度由什么来决定？

三、伯努利方程

伯努利方程是能量守恒定律在流体力学中的一种表达形式，它反映了动能、位能、压力能三种能量的转换。

1. 理想液体的伯努利方程

图 1-12 所示为一液流管道，其内为理想液体作恒定流动，任取两通流截面 A_1、A_2，其离基准线的距离分别为 h_1、h_2，平均流速分别为 v_1、v_2，压力分别为 p_1、p_2，根据能量守恒定律，有

$$\frac{p_1}{\rho} + gh_1 + \frac{v_1^2}{2} = \frac{p_2}{\rho} + gh_2 + \frac{v_2^2}{2} \quad (1\text{-}20)$$

式中，$\dfrac{p_1}{\rho}$、$\dfrac{p_2}{\rho}$ 是单位质量液体的压力能；

gh_1、gh_2 是单位质量液体的位能；$\dfrac{v_1^2}{2}$、$\dfrac{v_2^2}{2}$

是单位质量液体的动能。

因为两个通流截面是任意取的，因此式（1-20）也可写成

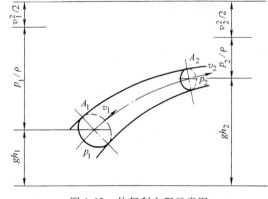

图 1-12　伯努利方程示意图

$$\frac{p}{\rho} + gh + \frac{v^2}{2} = 常数 \quad (1\text{-}21)$$

式（1-21）称为理想液体的伯努利方程，其物理意义是，在密闭管道内做恒定流动的理想液体具有三种形式的能量（压力能、位能、动能），在沿管道流动过程中三种能量之间可以互相转化，但在任一截面处，三种能量的总和为一常数。

2. 实际液体的伯努利方程

实际液体在管道中流动时，由于液体有黏性，会产生内摩擦力；而且管道形状和尺寸的变化会使液体产生扰动，而造成能量损失。另外由于实际流速在管道通流截面上分布是不均匀的，用平均流速 v 来代替实际流速计算动能时，必然会产生误差，为修正这一误差，必须引入动能修正系数 α。因此，实际液体的伯努利方程为

$$\frac{p_1}{\rho}+gh_1+\frac{\alpha_1 v_1^2}{2}=\frac{p_2}{\rho}+gh_2+\frac{\alpha_2 v_2^2}{2}+gh_w \tag{1-22}$$

或

$$p_1+\rho gh_1+\frac{1}{2}\rho\alpha_1 v_1^2=p_2+\rho gh_2+\frac{1}{2}\rho\alpha_2 v_2^2+\Delta p_w$$

式中，gh_w 是单位质量液体在两截面间流动的能量损失；α_1、α_2 是动能修正系数，一般在湍流时取 1，层流时取 2；Δp_w 是两截面间流动的液体单位体积的能量损失。

例 1-3　液压泵装置如图 1-13 所示，油箱和大气相通。试分析泵的吸油高度 h 对泵工作性能的影响。

解　设以油箱液面基准面为 1—1 截面，泵的进油口处管道截面为 2—2 截面，流速为 v_2、压力为 p_2、泵的吸油高度为 h，列伯努利方程

$$p_1+\rho gh_1+\frac{1}{2}\rho\alpha_1 v_1^2=p_2+\rho gh_2+\frac{1}{2}\rho\alpha_2 v_2^2+\Delta p_w$$

式中，$p_1=p_a$、$h_1=0$、$h_2=h$ 由于 $v_1\ll v_2$，故可以将 v_1 忽略不计，代入可写成

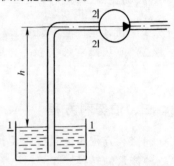

图 1-13　泵的吸油过程示意图

$$p_a-p_2=\rho gh+\frac{1}{2}\rho\alpha_2 v_2^2+\Delta p_w$$

因为 p_2 是泵进口处的绝对压力，故 p_a-p_2 为泵的进油口处的真空度。由上式可知，泵吸油口处的真空度由三部分组成，即 $\rho\alpha_2 v_2^2/2$、ρgh、和 Δp_w。当泵安装高度高于液面时，即 $h>0$，则 $\rho\alpha_2 v_2^2/2+\rho gh+\Delta p_w>0$，得 $p_2<p_a$，此时，泵的进口处绝对压力小于大气压力，形成真空，借助于大气压力将油压入泵内。当泵的安装高度在液面之下，$h<0$，而当 $|\rho gh|>\rho\alpha_2 v_2^2/2+\Delta p_w$ 时，泵进油口不形成真空，油自行灌入泵内。

由上述情况分析可知，泵的吸油高度越小，泵越易吸油，在一般情况下，为便于安装和维修，泵应安装在油箱液面以上，依靠进口处形成的真空度来吸油。但工作时真空度也不能太大，当 p_2 低于油液的空气分离压时，空气就要析出，形成气泡，产生空穴现象，将引起噪声和振动，影响液压泵和液压系统的工作性能。为使真空度不致过大应减少 v_2 和 h。一般采用增大吸油管直径，减小吸油管长度以减小液体流动速度 v_2 和压力损失 Δp_w，限制泵的安装高度，一般 $h<0.5\mathrm{m}$。

第四节　流体流动时的压力损失

实际液体具有黏性，因而流动时会产生阻力，为了克服阻力，就会造成一部分能量损失，具体表现为液体的压力损失。在液压系统中，压力损失使液压能转变为热能，将导致系

统的温度升高。因此，在设计液压系统时，要尽量减少压力损失。

液体的压力损失可分为两种：沿程压力损失和局部压力损失。

一、沿程压力损失

液体在等径直管中流动时因黏性摩擦而产生的压力损失，称为沿程压力损失。它主要取决于液体的流速，黏性和管路的长度以及油管的内径等，另外还与液体的流动状态有关。经理论推导可知，液体流经直径为 d 的直管时，在管长 l 段上的压力损失计算公式为

$$\Delta p_\lambda = \lambda \, \frac{l}{d} \, \frac{\rho v^2}{2} \tag{1-23}$$

式中，v 是液流的平均流速；ρ 是液体的密度；λ 是沿程阻力系数。它可适用于层流和湍流，只是 λ 取值不同。层流时，理论值 $\lambda = 64/Re$，考虑到实际圆管截面可能有变形，靠近管壁处的液层可能冷却，因而在实际计算时，对金属管取 $\lambda = 75/Re$；橡胶软管取 $\lambda = 80/Re$。湍流时，当 $3 \times 10^3 \leqslant Re < 1 \times 10^5$ 时，取 $\lambda = 0.3164 Re^{-0.25}$。

二、局部压力损失

液体流经管道的弯头、管接头、突变截面以及阀口等处时，液体流速的方向和大小将发生剧烈变化，形成旋涡，因而使液体质点相互撞击，造成能量损失，这种能量损失称为局部压力损失。局部压力损失 Δp_ξ 计算公式为

$$\Delta p_\xi = \xi \, \frac{\rho v^2}{2} \tag{1-24}$$

式中，ξ 是局部阻力系数，由实验求得，可查阅有关手册。

因为各种液压阀内部通道结构复杂，按式（1-24）计算比较困难，故液体流过各种阀类的局部压力损失常用下列经验公式计算

$$\Delta p_v = \Delta p_n \left(\frac{q}{q_n} \right)^2 \tag{1-25}$$

式中，q_n 是阀的额定流量；Δp_n 是阀在额定流量下的压力损失（可查阀的产品样本或设计手册）；q 是通过阀的实际流量。

三、管路系统的总压力损失

管路系统中总的压力损失等于所有沿程压力损失和所有局部压力损失之和，即

$$\Sigma \Delta p = \Sigma \Delta p_\lambda + \Sigma \Delta p_\xi \tag{1-26}$$

液压传动中的压力损失，会造成功率损耗、油液发热、泄漏增加，使液压元件因受热膨胀而"卡死"，以致影响系统的工作性能。因此应尽量减少压力损失。只要油液黏度适当，提高管道内壁的加工质量，尽量缩短管道长度，减少管道截面的突变及弯曲，就能使压力损失控制在较小的范围内。

第五节　流体流经孔口和缝隙的流量

液压传动中常利用液体流经阀的小孔或缝隙来控制流量和压力，以达到调速和调压的目

的。液压元件的泄漏也属于缝隙流动。因而研究小孔和缝隙的流量，了解其影响因素，对于合理设计液压系统，正确分析液压元件和系统的工作性能，是很有必要的。

一、液体流过小孔的流量

根据孔的长径比不同，通常将小孔分为三种：当小孔的长径比 $l/d \leqslant 0.5$ 时，称为薄壁孔；当 $l/d > 4$ 时，称为细长孔；当 $0.5 < l/d \leqslant 4$ 时，称为短孔。

1. 液体流过薄壁孔的流量

图 1-14 所示为进口边做成锐缘的典型薄壁孔口。由于惯性作用，液流通过小孔时要发生收缩现象，在靠

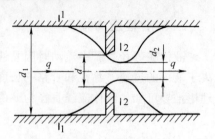

图 1-14　薄壁小孔液流

近孔口的后方出现收缩最大的过流截面，而后再开始扩散。通过收缩和扩散过程，会造成很大的能量损失。对于薄壁圆孔，当孔前通道直径与小孔直径之比 $d_1/d \geqslant 7$ 时，流束的收缩作用不受孔前通道内壁的影响，这时的收缩称为完全收缩；反之，当 $d_1/d < 7$ 时，孔前通道对液流进入小孔起导向作用，这时的收缩称为不完全收缩。

通过薄壁小孔的流量公式为

$$q = C_q A_T \sqrt{\frac{2}{\rho} \Delta p} \qquad (1\text{-}27)$$

式中，C_q 是流量系数，C_q 的数值可由实验确定。当液流完全收缩时，$C_q = 0.6 \sim 0.62$，当不完全收缩时，$C_q = 0.7 \sim 0.8$；Δp 是小孔前后的压力差，$\Delta p = p_1 - p_2$；ρ 是液体的密度；A_T 是小孔通流截面面积，$A_T = \dfrac{\pi}{4} d^2$。

薄壁孔由于流程很短，流量对油温的变化不敏感，因而流量稳定，因此薄壁小孔多被用作调节流量的节流器。但薄壁孔加工困难，实际应用较多的是短孔。

流经短孔的流量可用薄壁孔的流量公式计算，但流量系数 C_q 不同，一般为 $C_q = 0.82$。

2. 液体流过细长孔的流量

流经细长孔的液流，由于黏性而流动不畅，故多为层流。可以用沿程压力损失公式，将 $\lambda = 64/Re = 64\mu/(dv\rho)$ 及 $v = 4q/(\pi d^2)$ 代入式 $\Delta p_\lambda = \lambda \dfrac{l}{d} \dfrac{\rho v^2}{2}$，经推导便得出液体流过细长孔流量公式

$$q = \frac{\pi d^4}{128\mu l} \Delta p \qquad (1\text{-}28)$$

由式（1-28）可知细长孔的流量与油液的黏度有关，当油温度变化时，油的黏度变化，因而流量也随之发生变化。说明细长孔与薄壁孔的流量特性不同。

综合各种孔口的流量压力特性，可以归纳出一个通用公式

$$q = K A_T \Delta p^m \qquad (1\text{-}29)$$

式中，A_T、Δp 分别是小孔的通流截面面积和两端压力差；K 是由孔的形状、尺寸和液体性质决定的系数，对细长孔 $K = d^2/32\mu l$，对薄壁孔和短孔 $K = C_q \sqrt{2/\rho}$；m 是由孔的长径比决定

的指数，薄壁孔 $m=0.5$，细长孔 $m=1$，短孔 $0.5<m<1$。

小孔流量通用公式（1-29）可用于分析小孔的流量压力特性。

二、液体流过缝隙的流量

液压装置的各零件之间，特别是有相对运动的各零件之间，一般都存在缝隙（或称间隙），油液流过缝隙就会产生泄漏，通常液压油总是从压力较高处流向系统中压力较低处或大气中，前者称为内泄漏，后者称为外泄漏。泄漏量过大会影响液压元件和系统的正常工作，另一方面泄漏也将使系统的效率降低，功率损失加大，因此研究液体流经间隙的泄漏规律，对提高液压元件的性能和保证液压系统正常工作是十分重要的。

由于液压元件中相对运动的零件之间的间隙很小，一般在几微米到几十微米之间，水利半径也小，又由于液压油具有一定的黏度，因此油液在间隙中的流动状态通常为层流。

缝隙流动有两种状况：一种是由缝隙两端的压力差造成的流动，称为压差流动；另一种是形成缝隙的两壁面做相对运动所造成的流动，称为剪切流动。这两种流动经常会同时存在。

1. 平行平板缝隙的流量

（1）流过固定平行平板缝隙的流量　图 1-15 所示为液体在两固定平行平板缝隙内的流动状态，间隙两端有压力差 $\Delta p=p_1-p_2$，故属于压差流动。若其缝隙高度为 h，宽度为 b，长度为 l，经理论推导可得

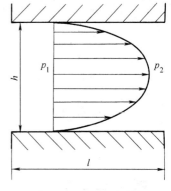

$$q=\frac{bh^3}{12\mu l}\Delta p \qquad (1-30)$$

式中，μ 是油液的动力黏度。

从上式可知，在压差作用下，流过固定平行平板缝隙的流量与缝隙 h 的三次方成正比，这说明液压元件内缝隙的大小对其泄漏量的影响是很大的。

图 1-15　流经固定平行
平板间隙的流量

（2）流过相对运动平行平板缝隙的流量　由图 1-1 可知，当一平板固定，另一平板以速度 u_0 做相对运动时，由于液体存在黏性，紧贴于动平板的油液以 u_0 运动，紧贴于固定平板的油液则保持静止，中间各层液体的流速呈线性分布，即液体做剪切流动。因为液体的平均流速 $v=\dfrac{u_0}{2}$，故由于平板相对运动而使液体流过缝隙的流量为

$$q'=vA=\frac{u_0}{2}bh \qquad (1-31)$$

式（1-31）为液体在平行平板缝隙中作剪切流动时的流量。

在一般情况下，相对运动平行平板缝隙中既有压差流动，又有剪切流动。因此，流过相对运动平板缝隙的流量为压差流量和剪切流量二者的代数和

$$q=\frac{bh^3}{12\mu l}\Delta p \pm \frac{u_0}{2}bh \qquad (1-32)$$

式中，u_0 为平行平板间的相对运动速度。"$\pm$"号的确定方法如下：当长平板相对短平板移

动的方向和压差方向相同时取"+"号，方向相反时取"–"号。

2. 圆环缝隙的流量

在液压元件中，如液压缸的活塞和缸筒之间，液压阀的阀芯和阀体之间，都存在圆环缝隙。

（1）流过同心圆环缝隙的流量　图1-16所示为同心圆环缝隙的流动。其圆柱体直径为 d，缝隙为 h，缝隙长度为 l。如果将圆环缝隙沿圆周方向展开。就相当于一个平行平板缝隙。因此，只要用 πd 代替式（1-32）中的 b，就可得内外表面之间有相对运动的同心圆环缝隙流量公式

$$q = \frac{\pi d h^3}{12\mu l}\Delta p \pm \frac{\pi d h u_0}{2} \tag{1-33}$$

当相对运动速度 $u_0 = 0$ 时，即为内外表面之间无相对运动的同心圆环缝隙流量公式

$$q = \frac{\pi d h^3}{12\mu l}\Delta p \tag{1-34}$$

（2）流过偏心圆环缝隙的流量　若圆环的内外圆不同心，偏心距为 e（见图1-17），则形成偏心圆环缝隙。其流量公式为

$$q = \frac{\pi d h^3 \Delta p}{12\mu l}(1 + 1.5\varepsilon^2) \pm \frac{\pi d h u_0}{2} \tag{1-35}$$

式中，h 是内外圆同心时的间隙；ε 是相对偏心率，即二圆偏心距 e 和同心环缝隙 h 的比值：$\varepsilon = e/h$。

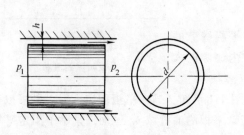

图1-16　同心圆环缝隙的液流

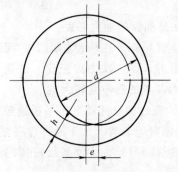

图1-17　偏心圆环缝隙

由式（1-35）可以看出，当 $\varepsilon = 0$ 时，即为同心圆环缝隙流量。随着偏心量 e 的增大，通过的流量也随之增加。当 $\varepsilon = 1$，即 $e = h$ 时，为最大偏心，其压差流量为同心环缝隙压差流量的 2.5 倍。可见在液压元件中，为了减少圆环缝隙的泄漏，应使相互配合的零件尽量处于同心状态。

例 1-4　某液压缸活塞直径为 $d = 100\text{mm}$，$l = 50\text{mm}$，活塞与缸体内壁同心时的缝隙 $h = 0.1\text{mm}$，两端压力差是 $\Delta p = 40 \times 10^5 \text{Pa}$，活塞移动的速度 $v = 60\text{mm/min}$，方向与压差方向相同。油的运动黏度 $\nu = 20\text{mm}^2/\text{s}$，密度 $\rho = 900\text{kg/m}^3$。试求活塞与缸体内壁处于最大偏心时的缝隙泄漏量有多大？

解　同心环的压差流量为

$$q = \frac{\pi dh^3 \Delta p}{12\nu\rho l} = \frac{\pi \times 100 \times 10^{-3} \times (0.1 \times 10^{-3})^3 \times 40 \times 10^5}{12 \times 20 \times 10^{-6} \times 900 \times 50 \times 10^{-3}} \, \mathrm{m^3/s} = 1.16 \times 10^{-4} \mathrm{m^3/s}$$

剪切流量为

$$q' = \frac{\pi dhv}{2} = \frac{100 \times 10^{-3} \pi \times 0.1 \times 10^{-3} \times 60 \times 10^{-3}}{2 \times 60} \, \mathrm{m^3/s} = 1.57 \times 10^{-8} \mathrm{m^3/s}$$

根据式（1-35），因缸体相对于活塞移动的方向与压差方向相反，其剪切流量应带负号，故最大偏心缝隙的泄漏量为

$$q_{\max} = 2.5q - q' = 2.5 \times 1.16 \times 10^{-4} \mathrm{m^3/s} - 1.57 \times 10^{-8} \mathrm{m^3/s}$$

$$\approx 2.5 \times 1.16 \times 10^{-4} \mathrm{m^3/s} = 2.9 \times 10^{-4} \mathrm{m^3/s}$$

从本例可见，在缝隙的两表面相对运动速度不大的情况下，由剪切流动产生的泄漏量很小，可以忽略不计。

第六节 液压冲击和空穴现象

一、液压冲击

在液压系统中，由于某种原因而引起液体的压力在瞬间急剧升高，产生很高的压力峰值，这种现象称为液压冲击。液压冲击的压力峰值往往比正常工作压力高好几倍。

1. 液压冲击产生的原因及其危害性

1）当液流通道迅速关闭或液流迅速换向使液流速度的大小或方向发生突然变化时，由于液流的惯性引起的液压冲击。

2）液压系统中的运动部件突然制动或换向时，因运动部件的惯性引起的液压冲击。

3）当液压系统中的某些元件反应不灵敏时，也可能造成液压冲击。如溢流阀不能在系统压力升高达到其调定压力时及时打开；限压式变量泵不能在油压升高时自动减少输油量等，都会出现压力超调现象而引起液压冲击。

液压冲击会引起振动和噪声，导致密封装置、管路等液压元件的损坏，有时还会使某些元件，如压力继电器、顺序阀等产生误动作，影响系统的正常工作。因此，必须采取有效措施来减轻或防止液压冲击。

2. 减小液压冲击的措施

1）延长阀门关闭和运动部件制动换向的时间。

2）限制管路中液流速度及运动部件的速度。

3）尽量缩短管道长度，适当加大管道直径，以降低流速和减小压力冲击波传播速度。

4）在冲击源处设置蓄能器，以吸收冲击的能量，也可以在易出现液压冲击的地方，安装限制压力升高的安全阀。

5）在液压元件中设置缓冲装置（如节流孔）或采用橡胶软管，以增加系统的弹性。

二、空穴现象

1. 空穴现象的机理及危害

在液压系统中，由于流速突然变大，供油不足等原因，压力会迅速下降至低于空气分离压，原溶于油液中的空气游离出来，导致液体中出现大量气泡的现象称为空穴现象。

当液压系统中产生空穴现象时，大量的气泡破坏了油液的连续性，造成流量和压力脉动，当气泡随油液流进入高压区时又急剧破灭，引起局部液压冲击，使系统产生强烈的噪声和振动。当附着在金属表面上的气泡破灭时，它所产生的局部高温和高压作用，以及油液中逸出的气体的氧化作用，会使金属表面剥蚀或出现海绵状的小洞穴。这种因空穴造成的腐蚀作用称为气蚀。气蚀会导致元件寿命的缩短，严重时会造成故障。

空穴多发生在阀口和液压泵的进口处，由于阀口的通道狭窄，流速增大，该处的压力大幅度下降，以致产生空穴。当泵的安装高度过大，吸油管直径太小，吸油阻力大，过滤器阻塞、油液黏度等因素的影响，造成泵进口处的真空度过大，亦会产生空穴。

2. 减少空穴现象的措施

1) 减小小孔或缝隙处的压力降，一般希望小孔或缝隙前后的压力比为 $p_1/p_2 < 3.5$。

2) 降低液压泵的吸油高度，适当加大吸油管内径，限制吸油管的流速，及时清洗过滤器，以减小管道阻力。对高压泵可采用辅助泵供油。

3) 管路要有良好的密封，防止空气的进入。

4) 对容易产生气蚀的元件，如泵的配流盘等，要采用抗腐蚀能力强的金属材料，增强元件的机械强度。

讨论练习题

1. 为什么说液压系统的工作压力取决于外负载？

2. 管路中的压力损失有哪几种？分别受哪些因素影响？

思考题和习题

1-1 液压油的体积为 $1.8 \times 10^{-2} \text{m}^3$，质量为 16.1kg，求此液压油的密度。

1-2 什么是液体的黏性？常用的黏度表示方法有哪几种？

1-3 某液压油体积为 200cm^3，密度 $\rho = 900 \text{kg/m}^3$，在 50℃ 时流过恩氏黏度计所需时间 $t_1 = 153 \text{s}$，而 20℃ 时 200cm^3 的蒸馏水流过恩氏黏度计所需时间 $t_2 = 51 \text{s}$，问该油的恩氏黏度 $°E_{50}$、运动黏度 ν 及动力黏度 μ 各为多少？

1-4 有两种液压油，在相同温度下，甲液为 21L，$°E_1 = 5$；乙液为 9L，$°E_2 = 7$。将两种油混合，试求混合油的黏度。

1-5 液压油有哪些主要类型？选用液压油时应考虑哪些主要因素？

1-6 液压油的黏度是怎样随温度的变化而变化的？举例说明。

1-7 液压传动中对液压油提出哪些主要要求？液压油为什么要定期更换？

1-8 什么叫液体的静压力？液体的静压力有哪些特性？压力是如何传递的？

1-9 如图 1-18 所示，有一直径为 d，质量为 m 的活塞浸在液体中，并在力 F 的作用下处于静止状态。若液体的密度为 ρ，活塞浸入深度为 h，试确定液体在测压管内的上升高度 x。

1-10　解释如下概念：通流截面、流量。

1-11　图 1-19 所示连通器中存在两种液体，已知水的密度 $\rho_1 = 1000\text{kg/m}^3$，$h_1 = 60\text{cm}$，$h_2 = 75\text{cm}$，求另一种液体的密度 ρ_2。

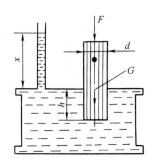

图 1-18　题 1-9 图

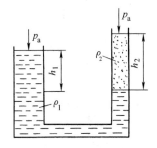

图 1-19　题 1-11 图

1-12　液压千斤顶柱塞的直径 $D = 34\text{mm}$，活塞的直径 $d = 13\text{mm}$，每压下一次小活塞的行程为 22mm，杠杆长度如图 1-20 所示。问：

1）杠杆端点应加多大的 F 力才能将重力 W 为 $5\times10^4\text{N}$ 的重物顶起？

2）此时密封容积中的液体压力等于多少？

3）杠杆上下动作一次，重物的上升量为多少？

1-13　如图 1-21 所示机构，活塞面积 $A_1 = 10\text{cm}^2$，$A_2 = 50\text{cm}^2$，活塞Ⅱ上的摩擦负载为 F_f，不考虑活塞Ⅰ、Ⅱ本身的摩擦力，在缸Ⅰ的活塞杆上施加作用力 F，试分析计算：

1）当 $F_f = 5000\text{N}$，$F = 500\text{N}$ 及 $F_f = 5000\text{N}$，$F = 2000\text{N}$ 时，两液压缸活塞的运动情况，及两缸中的压力各为多少？

2）为推动重块，在缸Ⅰ的活塞上应施加多大的力 F？

3）如果已测出活塞Ⅰ的运动速度 $v_1 = 50\text{cm/min}$，那么重块运动速度 v_2 应为多少？

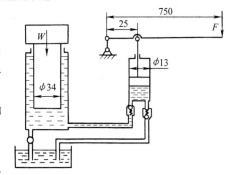

图 1-20　题 1-12 图

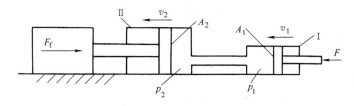

图 1-21　题 1-13 图

1-14　图 1-22 所示液压泵的流量 $q = 25$ L/min，吸油管内径 $d = 25\text{mm}$，油的密度 $\rho = 900\text{kg/m}^3$，液压泵吸油口距液面高 $H = 0.4\text{m}$，粗滤器的压力损失 $\Delta p_v = 0.1\times10^5\text{Pa}$，油液的运动黏度 $\nu = 1.42\times10^{-5}\text{m}^2/\text{s}$，求泵入口处最大真空度？

1-15　如图 1-23 所示，压力机的柱塞在自重力 $F_G = 50\text{N}$ 的作用下向下移动，将液压缸中的油液经过 $\delta = 0.05\text{mm}$ 的缝隙排到大气中，设柱塞和缸筒处于同心状态，缝隙长 $l = 70\text{mm}$，柱塞直径 $d = 20\text{mm}$，油的黏度 $\mu = 5\times10^{-2}\text{Pa}\cdot\text{s}$，求活塞下落 0.1m 所需时间？

1-16　液压冲击和空穴现象是如何产生的？有何危害？如何防止？

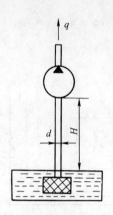

图 1-22　题 1-14 图

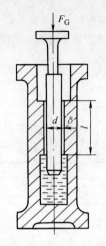

图 1-23　题 1-15 图

2

第二章　液压动力装置

在液压传动系统中，液压动力装置的作用是将电动机（或其他原动机）输出的机械能转换为液体的压力能，从而为系统提供动力。液压泵是液压系统的主要动力装置，本章介绍几种典型的（齿轮式、叶片式和柱塞式）液压泵。

本章重点

掌握各种泵的工作原理（泵是如何吸油、压油和配流的）、主要性能参数、特点及选用。

第一节　液压泵概述

一、液压泵的工作原理及种类

1. 液压泵的工作原理

图 2-1a 是液压泵的工作原理，柱塞与缸体孔之间形成密封容积。柱塞 2 靠弹簧 4 压紧在偏心轮 1 上，偏心轮 1 的转动使柱塞 2 作往复运动。柱塞 2 向右移动时，油腔 a（它是一个密封的工作腔）的容积由小变大，形成局部真空，大气压力迫使油箱中的油液通过吸油管顶开单向阀 6，进入油腔 a 中，这就是泵的吸油过程。当柱塞 2 向左移动时，油腔 a 的容积由大变小，迫使其中的油液顶开单向阀 5 流向系统中去，这就是泵的压油过程。偏心轮不断的旋转，泵就不断地吸油和压油。可见液压泵是靠密封容积的变化来实现吸油和压油的，因此称为容积式液压泵。图 2-1b 所示为液压泵的实物图。

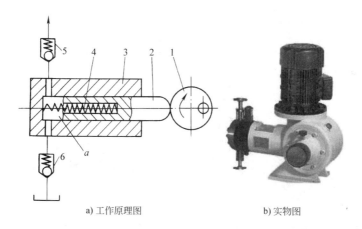

a) 工作原理图　　　　　　　b) 实物图

图 2-1　液压泵

1—偏心轮　2—柱塞　3—缸体　4—弹簧　5、6—单向阀

由上可知，容积式液压泵正常工作的必要条件是：

1）应具有一个或若干个能周期性变化的密封容积，如图 2-1a 中的油腔 a。泵的输油量与密封腔的数目、密封容积变化的大小及速率成正比。

2）应有配流装置，即保证在吸油过程中密封容积与油箱相通，同时关闭供油通路；压油时，与供油管路相通而与油箱切断，即将吸、压油腔隔开。图 2-1a 中单向阀 5 和单向阀 6 就是配流装置，它随着泵的结构不同而采用不同的形式。

3）吸油过程中，油箱必须与大气相通。

2. 液压泵的常用种类和图形符号

液压泵的种类很多，目前最常用的有：齿轮泵、叶片泵和柱塞泵等；按泵的输油方向能否改变可分为单向泵和双向泵；按其输出的流量能否调节可分为定量泵和变量泵；按额定压力的高低又可分为低压泵、中压泵和高压泵等三类。液压泵的图形符号见表 2-1。

表 2-1　液压泵的图形符号

名称	单向定量泵	双向定量泵	单向变量泵	双向变量泵	并联单向定量泵
液压泵					

二、液压泵的主要性能参数

1. 液压泵的压力

（1）工作压力 p_p　是指泵工作时输出油液的实际压力，其大小取决于负载。

（2）额定压力 p_n　是指泵在使用中允许达到的最高工作压力，超过此值就是过载，它受泵本身的泄漏和结构强度的限制。为满足各种液压系统所需的不同压力，液压泵的压力分为几个等级，见表 2-2。

表 2-2　压力分级

压力等级	低　压	中　压	中　高　压	高　压	超　高　压
压力/MPa	≤2.5	>2.5~8	>8~16	>16~32	>32

2. 液压泵的排量和流量

（1）排量 V_p　是指不考虑泄漏情况下泵轴转一转所排出油液的体积。常用单位为 cm^3/r 或 mL/r。排量的大小取决于泵的密封腔的几何尺寸。

（2）流量　是指泵在单位时间内排出油液的体积。

1）理论流量 q_t　是指泵在不考虑泄漏的情况下，单位时间内排出油液的体积。它等于排量 V_p 和转速 n_p 的乘积，即

$$q_t = V_p n_p \qquad (2-1)$$

2）实际流量 q_p　是指泵在实际工作压力下排出的流量。由于泵存在泄漏，因此泵的实际流量 q_p 小于理论流量 q_t。

3）额定流量 q_n　是指泵在额定转速和额定压力下输出的流量。

3. 液压泵的功率和效率

（1）液压泵的功率

1）液压泵的输入功率 P_i　即驱动液压泵的机械功率（如电动机功率）。若输入转矩为 T_i，角速度为 ω（$\omega = 2\pi n$），则

$$P_i = 2\pi n T_i$$

2）液压泵的输出功率 P_0　是指泵的工作压力和实际输出流量的乘积，即

$$P_0 = p_P q_P \tag{2-2}$$

式中，P_0 是液压泵的输出功率（W）；p_P 是液压泵的工作压力（Pa）；q_P 是液压泵的实际输出流量（m^3/s）。

（2）液压泵的效率

1）容积效率 η_{vP}　由于泵在工作中因泄漏造成了流量损失 Δq，使得它输出的实际流量 q_P，总是小于理论流量 q_t，液压泵的容积效率为泵的实际流量与理论流量之比，即

$$\eta_{vP} = \frac{q_P}{q_t} = \frac{q_t - \Delta q}{q_t} = 1 - \frac{\Delta q}{q_t} \tag{2-3}$$

2）机械效率 η_{mP}　由于泵在工作中存在机械损失和液体黏性引起的摩擦损失，因此，驱动泵所需的实际输入转矩 T_i 必然大于泵的理论转矩 T_t，液压泵的机械效率为泵的理论转矩与实际输入转矩的比值，即

$$\eta_{mP} = \frac{T_t}{T_i} \tag{2-4}$$

3）总效率 η_P　液压泵的总效率为泵的输出功率 P_0 与输入功率 P_i 之比，即

$$\eta_P = \frac{P_0}{P_i} = \eta_{vP} \eta_{mP} \tag{2-5}$$

它也等于泵的容积效率 η_{vP} 与机械效率 η_{mP} 的乘积。

三、液压泵的特性曲线

液压泵的特性曲线是在一定的工作介质、转速和温度下，通过试验做出的，它表示液压泵的工作压力 p_P 与容积效率 η_{vP}（或实际流量 q_P），总效率 η_P 与输入功率 P_i 之间的关系。图 2-2 所示为某一液压泵的性能曲线。

由性能曲线可以看出，液压泵的容积效率 η_{vP}（或实际流量 q_P）随泵的工作压力 p 升高而降低，压力为零时（空载）容积效率 $\eta_{vP} = 100\%$，实际流量等于理论流量。液压泵的总效率 η_P 随工作压力升高而增大，接近液压泵的额定压力时总效率最高。

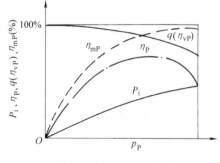

图 2-2　液压泵特性曲线

例 2-1　某液压泵铭牌上标有转速 $n = 1450 r/min$，额定流量 $q_n = 60L/min$，额定压力 $p_n = 80 \times 10^5 Pa$，泵的总效率 $\eta_P = 0.8$，试求：

1）该泵应选配的电动机功率。

2）若该泵使用在特定的液压系统中，该系统要求泵的工作压力 $p_P = 40\times10^5\mathrm{Pa}$，该泵应选配的电动机功率。

解　驱动液压泵的电动机功率的确定，应按照液压泵的使用场合进行计算。当不明确液压泵在什么场合下使用时，可按铭牌上的额定压力、额定流量值进行功率计算；当泵的使用压力已经确定，则应按其实际使用压力进行功率计算。

1）因为不知道泵的实际使用压力，故选取额定压力进行功率计算：

$$P_i = \frac{p_n q_n}{\eta_P} = \frac{80\times10^5\times60\times10^{-3}}{0.8\times60}\mathrm{W} = 10\times10^3\mathrm{W} = 10\mathrm{kW}$$

2）因为泵的实际工作压力已经确定，故选取实际使用压力进行功率计算：

$$P_i = \frac{p_P q_n}{\eta_P} = \frac{40\times10^5\times60\times10^{-3}}{0.8\times60}\mathrm{W} = 5\times10^3\mathrm{W} = 5\mathrm{kW}$$

第二节　齿　轮　泵

齿轮泵是液压系统中常用的液压泵，按其结构不同分外啮合式和内啮合式两大类，其中外啮合式齿轮泵应用较为广泛，下面重点介绍。

一、外啮合式齿轮泵的工作原理

图 2-3a 所示为外啮合式齿轮泵的工作原理图。泵体内装有一对齿数相同相互啮合的齿轮，齿轮的两端面靠泵端盖（图中未画出）密封。泵体、端盖和齿轮的各齿槽形成了密封容积。这种泵无专门的配流装置，而是靠两齿轮沿齿宽方向的啮合线起配流装置的作用，即把密封容积分成吸油腔和压油腔两部分，在吸油与压油过程中互不相通。当齿轮按图示箭头方向旋转时，右侧油腔由于轮齿逐渐脱开啮合，使密封容积逐渐增大而形成局部真空，油箱中的油液在大气压作用下，经油管进入吸油腔，充满齿槽，并随着齿轮的旋转被带到左腔。而左边的油腔，由于轮齿逐渐进入啮合，使密封容积逐渐减小，齿槽中的油液受到挤压，

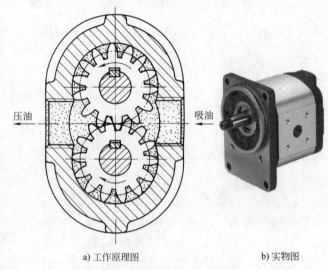

a) 工作原理图　　　　b) 实物图

图 2-3　外啮合式齿轮泵

从排油口排出。当齿轮不断旋转时，吸油腔不断吸油，压油腔不断排油。图 2-3b 所示为外啮合式齿轮泵实物图。

二、齿轮泵的结构

CB-B 型齿轮泵的结构如图 2-4 所示，它是分离三片式结构，即泵前、后端盖 6、2 和泵体 5，三片由两个定位销 11 定位，用 6 个螺钉 7 固定。主动齿轮 4 用键 3 固定在传动轴 8 上，并由电动机带动旋转。为了使齿轮能灵活地转动，同时又要使泄漏最小，在齿轮端面和泵盖之间应留有适当的间隙（轴向间隙），另外为避免齿顶和泵体内壁相碰，齿顶和泵体内表面也留有一定的间隙（径向间隙）。主、从动轴均由滚针轴承 1 支承，而滚针轴承分别装在前后端盖上，油液通过泵的轴向间隙润滑滚针轴承，然后经泄油道 9 流回吸油口。在泵体 5 的两端面上铣有卸荷槽 10，即与吸油口相通的沟槽（见图 2-4 A—A），其目的是防止油液泄漏到泵外，同时减小泵体与端盖接触面间的油压作用力，减轻了连接螺钉承受的拉力。

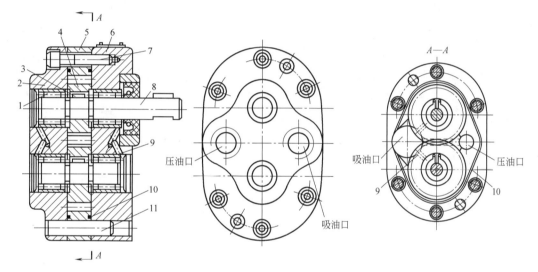

图 2-4　CB-B 型齿轮泵的结构图

1—轴承　2—后端盖　3—键　4—主动齿轮　5—泵体　6—前端盖
7—螺钉　8—传动轴　9—泄油道　10—卸荷槽　11—定位销

齿轮泵主要存在以下问题：

1. 齿轮泵的泄漏

齿轮泵的泄漏途径为：齿轮端面和泵盖之间的轴向间隙，齿轮齿顶和泵体内表面间的径向间隙以及两齿轮的齿面啮合处等。因轴向间隙泄漏的途径短而面积大，故此处的泄漏量最大（约占总泄漏量的 75% ~ 80%）。所以轴向间隙越大，泄漏量也越大，容积效率就越低。但轴向间隙过小，会造成齿轮端面与泵盖间的机械摩擦加大，从而降低机械效率，因此必须选择合适的轴向间隙。CB 型齿轮泵在装配时，泵的轴向间隙完全由齿轮与泵体厚度的公差来确定，轴向间隙为 0.01 ~ 0.04mm。该泵的容积效率和机械效率均可达 90% 以上。而径向间隙由于密封带较长，同时齿顶线速度的方向和油液泄漏方向相反，故对泄漏影响较小。其间隙量一般取 0.13 ~ 0.16mm。

2. 径向力不平衡

由于吸、压油腔的压力不同而形成两腔压力差，液体作用在齿轮外缘的压力是不均匀的，压力由压油腔逐渐分级下降到吸油腔，如图2-5所示。这些液压力的合力作用在齿轮及轴上，产生了不平衡的径向力，且随工作压力的升高而增大，径向不平衡力过大时能使泵轴弯曲，导致齿顶与泵体产生摩擦，同时也加速轴承的磨损，降低泵的使用寿命。为了减小径向不平衡力对泵带来的不良影响，CB型齿轮泵采取了缩小压油口的办法，其目的是为了减小压力油的作用面积。同时适当增大径向间隙，使齿轮在压力作用下，齿顶不至于与泵体发生接触而增加机械摩擦，其径向间隙量为 0.13~0.16mm。

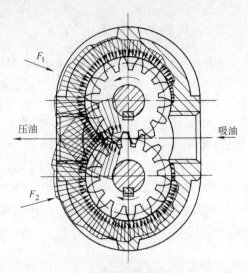

图 2-5 齿轮泵的径向不平衡力

3. 齿轮泵的困油现象

为使齿轮泵平稳地工作，齿轮啮合的重合度必须大于1，即前一对轮齿尚未脱离啮合时，后一对轮齿已经进入啮合，因此在某一段时间内，会有两对轮齿同时啮合。此时，就有一部分油液被围困在这两对啮合的轮齿之间形成的一个密闭的容积内，此密闭的容积称为困油区。随着齿轮的旋转，困油区的容积将发生从大到小（如图2-6a、图2-6b所示），又从小到大（如图2-6b、图2-6c所示）的变化过程，当容积缩小时，困油区的油液受挤压，压力急剧升高，并从一切可能泄漏的缝隙里挤出，使轴承负荷增大、功率损耗增加、油温升高。当容积增大时，困油区产生真空度，使油液气化、气体析出，气泡被带到液压系统内引起振动、气蚀和噪声。上述这种不良情况称为齿轮泵的困油现象。

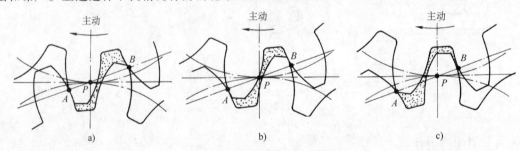

图 2-6 齿轮泵的困油现象

困油现象严重地影响泵的工作平稳性和使用寿命。为了消除困油现象，通常在两端泵盖内侧面上铣出两个卸荷槽（如图2-7中双点画线所示），有对称开的，也有偏向吸油腔开的，还有开圆形盲孔卸荷槽的。目的是使困油区在容积缩小时，通过卸荷槽与压油腔相通，以便及时将被困油液排出；困油区容积增大时通过卸荷槽与吸油腔相通，以便及时补油。两槽之间的距离必须保证吸、压油腔互不相通，否则泵不能正常工作。

三、齿轮泵的特点及用途

外啮合式齿轮泵结构简单，尺寸小，重量轻，制造方便，价格低廉，工作可靠，自吸能力强（允许的吸油真空度大），对油液污染不敏感，维护容易。但一些机件要承受不平衡径向力，磨损严重，泄漏大，工作压力的提高受到限制。此外，它的流量脉动大，因而压力脉

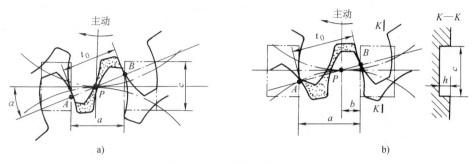

图 2-7　齿轮泵的困油卸荷槽

动和噪声都较大。外啮合式齿轮泵主要用于低压或不重要的场合。

讨论练习题

　　1）如果油箱完全封闭，不与大气相通，液压泵是否还能工作？为什么？

　　2）已知图 2-8 中的负载 F 及阻尼孔尺寸不变，当液压泵的转速增高时，分别说明液压泵出口压力将怎样变化？为什么？

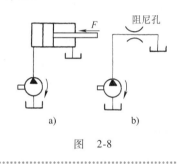

图　2-8

第三节　叶　片　泵

　　叶片泵可分为双作用式和单作用式两大类，前者是定量泵，后者是变量泵，叶片泵在液压系统中得到了广泛应用。叶片泵具有流量均匀、运转平稳、噪声小等优点，但结构比较复杂，自吸能力差，对油液污染比较敏感。

一、双作用叶片泵

1. 双作用叶片泵的工作原理

　　图 2-9a 所示为双作用叶片泵的工作原理，它主要由定子 1、转子 2、叶片 3、配流盘 4、传动轴 5 和泵体 6 等组成。转子和定子同心安装。定子内表面近似椭圆形，它由两段长半径 R 圆弧、两段短半径 r 圆弧和四段过渡曲线组成。转子旋转时，由于离心力和叶片根部油压的作用，使叶片顶部紧靠在定子内表面上，这样，在每两个叶片和定子的内表面、转子的外表面及前后配流盘间形成了若干个密封工作腔。当图中转子顺时针方向旋转时，密封工作腔的容积在左上角和右下角处逐渐增大，形成局部真空而吸油，为吸油区；在右上角和左下角处密封工作腔的容积逐渐减小而压油，为压油区。吸油区和压油区之间有一段封油区把它们

隔开。这种泵的转子每转一周，每个密封工作腔完成吸油、压油各两次，故称为双作用叶片泵。又因为泵的两个吸油区和压油区是径向对称的，使作用在转子上的径向液压力平衡，所以又称为卸荷式叶片泵。图 2-9b 所示为双作用叶片泵的实物图。

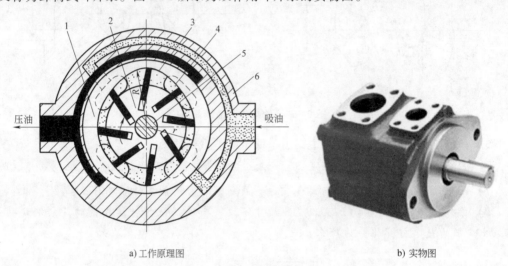

a) 工作原理图　　　　　　　　　　　　b) 实物图

图 2-9　双作用叶片泵

1—定子　2—转子　3—叶片　4—配流盘　5—传动轴　6—泵体

2. 双作用叶片泵的结构

图 2-10 为 YB$_1$ 型叶片泵的结构，由前泵体 7 和后泵体 6、左右配流盘 1 和 5、定子 4、转子 12、叶片 11 及传动轴 3 等组成，其结构有以下几个特点：

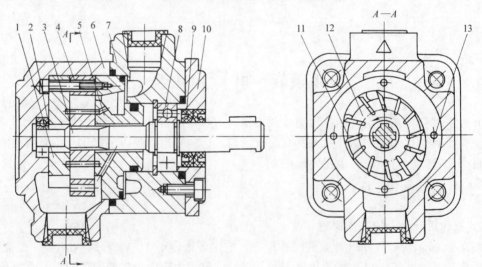

图 2-10　YB$_1$ 型叶片泵

1、5—配流盘　2、8—轴承　3—传动轴　4—定子　6—后泵体　7—前泵体
9—密封圈　10—盖板　11—叶片　12—转子　13—定位销

（1）配流盘　配流盘的上、下两缺口 b 为吸油窗口，两个腰形孔 a 为压油口，相隔部分为封油区域（图 2-11）。在腰形孔端开有三角槽，它的作用是使叶片间的密封容积逐步地

和高压腔相通以避免产生液压冲击，从而可减少振动和噪声。在配流盘上对应叶片根部位置处开有一环形槽 c，在环形槽内有两个小孔 d 与排油孔道相通，引进压力油作用于叶片根部，叶片在根部液压作用力和离心力的作用下紧贴定子内表面，保证了可靠的密封。配流盘采用凸缘式，小直径部分伸入前泵体内，并合理布置了"O"形密封圈，这样当配流盘右侧受到液压力作用而使配流盘端面和前泵体分开时，仍能保证可靠的密封。配流盘受到液压力的作用后，靠自身的变形，对转子和配流盘间的间隙可有 <0.01mm 的补偿作用。e 为泄漏孔，将泵体内的泄漏油引入吸油腔。

（2）定子内表面曲线　定子内表面曲线是由四段圆弧和四段过渡曲线组成。过渡曲线应保证叶片紧顶在定子内表面上，叶片在转子槽内的滑动速度和加速度变化均匀，冲击尽量小，为此在过渡曲线与圆弧线的交接点处应圆滑过渡，以减小加速度的突变，从而减小冲击、噪声和磨损。目前双作用叶片泵一般都使用综合性能较好的等加速等减速曲线作为过渡曲线。

（3）叶片倾角　将叶片顺着转子回转方向前倾一个角度安装，如图 2-12 所示。这是因为若叶片径向安装，叶片在压油区与定子内表面接触时的压力角为 β，定子对叶片的反力 F 在垂直叶片方向上的分力（$F_T = F \cdot \sin\beta$）使叶片产生弯曲，同时使叶片压紧在叶片槽的侧壁上，增大了摩擦力，使叶片运动不灵活，压力角 β 愈大，F_T 力也愈大，β 增大到一定程度会使叶片卡死。为了减小压力角过大的不利影响，而将叶片顺着转子回转方向前倾一角度 θ（通常为 13°）安装。这时实际压力角减小为 $\alpha = \beta - \theta$，从而减小摩擦力，有利于叶片在槽内的滑动。

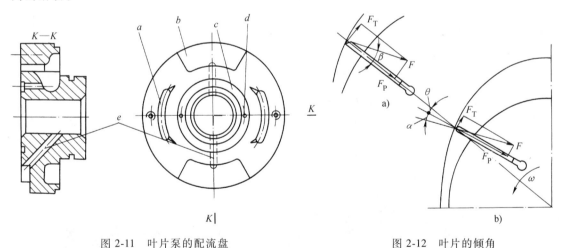

图 2-11　叶片泵的配流盘　　　　　　　图 2-12　叶片的倾角

二、双联叶片泵

1. 结构特点

双联叶片泵相当于由一大一小两个双作用叶片泵组合而成，如图 2-13a 所示。它是由两套尺寸不同的定子、转子和配流盘等安装在一个泵体内，泵体有一个公共的吸油口和两个独立的排油口，两个转子由同一根轴传动工作。图形符号见图 2-13b。图 2-13c 所示为双联叶片泵实物图。

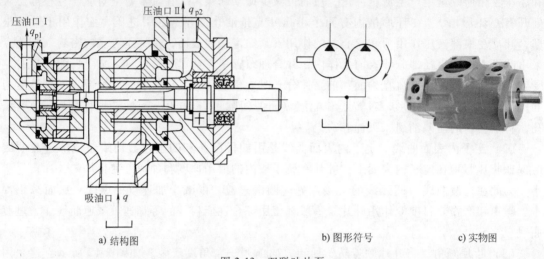

a) 结构图   b) 图形符号   c) 实物图

图 2-13 双联叶片泵

2. 使用特点

双联叶片泵的输出流量可以分开使用，也可以合并使用。如有快速行程和工作进给要求的液压系统，在快速轻载时，由大小两泵同时供给低压油；在重载低速时，高压小流量泵单独供油，大泵卸荷。这样可以降低功率损耗，减少油液发热。双联叶片泵也可用于液压系统需要有两个互不干扰的独立油路供油的场合。

三、单作用叶片泵

1. 单作用叶片泵工作原理

如图 2-14a 所示，它由转子、定子、叶片、配流盘、泵体等组成。与定量泵的不同之处是定子的内孔是一个与转子偏心安装的圆环，两侧的配流盘上开有两个配流窗口，一个吸油窗口，一个压油窗口。这样，转子每转一转，转子、定子、叶片和配流盘之间形成的密封容

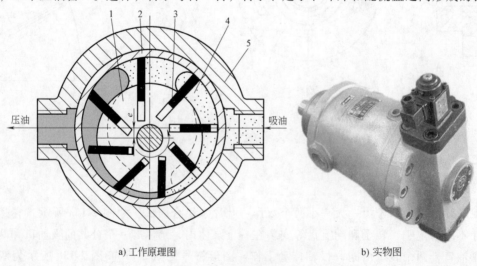

a) 工作原理图   b) 实物图

图 2-14 单作用叶片泵

1—转子 2—定子 3—叶片 4—配流盘 5—泵体

积只变化一次，完成一次吸油和压油，因此称为单作用式叶片泵。由于转子单方向承受压油腔油压的作用，径向力不平衡，所以又称为非卸荷式叶片泵。这种泵的工作压力不宜过高，其最大特点是只要改变转子和定子的偏心距 e 和偏心方向，就可以改变输油量和输油方向，称为变量叶片泵。图 2-14b 所示为单作用式叶片泵实物图。

2. 限压式变量叶片泵的工作原理

限压式变量叶片泵是一种自动调节式变量泵，它能根据外负载的大小自动调节泵的排量。

限压式变量叶片泵的流量改变是利用压力的反馈作用实现的，它有外反馈和内反馈两种形式，下面主要介绍外反馈限压式变量叶片泵。

图 2-15 为外反馈限压式变量叶片泵的工作原理，图 2-16 是泵的流量—压力特性曲线。泵输出的工作压力 p 作用在定子左侧的柱塞 6 上，而定子右侧有一限压弹簧 3。当压力作用在柱塞上的反馈力 pA（A 为柱塞的面积）不超过弹簧 3 的预紧力 F_S 时，$pA \leqslant F_S$，这时定子在弹簧 3 的作用下，被推向左端，定子中心 O_2 和转子中心 O_1 之间偏心量达到最大值 e_0，这时，泵的输出流量为最大，且基本上不变（图 2-16 中曲线 AB 段稍有下降是泵的泄漏所引起的）。当泵的工作压力升高，作用于柱塞上的反馈力超过限压弹簧 3 的预紧力时，$pA > F_S$，这时限压弹簧被压缩，定子右移，偏心量减小，泵输出的流量也随之减小（曲线 BC 段）。当泵的压力大到偏心量很小，所产生的流量全部用于补偿泄漏时，泵的输出流量为零。不管外负载再增大，泵的输出压力不会再升高，此时泵的压力 p_C 称为泵的极限工作压力。当反馈力等于弹簧力（$pA = F_S$）时的压力称为泵的限定工作压力，用 p_B 表示（$p_B = F_S/A$）。

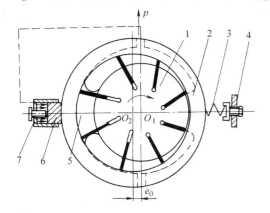

图 2-15 外反馈限压式变量
叶片泵工作原理

1—转子 2—定子 3—限压弹簧 4、7—调节
螺钉 5—配流盘 6—反馈缸柱塞

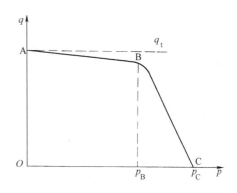

图 2-16 限压式变量叶片泵
的流量—压力特性曲线

3. 外反馈限压式变量叶片泵的结构

图 2-17a 为 YBX 型外反馈限压式变量叶片泵的结构简图。转子 4 由泵轴 7 驱动，带动叶片 8（共 15 片）在定子 5 内转动。转子中心不可移动，定子可在泵体 3 内左右移动，以改变转子和定子之间的偏心距。滑块 6 用于支承定子 5 所受的不平衡径向液压力，并随定子一起移动。为了减少摩擦阻力，增加定子移动的灵活性，滑块顶部装有滚针轴承。反馈柱塞 9 装在定子右侧的油腔中，该油腔与泵体的压油区有通道相连，油腔中的压力油作用在反馈柱

塞上，与弹簧力一起控制着定子的位置。螺钉1用来调整限压弹簧2的预紧力，螺钉10用来调节定子的最大偏心量。图2-17b所示为外反馈限压变量叶片泵实物图。

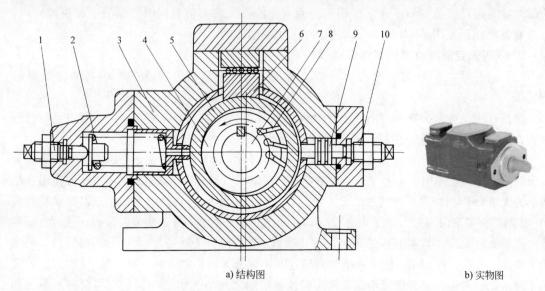

a) 结构图   b) 实物图

图2-17 YBX型外反馈限压式变量叶片泵

1—调整螺钉 2—限压弹簧 3—泵体 4—转子 5—定子 6—滑块 7—泵轴 8—叶片 9—柱塞 10—调整螺钉

4. 限压式变量叶片泵的调整及应用

如图2-15所示，调节螺钉7可改变定子与转子的最大偏心量 e_0，从而改变泵的最大输出流量，使AB曲线上下平移（如图2-16所示）。通过螺钉4可调节限压弹簧3的预紧力 F_S，从而改变泵的限定工作压力 p_B，使BC曲线左右平移。如果更换刚度不同的弹簧，可改变泵的极限工作压力 p_C，使BC曲线的斜率改变。

限压式变量叶片泵适用于液压设备有"快进、工进"以及"保压系统"的场合。快进时负载小，压力低，流量大，泵处于特性曲线AB段。工作进给时，负载大，压力高，速度慢，流量小，泵自动转换到特性曲线BC段某点工作。保压时，在近 p_C 点工作，提供小流量补偿系统泄漏。

例如：某限压泵原特性曲线如图2-18中曲线Ⅰ所示，若设备快进时所需泵的工作压力为1MPa，流量为30L/min，工进时泵的工作压力为4MPa，所需的流量为5L/min，试调整泵的 q—p 特性曲线以满足工作需要。

分析： 根据题意若按泵的原始 q—p 特性曲线工作，快进流量太大，工进时泵的出口工作压力也太高，与设备工作要求不相适应，所以必须进行调整。调整方法如下（见图2-15）：

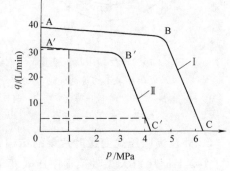

图2-18 限压式变量叶片泵
q—p 特性曲线调整

1）调节流量螺钉7，移动定子，以减小偏心量 e_0，使AB线向下移至流量为30L/min处。

2）调节限定螺钉4，减少弹簧预压缩量，使BC段左移到曲线Ⅱ上工作，以满足设备工作需要。曲线Ⅱ为调整后泵的工作特性曲线。

第四节　柱　塞　泵

柱塞泵是靠柱塞在缸体内作往复运动，使密封容积发生变化而实现吸油和压油的。由于构成密封容积的柱塞和缸体均为圆柱表面，加工方便，可得到较高的配合精度，故密封性能好，容积效率高，而且，只要改变柱塞的工作行程就能改变泵的流量，所以，与齿轮泵和叶片泵相比，柱塞泵具有压力高，结构紧凑，效率高，流量调节方便等优点，故广泛应用于需要高压、大流量、大功率的系统中和流量需要调节的场合，如龙门刨床、拉床、液压机、工程机械、矿山冶金机械及船舶等。

柱塞泵按柱塞排列方向不同，分为径向柱塞泵和轴向柱塞泵两大类。

一、径向柱塞泵

径向柱塞泵的工作原理如图 2-19 所示。它主要由定子 1、转子（缸体）2、柱塞 3、配流轴 4 等零件组成，柱塞径向均布在转子柱塞孔中。转子和定子之间有一个偏心量 e。配流轴固定不动，上部和下部各做成一个缺口，此两缺口又分别通过所在部位的两个轴向孔与泵的吸、压油口连通。当转子按图示方向旋转时，上半周的柱塞在离心力作用下外伸，通过配流轴吸油；下半周的柱塞则受定子内表面的推压作用而缩回，通过配流轴压油；移动定子改变偏心距的大小，便可改变柱塞的行程，从而改变泵的排量。若改变偏心距的方向，则可改变吸、压油的方向。因此，径向柱塞泵可以做成单向或双向变量泵。

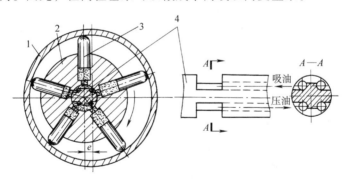

图 2-19　径向柱塞泵的工作原理
1—定子　2—转子　3—柱塞　4—配流轴

径向柱塞泵的优点是流量大，工作压力较高，便于做成多排柱塞的形式，轴向尺寸小，工作可靠等。其缺点是径向尺寸大，自吸能力差，且配流轴受到径向不平衡液压力的作用，易于磨损，泄漏间隙不能补偿。这些缺点限制了泵的转速和压力的提高。

二、轴向柱塞泵

1. 轴向柱塞泵的工作原理

轴向柱塞泵的柱塞沿轴向均布在缸体的柱塞孔中，其工作原理如图 2-20 所示。它主要由缸体 7、配流盘 10、柱塞 5 和斜盘 1 等组成。斜盘 1 和配流盘 10 固定不动，斜盘 1 法线与缸体轴线夹角为斜盘倾角 γ。缸体由轴 9 带动旋转，缸体上均布了若干个轴向柱塞孔，孔内装有柱塞 5，内套筒 4 在中心弹簧 6 的作用下，通过压板 3 而使柱塞头部的滑履 2 紧靠在斜盘 1 上，同时外套筒 8 在弹簧 6 的作用下，使缸体 7 和配流盘 10 紧密接触，起密封作用。在配流盘 10 上开有吸、压油窗口。当传动轴带动缸体按图示方向旋转时，在右半周内，柱塞逐渐向外伸出，柱塞与缸体孔内的密封容积逐渐增大，形成局部真空，通过配流盘的吸油窗口吸油；缸体在左半周旋转时，柱塞在斜盘 1 斜面作用下，逐渐被压入柱塞孔内，密封容积逐渐减小，通过配流盘的压油窗口压油；缸体每转一转，每个柱塞往复运动一次，吸、压油各一次。若改变斜盘倾角 γ 的大小，就能改变柱塞的行程长度 s，也就改变了泵的排量。如果改变斜盘倾角的方向，就能改变吸、压油的方向，所以称为双向变量轴向柱塞泵。

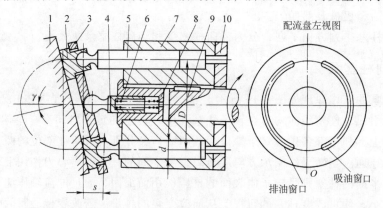

图 2-20　轴向柱塞泵的工作原理图
1—斜盘　2—滑履　3—压板　4、8—套筒　5—柱塞
6—弹簧　7—缸体　9—轴　10—配流盘

2. 斜盘式轴向柱塞泵的结构

（1）主体部分　图 2-21a 为 SCY14-1 型手动变量轴向柱塞泵的结构。图中右半部分为主体部分，左半部分为变量机构。中间泵体 1 和前泵体 7 组成泵的壳体，传动轴 8 通过花键带动缸体 5 旋转，使均匀分布在缸体内的七个柱塞 9 绕传动轴的轴线回转。每个柱塞的端部都装有滑履 12，滑履与柱塞为球铰连接。定心弹簧 3 向左的作用力通过内套 2、钢球和压盘 14，将滑履压在斜盘 15 的斜面上，缸体转动时，该作用力使柱塞完成回程吸油的动作。定心弹簧向右的作用力通过套筒 10 作用在缸体上，使缸体与配流盘 6 贴紧，使密封可靠，即使缸体端面和配流盘端面有一些磨损，也可以得到间隙自动补偿。斜盘通过滑履推动实现了柱塞的压油行程。因滑履与斜盘间以平面接触，改善了柱塞的受力状况，缸孔中的压力油经柱塞和滑履中间小孔，在滑履与斜盘的接触面间形成了一层油膜，起静压支承作用，减少了磨损，有利于泵在高压下工作。缸体的径向力由轴承承受，而轴向力则由配流盘承受。配流盘（图 2-22）a 为压油窗口、c 为吸油窗口、外圈 d 为卸压槽与回油相通，两个通孔 b 和 YB 型叶片泵配油盘上的三角槽一样，起减少冲击、降低噪声的作用。其余四个小的不通孔，可以起储油润滑作用，配流盘外圆的缺口是定位槽。

（2）变量机构　在变量轴向柱塞泵中设有专门的变量机构，用来改变斜盘倾角 γ 的大小以调节泵的排量，轴向柱塞泵的变量方式有手动、伺服、压力补偿等多种形式。

图 2-21 为手动变量机构的轴向柱塞泵，变量时，转动手轮 18，使丝杆 17 随之转动，带

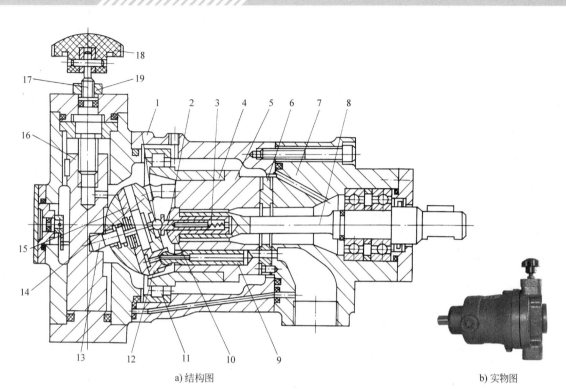

a) 结构图   b) 实物图

图 2-21 SCY14-1 型手动变量轴向柱塞泵

1—泵体 2—内套 3—定心弹簧 4—钢套 5—缸体 6—配流盘 7—前泵体
8—轴 9—柱塞 10—套筒 11—轴承 12—滑履 13—销轴 14—压盘
15—斜盘 16—变量柱塞 17—丝杆 18—手轮 19—螺母

动变量柱塞 16 沿导向键做轴向移动，通过销轴 13 使支承在变量壳体上的斜盘 15 绕钢球的中心转动从而改变了斜盘倾角 γ，也就改变了泵的排量，流量调好后应将锁紧螺母 19 锁紧。图 2-21b 所示为 SCY14-1 型手动变量轴向柱塞泵实物图。

    轴向柱塞泵的优点是结构紧凑、径向尺寸小，重量轻，转动惯量小，容积效率高，目前其最高工作压力一般为 32~40MPa，甚至更高，一般用于工程机械、压力机等高压系统中，但其轴向尺寸较大，轴向作用力也较大，结构比较复杂。

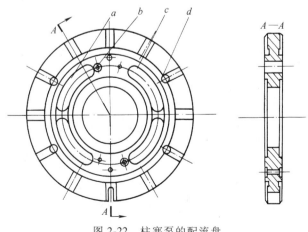

图 2-22 柱塞泵的配流盘

第五节　液压泵的选用

在液压系统中，应根据液压设备的工作压力、流量、工作性能、工作环境等合理选用泵的类型和规格。同时应考虑功率的合理利用和系统发热、经济性等因素。

一般在轻载小功率的液压设备上，可选用齿轮泵、双作用叶片泵；精度较高的机械设备（如磨床），可选用双作用叶片泵、螺杆泵；在负载较大，并有快、慢速进给的机械设备（如组合机床）上，可选用限压式变量叶片泵、双联叶片泵；负载大、功率大的设备（如刨床、拉床、压力机），可选用柱塞泵；机械设备的辅助装置，如送料、夹紧等不重要场合，可选用价格低廉的齿轮泵。各种泵的性能及应用见表2-3。

表2-3　各类液压泵的性能比较及应用

性　　能	外啮合齿轮泵	双作用叶片泵	限压式变量叶片泵	轴向柱塞泵	径向柱塞泵	螺杆泵
工作压力 / MPa	<20	6.3~21	≤7	20~35	10~20	<10
转速范围 /(r·min^{-1})	300~7000	500~4000	500~2000	600~6000	700~1800	1000~18000
容积效率	0.70~0.95	0.80~0.95	0.80~0.90	0.90~0.98	0.85~0.95	0.75~0.95
总效率	0.60~0.85	0.75~0.85	0.70~0.85	0.85~0.95	0.75~0.92	0.70~0.85
功率质量比	中等	中等	小	大	小	中等
流量脉动率	大	小	中等	中等	中等	很小
自吸特性	好	较差	较差	较差	差	好
对油的污染敏感性	不敏感	敏感	敏感	敏感	敏感	不敏感
噪声	大	小	较大	大	大	很小
寿命	较短	较长	较短	长	长	很长
单位功率造价	最低	中等	较高	高	高	较高
应用范围	机床、工程机械、农机、航空、船舶、一般机械	机床、注塑机、液压机、起重运输机械、工程机械、飞机	机床、注塑机	工程机械、锻压机械、起重机械、矿山机械、冶金机械、船舶、飞机	机床、液压机、船舶机械	精密机床、精密机械、食品、化工、石油、纺织等机械

讨论练习题

1）为什么称单作用式叶片泵为非卸荷式叶片泵？称双作用式叶片泵为卸荷式叶片泵？哪种能作变量泵使用？为什么？

2）双作用式叶片泵的叶片为什么不是径向安装的，而要倾斜一个角度？

技能实训1 液压泵的拆装

1. 实训目的

1）通过对液压泵的拆装，分析、了解其结构组成和特点。

2）加深对液压泵工作原理和特性的理解。

3）学会正确选择和使用液压泵。

2. 实训要求和方法

1）本实训采用教师重点讲解，学生自己动手拆装为主的教学方法。学生以小组为单位，结合实训思考题，边拆装边讨论分析液压泵的结构原理及特点。

2）拆装时注意不要散失小的零件，实训完要把每个液压泵装好。

3）每次实训后，由指导教师指定思考题作为本次实训的报告内容。

3. 实训内容

对照实物搞清各种液压泵密封容积是怎样形成的，又是如何变化的，即如何实现吸油和压油的。

（1）拆装齿轮泵 对照实物分析齿轮泵的结构组成及特点，CB-B 型齿轮泵困油问题是怎样产生的？又是如何解决的？

（2）拆装定量叶片泵 对照实物分析定量叶片泵的结构组成及特点，如定子内表面的形状，配流盘上各沟槽的作用，叶片的安装等。

（3）拆装限压式变量叶片泵 对照实物分析限压式变量叶片泵和定量叶片泵在结构上有何不同？限压式变量叶片泵是如何实现流量变量的？限定压力又是如何调整的？

（4）拆装柱塞泵 对照实物分析柱塞泵结构组成及特点，如斜盘和配流盘的结构及作用。

4. 实训思考题

（1）齿轮泵

1）CB-B 型齿轮泵可以反转吗？为什么？

2）进、出油口孔径是否相等？为什么？

3）说明齿轮泵是如何将吸油腔和压油腔隔开的。

4）在齿轮泵泵体两侧的端面上开有卸荷槽，其作用是什么？

5）说明外啮合式齿轮泵可能产生内泄漏的部位。

6）齿轮泵的理论流量取决于什么？它与铭牌上的流量有什么关系？

（2）定量叶片泵

1）指出泵的吸、压油口位置，并说明密封工作腔是如何形成的。

2）定子和转子是否同心？

3）为什么各叶片根部要通压力油？压力油是如何通入的？

4）为什么在前、后配流盘上都要开配流窗口？

5）转子每转一周，每个密封腔完成几次吸油和压油？

（3）限压式变量叶片泵

1）与双作用叶片泵在结构上的主要差别是什么？

2) 滑块上部的滚针轴承起什么作用?

3) 叶片为什么要卸荷? 为什么要后倾安装?

4) 限定压力和最大流量怎样调节?

（4） 柱塞泵

1) 柱塞泵为什么具有自吸能力?

2) 柱塞数为什么是奇数?

3) 配流盘上各通孔和不通孔的作用是什么?

4) 定心弹簧的作用是什么?

5) CY14-1B 型柱塞泵可以反转供油吗?

思考题和习题

2-1　液压泵完成吸油和排油, 必须具备什么条件?

2-2　什么是液压泵的工作压力? 额定压力? 两者有何关系?

2-3　液压泵装于系统中之后, 它的工作压力是否就是铭牌上的压力? 为什么?

2-4　为什么说液压泵的工作压力取决于负载?

2-5　液压泵的排量和流量各取决于什么参数? 流量的理论值与实际值有何区别?

2-6　液压传动中常见的液压泵分为哪几种类型?

2-7　什么是齿轮泵的困油现象? 困油现象有何危害? 用什么方法消除困油现象?

2-8　什么叫单作用叶片泵? 什么叫双作用叶片泵?

2-9　根据外反馈限压式变量叶片泵的流量—压力特性曲线, 说明如何调整不变流量段 AB 上下平移, 如何使变流量段 BC 左右平移? 拐点压力 p_B 是如何调整的? 当拐点压力 p_B 变化时, 变量泵的极限工作压力 p_C 是否变化?

2-10　柱塞式液压泵有哪些特点? 适用于什么场合?

2-11　某液压泵的额定压力为 $200×10^5 Pa$, 额定流量 $q_n = 20L/min$, 泵的容积效率 $\eta_{vP} = 0.95$, 试计算泵的理论流量和泄漏量的大小。

2-12　某液压系统中液压泵的输出工作压力 $p_p = 20MPa$, 实际输出流量 $q_p = 60L/min$, 容积效率 $\eta_{vP} = 0.9$, 机械效率 $\eta_{mP} = 0.9$。试求驱动液压泵的电动机功率。

2-13　某液压系统中液压泵的输出工作压力 $p_p = 10MPa$, 转速 $n_p = 1450r/min$, 排量 $V_p = 200mL/r$, 容积效率 $\eta_{vP} = 0.95$, 总效率 $\eta_P = 0.9$。试求驱动液压泵的电动机功率及泵的输出功率。

2-14　定量叶片泵转速 $n_p = 1500r/min$, 在输出压力为 $63×10^5 Pa$ 时, 输出流量为 53L/min, 这时实测泵轴消耗功率为 7kW; 当泵空载卸荷运转时, 输出流量 56L/min, 试求该泵的容积效率 η_{vP} 及总效率 η_P。

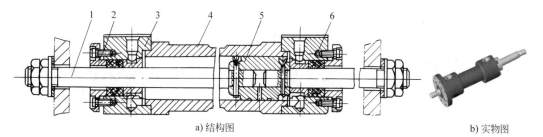

第三章　液压执行元件

液压执行元件的功用是将液压系统中的压力能转化为机械能，以驱动外部工作部件。常用的液压执行元件有液压缸和液压马达。它们的区别是：液压缸将液压能转换成直线运动（或往复直线运动）的机械能，而液压马达则是将液压能转换成旋转运动的机械能。

本章重点

1）液压缸的主要类型及典型结构。

2）单出杆液压缸的工作特点和速度、推力的计算。

3）液压马达的工作原理及主要性能参数。

第一节　液　压　缸

一、液压缸的类型及其特点

按结构特点液压缸可分为活塞缸、柱塞缸和摆动马达（旧称摆动缸）三类；按其供油方向不同可分为单作用式和双作用式两种。单作用式液压缸中液压力只能使活塞（或柱塞）单方向运动，反方向运动必须靠外力（如弹簧力或自重等）实现；双作用式液压缸可由液压力实现两个方向的运动。

1．活塞式液压缸

活塞式液压缸可分为双杆式和单杆式两种结构。

（1）双杆活塞液压缸　即被活塞隔开的液压缸两腔中都有活塞杆伸出，如图3-1所示，它主要由活塞杆1、压盖2、缸盖3、缸体4、活塞5、密封圈6等组成。缸体4固定在床身上，活塞杆1和支架连在一起，使活塞杆只受拉力，因而可做得较细。缸体4与缸盖3采用法兰连接，活塞5与活塞杆1采用锥销连接。活塞5与缸体4间采用间隙密封，活塞杆1与

a) 结构图　　　　　　　　　　　　　　　　b) 实物图

图 3-1　双杆活塞式液压缸

1—活塞杆　2—压盖　3—缸盖　4—缸体　5—活塞　6—密封圈

缸体端盖处采用"V"形密封圈密封。

通常双杆液压缸两活塞杆直径相同，故活塞两端的有效面积相同。当供油压力和流量不变时，则活塞往复运动的推力 F_1、F_2 和速度 v_1、v_2 相等，其值为

$$F_1 = F_2 = (p_1 - p_2)A = (p_1 - p_2)\frac{\pi}{4}(D^2 - d^2) \tag{3-1}$$

$$v_1 = v_2 = \frac{4q}{\pi(D^2 - d^2)} \tag{3-2}$$

式中，A 是缸的有效工作面积；D 是活塞的直径；d 是活塞杆的直径；p_1 是进油腔的压力；p_2 是回油腔的压力；q 是输入液压缸的流量。

双杆液压缸常用于要求往复运动速度和负载相同的场合，如各种磨床。

图 3-2a 为缸体固定式。当缸的左腔进油，右腔回油时，活塞带动工作台向右移动；反之，右腔进油，左腔回油时，活塞带动工作台向左移动。由图可见，工作台的运动范围约为活塞有效行程 L 的三倍，占地面积较大，常用于小型液压设备。

图 3-2b 为活塞杆固定式。当压力油经空心活塞杆的中心孔及活塞处的径向孔 c 进入缸的左腔，右腔回油时，则推动缸体带动工作台向左移动；反之，右腔进压力油，左腔回油时，缸体带动工作台向右移动。由图可见，工作台的运动范围约为缸筒有效行程 L 的两倍，占地面积较小，常用于大、中型液压设备。图形符号见图 3-2c。

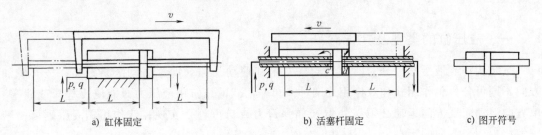

a) 缸体固定　　　　　　　　b) 活塞杆固定　　　　　　　　c) 图开符号

图 3-2　双杆活塞缸运动范围

（2）单杆活塞液压缸　即仅一端有活塞杆的液压缸。图 3-3a 所示为工程机械设备常用的单杆活塞式液压缸。主要有缸底 1、活塞 2、O 形密封圈 3、Y 形密封圈 4、缸体 5、活塞杆 6、导向套 7 等组成。活塞 2 与缸体 5 的密封采用 Yx 形密封圈密封，活塞 2 的内孔与活塞杆 6 之间采用 O 形密封圈密封。导向套 7 起导向、定心作用，活塞上套着一个用聚四氟乙烯

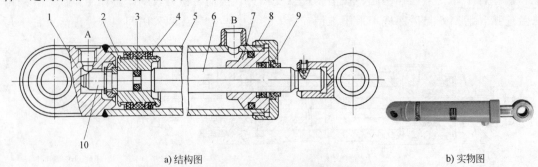

a) 结构图　　　　　　　　　　　　　b) 实物图

图 3-3　单杆活塞式液压缸

1—缸底　2—活塞　3—O 形密封圈　4—Y 形密封圈　5—缸体　6—活塞杆
7—导向套　8—缸盖　9—防尘圈　10—缓冲柱塞

制成的支承环，缸盖上设有防尘圈 9，
活塞杆左端设有缓冲柱塞 10。图 3-3b
所示为单杆活塞式液压缸实物图。

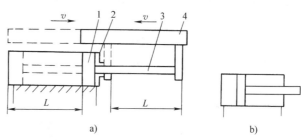

1）单杆液压缸的特点。如图 3-4a
所示，单杆液压缸无论是缸体固定还是
活塞杆固定，工作台的运动范围都等于
缸有效行程 L 的两倍。故结构紧凑，应
用广泛。图形符号如图 3-4b 所示。

图 3-4　单杆活塞缸工作原理图及图形符号
1—活塞　2—缸体　3—活塞杆　4—工作台

由于仅一侧有活塞杆，所以两腔的有效工作面积不同，当分别向缸两腔供油，且供油压
力和流量相同时，活塞（或缸体）在两个方向产生的推力和运动速度不相等。

当无杆腔进油，有杆腔回油时（图 3-5a），活塞推力 F_1 和运动速度 v_1 分别为

$$F_1 = p_1 A_1 - p_2 A_2 = \frac{\pi}{4} \left[(p_1 - p_2) D^2 + p_2 d^2 \right] \tag{3-3}$$

$$v_1 = \frac{q}{A_1} = \frac{4q}{\pi D^2} \tag{3-4}$$

当有杆腔进油，无杆腔回油时（图 3-5b），活塞推力 F_2 和运动速度 v_2 分别为

$$F_2 = p_1 A_2 - p_2 A_1 = \frac{\pi}{4} \left[(p_1 - p_2) D^2 - p_1 d^2 \right] \tag{3-5}$$

$$v_2 = \frac{q}{A_2} = \frac{4q}{\pi (D^2 - d^2)} \tag{3-6}$$

式中，A_1 是缸无杆腔有效工作面积；A_2 是缸有杆腔有效工作面积；D 是活塞的直径；d 是
活塞杆直径；p_1 是进油腔压力；p_2 是回油腔压力；q 是输入液压缸的流量。

比较上面公式可知，$v_1 < v_2$，$F_1 > F_2$。即无杆腔进压力油工作时，推力大，速度低；有杆
腔进压力油工作时，推力小，速度高。因此，单杆活塞缸常用于一个方向有较大负载，但运
行速度较低，另一个方向为空载快速退回运动的设备。例如，各种金属切削机床、压力机、
注塑机、起重机的液压系统即常用单杆活塞缸。

2）液压缸差动连接。如图 3-5c 所示，单杆活塞缸在其左、右两腔互相接通并同时输入
压力油时，称为差动连接。这时缸两腔的压力相同，由于无杆腔工作面积大于有杆腔工作面
积，故活塞向右的推力大于向左的推力，使其向右运动。这时活塞的推力 F_3 为

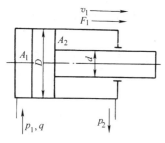

a）无杆腔进油，有杆腔回油时

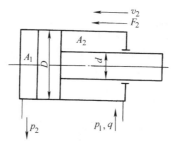

b）有杆腔进油，无杆腔回油时

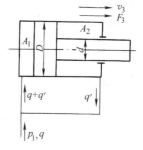

c）差动连接

图 3-5　单杆活塞缸

$$F_3 = p_1(A_1 - A_2) = p_1 \frac{\pi}{4}d^2 \tag{3-7}$$

差动连接时，有杆腔排出的流量 $q' = v_3 A_2$ 进入无杆腔，则有

$$v_3 A_1 = q + v_3 A_2$$

故活塞杆的运动速度 v_3 为

$$v_3 = \frac{q}{A_1 - A_2} = \frac{4q}{\pi d^2} \tag{3-8}$$

将 F_3 和 v_3 分别与非差动连接时的 F_1 和 v_1 相比较可以看出，它的运动速度提高了，但推力减小了。实际应用中，液压系统常通过控制阀来改变单杠缸的油路连接，使其有不同工作方式从而实现"快进（差动连接）→工进（无杆腔进油）→快退（有杆腔进油）"工作循环。这时，通常要求"快进"和"快退"的速度相等，即 $v_3 = v_2$，则由式（3-6）和式（3-8）可得 $D = \sqrt{2}\,d$（或 $d = 0.71D$）。差动连接是在不增加液压泵流量的前提下实现快速运动的有效方法，广泛应用于组合机床和各类专用设备中。

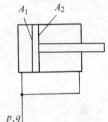

图 3-6 差动连接液压缸

例 3-1 如图 3-6 所示，差动连接液压缸，无杆腔有效面积 $A_1 = 40\text{cm}^2$，有杆腔有效面积 $A_2 = 20\text{cm}^2$，输入油液流量 $q = 0.42 \times 10^{-3}\text{m}^3/\text{s}$，压力 $p = 0.1\text{MPa}$，问活塞向哪个方向运动？运动速度是多少？能克服多大的工作阻力？

解：因为液压缸差动连接，所以液压缸两腔的压力相等，$p = 0.1\text{MPa}$。

活塞向右的推力 $F_1 = pA_1 = 10^5 \times 40 \times 10^{-4}\text{N} = 400\text{N}$

活塞向左的推力 $F_2 = pA_2 = 10^5 \times 20 \times 10^{-4}\text{N} = 200\text{N}$

由于 $F_1 > F_2$，故活塞向右运动。

活塞向右运动能克服的最大阻力 $F = F_1 - F_2 = (400 - 200)\text{N} = 200\text{N}$

活塞向右运动速度 $v = \dfrac{q}{A_1 - A_2} = \dfrac{0.42 \times 10^{-3}}{(40 - 20) \times 10^{-4}}\text{m/s} = 0.21\text{m/s}$

2. 柱塞缸

柱塞缸是一种单作用液压缸，其工作原理如图 3-7a 所示，柱塞与工作部件相连，缸筒固定在机体上。当压力油进入缸筒时，推动柱塞带动运动部件向右运动，但回程要靠自重（垂直安装）或其他外力（如弹簧力）来实现。为获得双向运动，柱塞缸常成对使用（见图 3-7c）。图形符号见图 3-7b，实物图见图 3-7d。

当柱塞的直径为 d，输入液压缸的流量为 q，压力为 p 时，其柱塞上所产生的推力 F 和速度 v 为

$$F = pA = p\frac{\pi}{4}d^2 \tag{3-9}$$

$$v = \frac{q}{A} = \frac{4q}{\pi d^2} \tag{3-10}$$

　　柱塞缸的主要特点是柱塞与缸体内壁不接触，所以缸体内孔只需粗加工甚至不加工，故工艺性好，适用于较长行程的场合，如龙门刨床、导轨磨床、大型拉床等设备的液压系统。柱塞端面受压，为了能输出较大的推力，柱塞一般较粗、较重。水平安装时易产生单边磨损，故柱塞缸适于垂直安装使用。当其水平安装时，为防止柱塞因自重而下垂，常制成空心柱塞并设置各种不同的辅助支承。

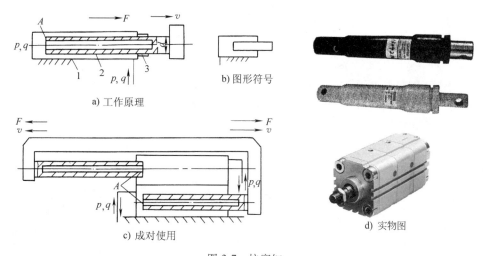

图 3-7　柱塞缸

1—缸体　2—柱塞　3—导向套

3. 摆动马达

　　摆动马达是一种输出转矩并实现往复摆动的液压执行元件，旧称摆动缸。常用的有单叶片式和双叶片式两种结构形式。如图 3-8a、b 所示，它由叶片轴 1、缸体 2、定子块 3 和回转叶片 4 等零件组成。定子块固定在缸体上，叶片和叶片轴（转子）连接在一起，当油口 A、B 交替输入压力油时，叶片带动叶片轴做往复摆动，输出转矩和角速度。单叶片缸输出轴的摆角一般不超过 280°，双叶片缸输出轴的摆角小于 150°，但输出转矩是单叶片缸的两倍。图形符号见图 3-8c。图 3-8d 为摆动马达的实物图。

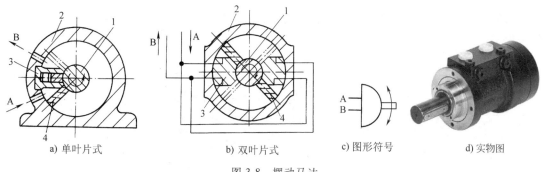

图 3-8　摆动马达

1—叶片轴　2—缸体　3—定子块　4—回转叶片

　　摆动马达结构紧凑，输出转矩大，但密封性较差，一般用于机床的送料装置、转位装置、周期性进给机构等中低压系统以及工程机械中。

4. 其他液压缸

（1）增压缸　增压缸能将输入的低压油变为高压油，常用于某些短时或局部油路需要高压油的系统中。它有单作用和双作用两种形式，单作用增压缸的工作原理如图 3-9a 所示。它由大、小直径分别为 D 和 d 的复合缸筒及有特殊结构的复合活塞等零件组成，若输入增压缸大端油的压力为 p_1，由小端输出油的压力为 p_2，则

$$p_2 = p_1 \left(\frac{D}{d} \right)^2 = K p_1 \tag{3-11}$$

式中，$K = D^2/d^2$ 是增压比，表明其增压能力。

单作用增压缸只能在单方向行程中输出高压油，即不能获得连续的高压油，为克服这一缺点，可采用双作用增压缸，如图 3-9b 所示，由两个高压端连续向系统供油。图 3-9c 所示为增压缸的实物图。

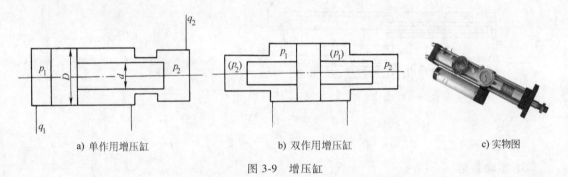

a) 单作用增压缸　　　　　b) 双作用增压缸　　　　　c) 实物图

图 3-9　增压缸

应该指出，增压缸只能将高压端输出的油液通入其他液压缸以获取大的推力，其本身不能直接作为执行元件。所以安装时应尽量使它靠近执行元件。增压缸常用于压铸机、造型机等设备的液压系统中。

（2）伸缩缸　伸缩式液压缸又称多级缸，是由两级或多级活塞缸套装而成的，如图 3-10 所示，前一级活塞缸的活塞是后一级活塞缸的缸筒。当各级活塞依次伸出时可获得很长的工作行程。活塞伸出的顺序从大到小，相应的推力也是从大到小，而伸出速度则由慢变快；空载缩回的顺序一般是从小到大；缩回后缸的总长度较短，结构紧凑，广泛用于起重运输车辆等工程机械及自动线步进式输送装置上。

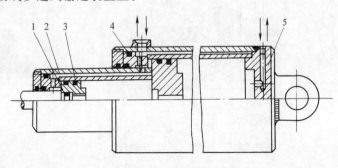

图 3-10　伸缩缸

1—活塞　2—套筒　3—O 形密封圈　4—缸体　5—缸盖

（3）齿条活塞缸　齿条活塞缸又称无杆式液压缸，它由带有齿条杆的双活塞缸 1 和一套齿轮齿条传动机构 2 组成。如图 3-11a 所示。当压力油推动活塞左右往复直线运动时，齿条杆推动齿轮往复转动，从而齿轮驱动工作部件作周期性地往复摆动运动。齿条活塞缸多用于自动线、组合机床、液压机械手等转位或分度机构上。图 3-11b 所示为其实物图。

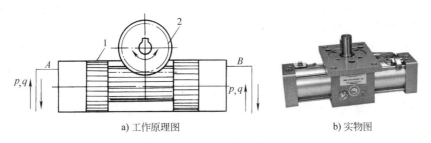

a) 工作原理图　　　　　　　　　　　　　b) 实物图

图 3-11　齿条活塞缸

1—双活塞缸　2—齿轮齿条传动机构

讨论练习题

1）如图 3-12 所示为单出杆液压缸的三种连接状态，若活塞面积为 A_1，活塞杆的面积为 A_3，当前两种状态图 a、b 负载相同，后一种状态图 c 负载为零时，不计摩擦力的影响，试比较三种状态下液压缸左腔压力的大小？

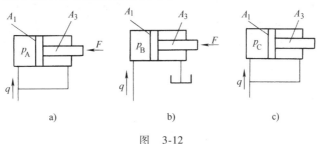

a)　　　　　　　　　　b)　　　　　　　　　　c)

图　3-12

2）如图 3-13a 所示，两液压缸Ⅰ、Ⅱ并联，已知缸Ⅰ的活塞面积为 A_1，缸Ⅱ的活塞面积为 A_2，且 $A_1 < A_2$，两缸的负载相同，试问当输入压力油时，哪个液压缸先运动？

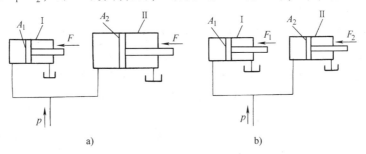

a)　　　　　　　　　　　　　　b)

图　3-13

3）如图 3-13b 所示，已知 $A_1 = A_2$，$F_1 > F_2$，试问当输入压力油时，哪个液压缸先运动？

二、液压缸的典型结构和组成

1. 液压缸的典型结构举例

图 3-14 所示为单杆液压缸的结构，它主要由缸底 1、缸筒 7、缸头 18、活塞 21、活塞杆 8、导向套 12、缓冲套 6 和 24、节流阀 11、带放气孔的单向阀 2 以及密封装置等组成。缸筒 7 与法兰 3、10 焊接成一个整体，然后通过螺钉 25 与缸底 1、缸头 18 连接。图中用半剖面的方法表示了活塞与缸筒、活塞杆与缸盖之间的两种密封形式：上部为橡胶组合密封，下部为 Y 形密封。该液压缸具有双向缓冲功能，工作时压力油经进油口、单向阀进入工作腔，推动活塞运动，当活塞运动到终点前，缓冲套切断油路，排油只能经节流阀排出，起节流缓冲作用（图中左端只画了单向阀，右端只画了节流阀）。

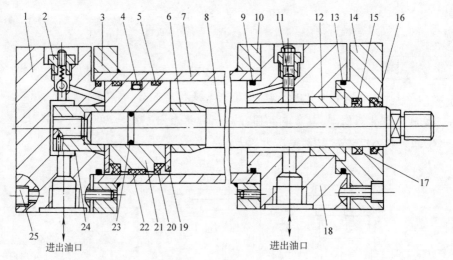

图 3-14　单杆液压缸结构

1—缸底　2—单向阀　3、10—法兰　4—格来圈密封　5、22—导向环　6—缓冲套　7—缸筒　8—活塞杆
9、13、23—O 形密封圈　11—缓冲节流阀　12—导向套　14—缸盖　15—斯特圈密封　16—防尘圈
17—Y 形密封圈　18—缸头　19—护环　20—Yx 密封圈　21—活塞　24—无杆端缓冲套　25—连接螺钉

2. 液压缸的组成

从上面所述的液压缸典型结构中可以看到，液压缸的结构基本上可以分为缸体组件、活塞组件、密封装置、缓冲装置和排气装置等五个部分。

（1）缸体组件　缸体组件包括缸筒、前后缸盖和导向套等。它与活塞组件构成密封的油腔，承受很大的液压力，因此缸体组件要有足够的强度和刚度，较高的表面质量和可靠的密封性。缸筒与端盖的常见连接形式如图 3-15 所示。

图 3-15a 为法兰连接，这种连接结构简单、加工方便、易装卸，但重量和外形尺寸较大，常用于铸铁、铸钢和锻铁制造的缸筒上。图 3-15b 为半环连接，将卡环切成两块（半环）装于缸筒环形槽内，有内卡环式和外卡环式。它的结构紧凑、外形尺寸小、重量较轻、易装卸，但缸筒开槽后使缸筒强度削弱，需加厚缸筒。常用于无缝钢管或锻钢制造的缸筒上。图 3-15c、d 为螺纹连接，有内螺纹式和外螺纹式。它的外形尺寸较小、重量较轻，但缸筒端部结构复杂，装卸时需用专门工具。一般用于小型液压缸。图 3-15e 为拉杆连接，

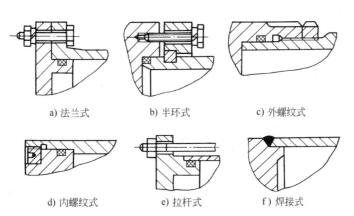

a) 法兰式　　　　b) 半环式　　　　c) 外螺纹式

d) 内螺纹式　　　　e) 拉杆式　　　　f) 焊接式

图 3-15　缸体组件的连接形式

前、后端盖装在缸筒两头，用四根拉杆（螺栓）将其紧固。它的零件通用性好，缸筒加工、装拆方便，但径向尺寸和重量较大，只适用于长度短的液压缸。图 3-15f 为焊接连接，它的结构简单、尺寸小，但缸筒焊接易产生变形，缸底内径不易加工。焊接连接只能用于缸筒的一端，另一端必须采用其他结构。多用于长度较短的液压缸。

工作压力较低时，缸筒可采用铸铁；工作压力较高时，应选用无缝钢管或铸钢和锻钢。导向套对活塞杆或柱塞起导向和支承作用。有些液压缸不设导向套，直接用端盖孔导向，其结构简单，但磨损后必须更换端盖。

（2）活塞组件　活塞组件由活塞、活塞杆和连接件等组成。活塞在缸筒内受油压作用实现往复直线运动，必须具有良好的耐磨性和一定的强度，一般用耐磨铸铁制造，有整体式和组合式两种。活塞杆是连接活塞和工作部件的传力零件，必须有足够的强度和刚度，通常都用钢料制造。其外圆表面应耐磨并有防锈能力，活塞杆外圆表面有时需镀铬。活塞杆头部有耳环式、球头式和螺纹式等几种。

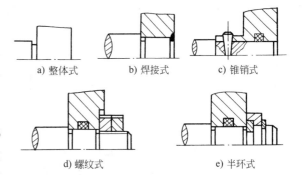

a) 整体式　　b) 焊接式　　c) 锥销式

d) 螺纹式　　　　e) 半环式

图 3-16　活塞与活塞杆的连接形式

活塞和活塞杆的连接形式如图 3-16所示，整体式连接（图 3-16a）和焊接式连接（图 3-16b）结构简单、轴向尺寸小，但损坏后需整体更换，常用于小直径液压缸。锥销式连接（图 3-16c）易加工、装配简单，但承载能力小，且需有防止锥销脱落的措施，适用于轻载液压缸。螺纹式连接（图 3-16d）结构简单、装拆方便，一般需备有螺纹防松装置，由于加工螺纹削弱了活塞杆的强度，因此不适用于高压系统。半环式连接（图 3-16e）强度高、结构复杂、装卸方便，用于高压和振动较大的液压缸。

（3）密封装置　液压缸在工作时，缸内压力比缸外压力（大气压力）大，一般进油腔压力比回油腔压力大得多，因此在配合表面间将会产生泄漏，泄漏将直接影响系统的工作压力，甚至使整个系统无法工作，外泄漏还会污染设备和环境，造成油液的浪费。因此，必须合理地设置密封装置来防止和减小油液的泄漏及空气和外界污染物的侵入。

根据需要密封的两个配合表面之间是否有相对运动，将密封分为动密封和静密封两大类。根据密封原理，又分为非接触式密封和接触式密封。常见的密封方法有间隙密封及密封圈密封，密封圈有"O"形、"V"形、"Y"形及组合式。密封件的结构及选用方法见第五章。

（4）缓冲装置 为避免活塞在行程两端与缸盖发生机械碰撞，产生冲击和噪声，影响设备工作精度，以至损坏零件，为此常在大型、高速或高精度液压设备中设置缓冲装置。缓冲装置的原理是利用活塞或缸筒运动到接近行程终端时，在活塞和缸盖之间封住一部分油液，强迫它从小孔或很窄的缝隙中挤出，以产生很大的回油阻力，使运动部件受到制动而逐渐减慢速度，避免活塞与缸盖相撞，以达到缓冲目的。常见的缓冲装置如图 3-17 所示。

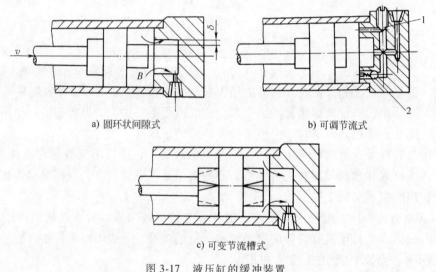

a) 圆环状间隙式　　　　　b) 可调节流式

c) 可变节流槽式

图 3-17　液压缸的缓冲装置
1—节流阀　2—单向阀

1）圆环状间隙式（固定节流式）缓冲装置。当缓冲柱塞进入缸盖上的内孔时，活塞和缸盖间形成缓冲油腔，油腔中的油液只能从环形间隙 δ 排出（回油），产生缓冲压力，从而实现减速制动，如图 3-17a 所示，在缓冲过程中，由于通流截面的面积不变，因此随着活塞运动速度的降低，其缓冲作用逐渐减弱，缓冲效果较差（若采用圆锥形缓冲柱塞，可克服此缺点），但结构简单、便于制造。

2）可调节流式缓冲装置。当缓冲柱塞进入缸盖上的内孔时，油腔内的油液必须经过节流阀 1 才能排出，调节节流阀口的开度大小可控制缓冲压力的大小，以适应液压缸不同负载和速度工况对缓冲的要求，但仍不能解决速度降低后缓冲作用减弱的缺点，如图 3-17b 所示。2 为用于反向启动的单向阀。

3）可变节流槽式缓冲装置。在缓冲柱塞上开有由浅入深的三角形节流槽，其通流面积随着缓冲行程的增大而逐渐减小，缓冲压力变化平缓，克服了在行程最后阶段缓冲作用减弱的问题，如图 3-17c 所示。

（5）排气装置 液压系统混入空气后会使其工作不稳定，产生振动、噪声、爬行和启动时突然前冲等现象，严重时会使液压系统不能正常工作。因此，设计液压缸时，必须考虑排气问题。

对于要求不高的液压缸，往往不设专门的排气装置，而是将缸的油口设置在缸筒两端的最高处，这样可利用液流将缸内的空气带回油箱，再从油箱中逸出。对于速度稳定性要求较高的液压缸和大型液压缸，常在液压缸的最高部位设置专门的排气装置。常用的排气装置有两种形式，如图 3-18 所示。一种是在液压缸的最高部位处开排气孔，如图 3-18a 所示，用长管道通向远处的排气阀排气，机床上大多采用这种形式。另一种是在缸盖的最高部位处直接安装排气塞、排气阀等。如图 3-18b、图 3-18c 所示，在液压系统正式工作前松开排气塞螺钉，让液压缸全行程空载往复运动数次排气，排气完毕后拧紧排气塞螺钉，液压缸便可正常工作。

> **讨论练习题**
>
> 液压缸上为什么要设有排气装置？一般应放在液压缸的什么位置？是否所有液压缸都要设置排气装置？

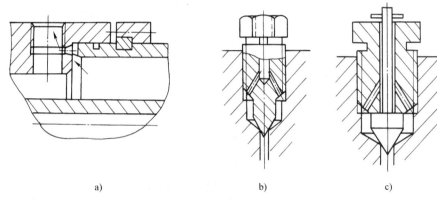

a) b) c)

图 3-18　液压缸的排气装置

三、液压缸的设计与计算

液压缸的设计是在对整个液压系统进行了工况分析，编制了负载图，并选定了工作压力之后进行的。先根据使用要求选择结构类型，然后按负载情况、运动要求、最大行程等确定其主要结构尺寸，进行强度、稳定性和缓冲验算，最后再进行结构设计。

1. 液压缸工作压力的选定

通常液压缸的工作压力可以根据工作负载或设备的类型参见表 3-1 或表 3-2 确定。

表 3-1　液压缸推力与工作压力的关系

液压缸推力 F/kN	<5	5~10	10~20	20~30	30~50	>50
液压缸工作压力 p/MPa	0.8~1	1.5~2	2.5~3	3~4	4~5	>5~7

表 3-2　各类液压设备常用的工作压力

设备类型	磨床	组合机床	车床铣床镗床	拉床	龙门刨床	农业机械工程机械
工作压力 p/MPa	0.8~2	3~5	2~4	8~10	2~8	10~16

2. 液压缸主要尺寸的确定

液压缸的主要尺寸包括缸体的内径 D、活塞杆直径 d 及杆长 l、液压缸的长度 L 等。

（1）液压缸内径 D 和活塞杆直径 d 　根据选定的缸的工作压力 p 确定液压缸内径 D，由公式

$$A = \frac{F}{p}$$

当无杆腔进油时

$$A = \frac{\pi}{4}D^2$$

当有杆腔进油时

$$A = \frac{\pi}{4}(D^2 - d^2)$$

式中，A 是液压缸的面积。

所以，液压缸内径 D 可由下式确定

当无杆腔进油时

$$D = \sqrt{\frac{4F}{\pi p}} \tag{3-12}$$

当有杆腔进油时

$$D = \sqrt{\frac{4F}{\pi p} + d^2} \tag{3-13}$$

对式（3-13）中的活塞杆直径 d，可以根据其压力选取，见表3-3；然后代回式（3-13）计算液压缸内径 D。

表 3-3　液压缸活塞杆直径推荐值

活塞杆受力情况	受拉伸	受压缩、工作压力 p_1/ MPa		
		$p_1 \leqslant 5$	$5 \leqslant p_1 < 7$	$p_1 > 7$
活塞杆直径	$(0.3 \sim 0.5)D$	$(0.5 \sim 0.55)D$	$(0.6 \sim 0.7)D$	$0.7D$

对单杆活塞缸，还可根据所要求的液压缸的往复速度比 ϕ 计算出活塞杆直径 d，因为液压缸的往复速度比 ϕ 为

$$\phi = \frac{v_2}{v_1} = \frac{D^2}{D^2 - d^2}$$

式中，v_1、v_2 是液压缸往复运动的速度，且 $v_2 > v_1$。

则

$$d = D\sqrt{\frac{\phi - 1}{\phi}} \tag{3-14}$$

液压缸往复运动速度比 ϕ 推荐值见表3-4。

表 3-4　液压缸往复运动速度比 ϕ 推荐值

工作压力 p/MPa	<10	12.5~20	>20
往复速度比 ϕ	1.33	1.46,2	2

计算出的液压缸内径 D 和活塞杆直径 d 必须圆整，按表3-5和表3-6取标准值，再按标准的 D、d 计算缸的有效面积，作为以后运算的依据。

表 3-5　液压缸内径尺寸系列（GB/T 2348—2001）

8	10	12	16	20	25	32	40
50	63	80	(90)	100	(110)	125	(140)
160	(180)	200	220	250	320	400	500	630

注：括号数值为非优先选用。

表 3-6　活塞杆直径尺寸系列（GB/T 2348—2001）

4	5	6	8	10	12	14	16	18
20	22	25	28	32	36	40	45	50
56	63	70	80	90	100	110	125	140
160	180	200	220	250	280	320	360	400

（2）液压缸长度 L 及其他尺寸的确定　液压缸长度＝活塞宽度+活塞行程+导向套长度+活塞杆密封长度+其他长度

其中，活塞宽度 $B=(0.6\sim1)D$，导向套长度 C：当 $D<80$mm 时，$C=(0.6\sim1)D$；当 $D\geqslant80$mm 时，$C=(0.6\sim1)d$。其他长度是指一些装置所需长度，如缸两端缓冲所需长度等，可根据具体结构要求确定。

一般液压缸缸体长度 L 不大于缸内径 D 的 $20\sim30$ 倍。

3. 液压缸的校核

液压缸的缸筒壁厚 δ、活塞杆直径 d 和缸盖处固定螺栓的直径，在高压系统中必须进行强度校核。

（1）缸筒壁厚 δ 校核　在中低压系统中，液压缸的壁厚往往由结构、工艺上的要求来确定，一般不需要计算。只有在压力较高和直径较大时，才有必要校核缸壁最薄处的壁厚强度。液压缸的缸筒壁厚校核时分薄壁和厚壁两种情况。当 $D/\delta\geqslant10$ 时为薄壁，壁厚按下式进行校核

$$\delta\geqslant\frac{p_y D}{2[\sigma]} \qquad (3\text{-}15)$$

式中，p_y 是缸筒试验压力，当缸的额定压力 $p_n\leqslant16$MPa 时取 $p_y=1.5p_n$，当 $p_n>16$MPa 时取 $p_y=1.25p_n$；D 是缸筒内径；$[\sigma]$ 是缸筒材料的许用应力，$[\sigma]=\sigma_b/n$；σ_b 是材料抗拉强度；n 是安全系数，一般取 $n=5$。

当 $D/\delta<10$ 时，壁厚按下式进行校核

$$\delta\geqslant\frac{D}{2}\left[\sqrt{\frac{[\sigma]+0.4p_y}{[\sigma]-1.3p_y}}-1\right] \qquad (3\text{-}16)$$

在使用式（3-15）、式（3-16）进行校核时，若液压缸缸筒与缸盖采用半环连接，δ 应取缸筒壁厚最小处的值。

（2）活塞杆直径 d 校核　活塞杆直径 d 的校核按下式进行：

$$d\geqslant\sqrt{\frac{4F}{\pi[\sigma]}} \qquad (3\text{-}17)$$

式中，F 是活塞杆所受载荷；$[\sigma]$ 是活塞杆材料的许用应力，$[\sigma]=\sigma_b/1.4$。

（3）液压缸盖固定螺栓直径校核　液压缸盖固定螺栓在工作过程中同时承受拉应力和扭应力，其螺栓小径可按下式进行校核：

$$d_s \geqslant \sqrt{\frac{5.2kF}{\pi z[\sigma]}} \tag{3-18}$$

式中，z 是固定螺栓个数；k 是螺纹拧紧系数，$k=1.12\sim1.5$；F 是液压缸的负载；$[\sigma]$ 是活塞杆材料的许用应力，$[\sigma]=\sigma_s/(1.2\sim2.5)$，$\sigma_s$ 是材料的屈服点。

（4）活塞杆稳定性校核　活塞杆长径比 $l/d \geqslant 10$ 时（l 为安装长度）称为细长杆。当轴向力超过某一临界值时会失去稳定性，因此应对其进行稳定性校核。其稳定性可按材料力学公式计算。此外，对连接螺钉也应进行强度校核，此处不再赘述。

第二节　液压马达

液压马达是将液体的压力能转换为连续回转的机械能的液压执行元件。从原理上讲，泵和马达具有可逆性，其结构与液压泵基本相同。但由于泵和马达二者的功用和工作状况不同，所以在实际结构上存在一定的差别，因此并非所有液压泵都能当作液压马达使用。液压马达按结构可分为齿轮式、叶片式和柱塞式三大类。下面介绍叶片式液压马达和轴向柱塞式液压马达的工作原理。

一、叶片式液压马达

1. 工作原理

图3-19所示为叶片式液压马达的工作原理、液压马达的图形符号和实物图。当压力油进入压油腔后，在叶片1、3（或5、7）上，一面作用有压力油，另一面则为低压回油。由于叶片1、5受力面积大于叶片3、7，所以液体作用于叶片1、5上的作用力大于作用于叶片3、7上的作用力，从而由叶片受力差构成的力矩推动转子顺时针方向旋转。

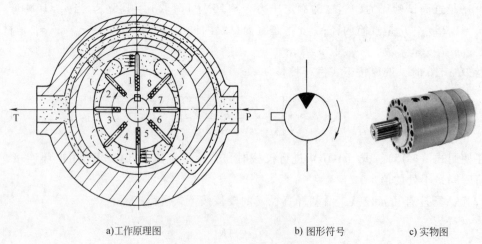

a)工作原理图　　　　　　　b) 图形符号　　　　　c) 实物图

图 3-19　叶片式液压马达

2. 结构特点及应用

与叶片泵相比,叶片式液压马达在结构上的一个主要特点是,叶片除靠压力油作用外,还要靠弹簧的作用力使叶片压紧在定子内表面上,因为在启动时,如叶片未贴紧定子内表面,进油腔和排油腔相通,就不能形成油压,也不能输出转矩。因此,在叶片根部应设置预紧弹簧。另外叶片在转子中是径向放置的,因为马达要求正反转。此外,为了使叶片的底部始终都通压力油,不受液压马达回转方向的影响,在吸、压油腔通入叶片根部的通路上应设置单向阀(图中未示出)。

叶片式液压马达体积小,转动惯量小,动作灵敏,但其泄漏量较大,低速工作时不稳定。因此,叶片式液压马达适用于转速高、转矩小和要求换向频率较高的场合。

二、轴向柱塞式液压马达

1. 工作原理

图 3-20a 所示为轴向柱塞式液压马达的工作原理。图 3-20b 为轴向柱塞式液压马达实物图。斜盘 1 和配流盘 4 固定不动,缸体 3 及其上的柱塞 2 可绕缸体的水平轴线旋转。当压力油经配流盘通入缸孔、进入柱塞底部时,推动柱塞压向斜盘。这时斜盘对柱塞产生一反作用力 F。由于斜盘有一倾斜角 γ,所以 F 可分解为两个分力:一个是轴向分力 F_x,平行于柱塞轴线,并与作用在柱塞上的液压力平衡;另一个分力 F_y 垂直于柱塞轴线。它们的计算式分别为:

$$F_x = p \frac{\pi}{4} d^2 \qquad (3\text{-}19)$$

$$F_y = F_x \tan\gamma = p \frac{\pi}{4} d^2 \tan\gamma \qquad (3\text{-}20)$$

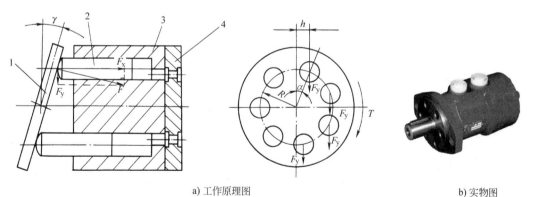

a) 工作原理图 　　　　　　　　　　　　　　　　b) 实物图

图 3-20 轴向柱塞式液压马达
1—斜盘 2—柱塞 3—缸体 4—配流盘

分力 F_y 对缸体轴线产生力矩,带动缸体旋转。缸体再通过输出轴(图中未标明)向外输出转矩和转速。由图 3-20 可见,处于压力腔半周内每个柱塞上的 F_y 对缸体产生的瞬时转矩 T_i 为:

$$T_i = F_y h = F_y R\sin\alpha \qquad (3\text{-}21)$$

式中，h 是 F_y 与缸体轴线的垂直距离；R 是柱塞在缸体上的分布圆半径；α 是压油区内柱塞对缸体轴线的瞬时方位角。

当马达的进、回油口互换时，马达将反向转动。如果改变斜盘倾向 γ 的大小，就改变了马达的排量；如果改变斜盘倾角的方向，就改变了马达的旋转方向，这时就成为双向变量马达。

2. 特点及应用

液压马达的输出转矩，等于处在压力腔半周内各柱塞瞬时转矩 T_i 的总和。由于柱塞的瞬时方位角是变量，使 T_i 按正弦规律变化，所以液压马达输出的转矩是脉动的，当柱塞的数目较多且为单数时，则脉动较小。轴向柱塞式液压马达可以在较低的转速下工作，最低转速为 2r/min，而且调速范围较大，最高转速可达到 1000r/min 以上，较其他液压马达性能优越，已被广泛用于机床及各种自动控制的液压系统中，如电液脉冲液压马达。

三、液压马达的主要性能参数

从液压马达的功用来看，其主要性能参数为转速 n_M、转矩 T_M 和总效率 η_M。

1. 液压马达的转速 n_M 和容积效率 η_{vM}

在不考虑泄漏的情况下，液压马达每转所需要输入的液体体积称为液压马达的排量 V_M，在不考虑泄漏的情况下，单位时间所需输入的液体体积称为液压马达的理论流量 q_{tM}，即真正转换成输出转速所需的流量。则

$$q_{tM} = V_M n_M \tag{3-22}$$

但由于液压马达存在泄漏，故实际所需流量应大于理论流量。设液压马达的泄漏量为 Δq，则实际供给液压马达的流量应为

$$q_M = q_{tM} + \Delta q \tag{3-23}$$

液压马达的容积效率为理论流量与实际输入流量之比，即

$$\eta_{vM} = \frac{q_{tM}}{q_M} = \frac{V_M n_M}{q_M} \tag{3-24}$$

液压马达的转速为

$$n_M = \frac{q_M}{V_M} \eta_{vM} \tag{3-25}$$

2. 液压马达的转矩 T_M 和机械效率 η_{mM}

因液压马达存在摩擦损失，使液压马达输出的实际转矩 T_M 小于理论转矩 T_{tM}，设由摩擦造成的转矩损失为 ΔT_M，则 $T_M = T_{tM} - \Delta T_M$，液压马达的机械效率为实际转矩与理论转矩之比，即

$$\eta_{mM} = \frac{T_M}{T_{tM}} \tag{3-26}$$

液压马达的输出转矩为

$$T_M = T_{tM} \eta_{mM} = \frac{\Delta p V_M}{2\pi} \eta_{mM} \tag{3-27}$$

式中，Δp 是液压马达进、出口处的压力差。

3. 液压马达的总效率 η_M

液压马达的总效率为液压马达的输出功率 P_M 和输入功率 P_{iM} 之比，即

$$\eta_M = \frac{P_M}{P_{iM}} = \frac{T2\pi n_M}{pq} = \eta_{vM}\eta_{mM} \qquad (3\text{-}28)$$

从上式可知，液压马达的总效率等于液压马达的机械效率 η_{mM} 和容积效率 η_{vM} 的乘积。

例 3-2　某液压马达的排量 $V_M = 50\text{cm}^3/\text{r}$，总效率 $\eta_M = 0.75$，机械效率 $\eta_{mM} = 0.9$，液压马达进油压力 $p_1 = 10\text{MPa}$，回油压力 $p_2 = 0.2\text{MPa}$。求该液压马达输出的实际转矩是多少?

若液压马达的转速 $n_M = 460\text{r/min}$，那么输入该马达的实际流量是多少?

当外负载为 250N·m，液压马达的转速仍为 460r/min 时，该液压马达的输入功率和输出功率各为多少?

解：1）液压马达的输出转矩

$$
\begin{aligned}
T_M &= \frac{\Delta p V_M}{2\pi}\eta_{mM} = \frac{(p_1 - p_2)V_M}{2\pi}\eta_{mM} \\
&= \frac{(100-2)\times 10^5 \times 50\times 10^{-6}}{2\pi}\times 0.9\,\text{N·m} = 70.223\,\text{N·m}
\end{aligned}
$$

2）液压马达的输入流量

$$
\begin{aligned}
q_M &= \frac{V_M n_M}{\eta_{vM}} = \frac{V_M n_M}{\dfrac{\eta_M}{\eta_{mM}}} \\
&= \frac{50\times 10^{-3}\times 460\times 0.9}{0.75}\,\text{L/min} = 27.6\,\text{L/min}
\end{aligned}
$$

3）液压马达的输出功率 P_M 和输入功率 P_{iM}

$$P_M = T_M 2\pi n_M = 250\times 2\pi \times 460/60\,\text{W} = 12042.8\,\text{W} = 12.037\,\text{kW}$$

$$P_{iM} = \frac{P_M}{\eta_M} = \frac{12.037}{0.75}\,\text{kW} = 16.049\,\text{kW}$$

> **讨论练习题**
>
> 齿轮泵、叶片泵和柱塞泵是否都能当作液压马达使用?

技能实训 2　液压缸和液压马达的拆装

1. 实训目的

1）通过对液压缸和液压马达的拆装，分析、了解其结构组成和特点。

2）加深对液压缸和液压马达的工作原理和特性的理解。

3）学会正确选择、使用液压缸和液压马达。

2. 实训要求和方法

1）本实训采用教师重点讲解，学生自己动手拆装为主的教学方法。学生以小组为单位，结合实训思考题，边拆装边讨论分析液压缸和液压马达的结构原理及特点。

2）拆装时注意不要散失小的零件，实训完要把每个液压缸和液压马达装好。

3）每次实训后，由指导教师指定思考题作为本次实训的报告内容。

3. 实训内容

（1）拆装液压缸　对照实物分析各种液压缸的结构组成、特点及应用场合。

（2）拆装液压马达　对照实物分析各种液压马达的结构组成、特点及应用场合。

4. 实训思考题

（1）液压缸

1）简述液压缸的组成。

2）简述活塞与缸体、端盖与缸体、活塞杆与端盖间的密封形式。

3）简述液压缸中各类零件的材料及缸体的结构特点。

（2）轴向柱塞式液压马达

1）为什么其柱塞可以做得短些？

2）缸体受颠覆力矩作用吗？为什么？缸体在轴上的安装为什么必须要有好的自位性？

3）缸体与配流盘表面之间的磨损是均匀的吗？磨损后可以自动补偿吗？

4）鼓轮里的三个弹簧起什么作用？

5）此马达可当泵使用吗？若可以，有无自吸能力？

（3）叶片式液压马达

1）叶片为什么是径向安装的？

2）马达既可正转又可反转，是采用什么方法使各叶片根部总是通压力油的？

3）燕式弹簧起什么作用？它为什么同时作用在互成 90°的两个叶片上？

4）液压马达和液压泵都是一种能量转换装置，它们的功能有何不同？从原理上讲它们是可逆的，但并不是所有的泵都能当马达使用，它们的结构有何不同？

思考题和习题

3-1　什么叫液压执行元件？有哪些类型？用途如何？

3-2　按结构特点液压缸可分为哪几种类型？

3-3　双杆活塞式液压缸在缸筒固定和活塞杆固定时，工作台运动范围有何不同？运动方向和进油方向之间是什么关系？

3-4　怎样计算单杆和双杆活塞液压缸的牵引力？这两种活塞缸各有何特点？

3-5　什么叫液压缸的差动连接？适用于什么场合？怎样计算液压缸差动连接时的运动速度和牵引力？

3-6　如果要求机床工作台往复运动速度相同时，应采用什么类型液压缸？

3-7　如图 3-21 所示三个液压缸的缸筒和活塞杆直径都是 D 和 d，当输入压力油的流量都是 q 时，试说明各缸筒的移动速度、移动方向和活塞杆的受力情况。

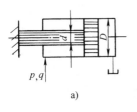
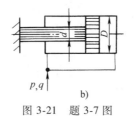
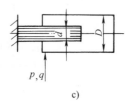

图 3-21　题 3-7 图

3-8　简述柱塞缸的工作原理，并指出有何特点。

3-9　当机床工作台的行程较长时应采用什么类型液压缸？如何实现工作台的往复运动？

3-10　简述增压缸的作用及适用场合。

3-11　活塞与活塞杆的连接方式主要有哪些？

3-12　缸体与端盖的连接形式主要有哪些？

3-13　液压缸中为什么要设有缓冲装置？常见的缓冲装置有哪几种？

3-14　某液压系统执行元件为双杆活塞式液压缸（见图 3-22），液压缸的工作压力 $p=3.5\text{MPa}$，活塞直径 $D=9\text{cm}$，活塞杆直径 $d=4\text{cm}$，工作进给速度 $v=1.52\text{cm/s}$，问液压缸能克服多大的阻力？液压缸所需流量为多少？

3-15　单杆活塞式液压缸，活塞直径 $D=8\text{cm}$，活塞杆直径 $d=5\text{cm}$，进入液压缸的流量 $q=30\text{L/min}$，问往复运动速度各是多少？

3-16　在图 3-23 所示的单杆活塞液压缸中，已知缸筒内径 $D=125\text{mm}$，活塞杆直径 $d=70\text{mm}$，活塞向右运动的速度 $v=0.1\text{m/s}$，求进入液压缸的流量 q_1 和排出液压缸的流量 q_2 各为多少？

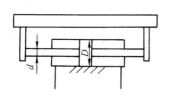

图 3-22　题 3-14 图

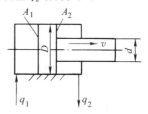

图 3-23　题 3-16 图

3-17　什么是液压马达的工作压力、额定压力、排量、理论流量和实际流量？

3-18　某液压马达排量 $V_M=250\text{mL/r}$，入口压力为 9.8MPa，出口压力为 0.49MPa，其总效率 $\eta_M=0.9$，容积效率 $\eta_{vM}=0.92$。当输入流量 q_M 为 22L/min 时，求液压马达输出转矩和转速各为多少？

3-19　已知液压泵输出压力 $p_P=10\text{MPa}$，泵的机械效率 $\eta_{mP}=0.95$，容积效率 $\eta_{vP}=0.9$，排量 $V_P=10\text{mL/r}$，转速 $n_P=1500\text{r/min}$；液压马达的排量 $V_M=10\text{mL/r}$，机械效率 $\eta_{mM}=0.95$，容积效率 $\eta_{vM}=0.9$，求液压泵的输出功率、驱动液压泵的电动机功率、液压马达输出转速、液压马达输出转矩和功率各为多少？

3-20　图 3-24 所示的两个结构相同相互串联的液压缸，无杆腔的面积 $A_1=100\text{cm}^2$，有杆腔的面积 $A_2=80\text{cm}^2$，缸 1 输入压力 $p_1=9\times10^5\text{Pa}$，输入流量 $q_1=12\text{L/min}$，不计损失和泄漏，求：①两缸承受相同负载时（$F_1=F_2$），计算该负载的数值及两缸的运动速度；②缸 2 的输入压力是缸 1 的一半时（$p_2=p_1/2$），两缸各能承受多少负载？③缸 1 不受负载时，（$F_1=0$），缸 2 能承受多少负载？

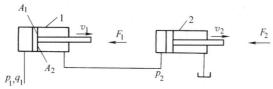

图 3-24　题 3-20 图

3-21 如图 3-25 所示，液压泵驱动两个液压缸串联工作。已知两个液压缸尺寸相同，缸体内径 $D = 90\text{mm}$，活塞杆直径 $d = 60\text{mm}$，负载力 $F_1 = F_2 = 10000\text{N}$，泵的流量 $q_1 = 25\text{L/min}$，不计容积损失和机械损失，求液压泵的输出压力及活塞运动的速度。

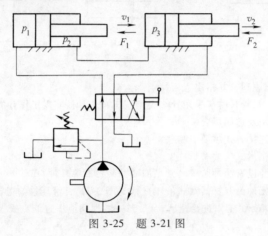

图 3-25 题 3-21 图

3-22 如图 3-26 所示差动连接液压缸，已知进油流量 $q_P = 30\text{L/min}$，进油压力 $p = 40 \times 10^5\text{Pa}$，要求活塞快进快退速度相等，且速度均为 $v = 6\text{m/min}$，试计算此液压缸筒内径 D 和活塞杆直径 d，并求输出推力 F。

3-23 如图 3-27 所示，流量为 5L/min 的液压泵驱动两个并联液压缸，已知活塞 A 重 10000N，活塞 B 重 5000N，两个液压缸活塞工作面积均为 100cm^2，溢流阀的调定压力为 $20 \times 10^5\text{Pa}$，设初始两活塞都处于缸体下端，试求两活塞的运动速度和泵的工作压力。

3-24 某液压马达额定排量 $V_M = 200\text{cm}^3/\text{r}$，进油压力 $p_1 = 100 \times 10^5\text{Pa}$，回油压力 $p_2 = 0$，该马达总效率 $\eta_M = 0.7$，容积效率 $\eta_{vM} = 0.8$，求：

1）该马达最大输出扭矩 T_{max}。

2）当要求转速 $n_M = 50\text{r/min}$ 时，供油量 q 应为多少？

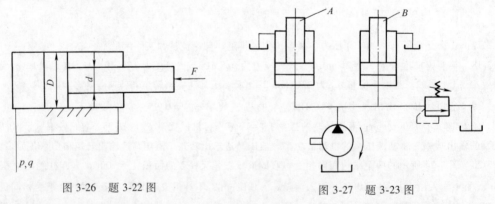

图 3-26 题 3-22 图   图 3-27 题 3-23 图

3-25 某液压马达的进油压力 $p_1 = 102 \times 10^5\text{Pa}$，回油压力 $p_2 = 2 \times 10^5\text{Pa}$，理论排量 $V_M = 200\text{cm}^3/\text{r}$，总效率 $\eta_M = 0.75$，机械效率 $\eta_{mM} = 0.9$，试计算：

1）该液压马达所输出的理论扭矩 $T_{tM} = ?$

2）若液压马达转速 $n_M = 500\text{r/min}$，则输入该马达的实际流量应是多少？

3）当外负载为 200N·m，马达转速为 500r/min 时，该马达的输入功率和输出功率各为多少？

第四章 液压控制元件及基本回路

液压控制阀用来控制液压系统中油液的压力、流量和流动方向，从而满足液压执行元件对压力、速度和换向的要求。

基本回路是由一些液压元件组成的，用来完成特定功能的典型油路。液压系统无论怎样复杂，都是由一些基本回路组成的。一般可分为：压力控制回路，速度控制回路，方向控制回路及多执行元件控制回路。熟悉和掌握基本回路的结构组成、工作原理和功能，为设计、使用液压系统和分析系统故障奠定必要的基础。

本章重点

1）三位阀的中位机能及电液换向阀的工作原理。

2）先导式溢流阀的工作原理及调压回路。

3）调速阀的工作原理及应用。

4）节流调速回路的速度负载特性。

5）速度控制回路的工作原理及应用。

6）多执行元件控制回路的实现方法。

第一节 液压控制阀的功用、分类及性能要求

一、液压控制阀的分类

液压控制阀的种类繁多，功能各异，可根据其结构、用途和操纵方式进行分类，如表 4-1 所示。

表 4-1 液压控制阀的分类

分类方法	种类	详细分类
按用途分	压力控制阀	溢流阀、减压阀、顺序阀、比例压力控制阀、压力继电器等
	流量控制阀	节流阀、调速阀、分流阀、比例流量控制阀等
	方向控制阀	单向阀、液控单向阀、换向阀、比例方向控制阀
按操纵方式分	人力操纵阀	手把及手轮、踏板、杠杆操纵
	机械操纵阀	挡块、弹簧、液压、气动操纵
	电动操纵阀	电磁铁控制、电-液联合控制
按连接方式分	管式连接	螺纹式连接、法兰式连接
	板式及叠加式连接	单层连接板式、双层连接板式、集成块连接、叠加阀
	插装式连接	螺纹式插装、法兰式插装

二、对液压控制阀的性能要求

1）动作灵敏，工作可靠，工作时冲击和振动小。

2）油液通过液压阀时，压力损失要小。

3）密封性能好，内泄漏少，无外泄漏。

4）结构简单紧凑，安装、调试、维护方便、通用性好。

三、液压控制阀的基本参数

液压阀的规格、工作压力范围和许用流量是液压阀的最基本的参数。

（1）液压阀的公称通径 液压阀的公称通径是表征阀规格大小的性能参数。高压系列的液压阀常用"公称通径"（符号 D_n；单位：mm）来表示。是为了与连接管路的规格相适应，使其配管方便。

液压阀的公称通径是指阀的进出油口的名义尺寸，它表明阀的通流能力和所配管道的尺寸规格。并不表示阀的进出油口的实际尺寸。如公称通径为 20mm 的电液换向阀，其进出油口的实际尺寸是 $\phi21mm$；公称通径为 32mm 的溢流阀，其进出油口的实际尺寸是 $\phi28mm$ 等等。所以在给液压阀配管时，可参照表 4-2 我国规定液压阀的公称通径与连接钢管和通过油液流量、流速的推荐值。

此外，我国中低压（≤6.3MPa）液压阀系列规格，未采用"公称通径"表示法，而是根据通过阀的公称流量来表示的。

表 4-2 液压阀公称通径及有关参数

公称通径 D_n		钢管外径 /mm	管子壁厚/ mm			推荐进出油口通过流量及相应流速	
			公称压力/MPa				
mm	in		≤8.0	≤16.0	≤31.5	q_g/ (L/min)	v/ (m/s)
4		8	1	1	1.4	2.5	
6	1/8	10	1	1	1.6	6.3	
8	1/4	14	1	1.6	2	25	5.35
10	3/8	18	1.6	1.6	2.5	40	5.03
15	1/2	22	1.6	2	3	63	5.23
20	3/4	28	2	2.5	4	100	5.30
25	1	34	2	3	5	160	5.88
32	11/4	42	2.5	4	6	250	5.90
40	11/2	50	3	4.5	7	320	5.29
50	2	63	3.5	5	8.5	500	5.02
65	21/2	75	4	6	10	800	5.62
80	3	90	5	7	12	1250	6.09

注：压力管道推荐用 10 号、15 号冷拔无缝钢管；当公称压力 8~31.5 MPa，建议用 15 号钢管；对用于卡套式管接头的钢管，采用高精度冷拔钢管；焊接式管接头用管，可采用普通级精度钢管。

（2）液压阀的公称压力　液压阀的公称压力是指液压阀在额定工作状态下的名义压力。液压阀的公称压力常以代号 p_n 表示，单位为 MPa。

（3）液压阀的公称流量　国产的中低压（≤6.3MPa）液压阀，常用公称流量来表示阀的通流能力，公称流量是指液压阀在额定工作状态下通过的名义流量，常以代号 q_V 表示，常用计量单位为 L/min（升/分）。

公称流量参数仅供市场选购时便于与动力元件配套时参考，作为技术参数，其实际意义并不大。因为液压阀的许多工作状态或性能指标是由所通过的流量来决定的。在一定的范围内，通过流量的变化，仅仅引起液压阀某些性能指标的变化，如灵敏度、压力损失等，但并不影响阀的正常工作。

具有实际意义的是给出液压阀在最大流量下通过各种不同流量时，阀的有关性能参数改变的特性曲线，如压力-流量特性曲线等，此类曲线对于选择元件、了解分析元件在各种工作参数下的工作状态，具有更直接的实用价值。

ISO 没有制订液压阀的公称流量标准，我国重新制订液压阀基本参数时拟取消"公称流量"的参数标准。但是由于我国的国情以及中低压液压阀的规格表示等原因，现在仍然在沿用。

第二节　方向控制阀及方向控制回路

方向控制阀是用以控制和改变液压系统液流方向的阀。方向控制阀的基本工作原理是利用阀芯与阀体间相对位置的改变，实现油路间的通、断，以满足系统对液流方向的要求。方向控制阀分为单向阀和换向阀两类。

一、单向阀

1. 普通单向阀

普通单向阀（简称单向阀）的作用是只允许液流单方向流动，不允许反向倒流。要求其正方向液流通过时压力损失小，反向截止时密封性能好。

目前生产的普通单向阀有直通式和直角式两种形式，直通式单向阀为管式连接，如图 4-1a 所示；直角式单向阀为板式连接，如图 4-1b 所示；图 4-1c、d 所示分别为单向阀的图形符号与实物图。

单向阀由阀体、阀芯和弹簧等零件组成。当压力油从 P_1 口流入时，克服弹簧力使阀芯右移，阀口开启，油液经阀口、阀芯上的径向孔 a 和轴向孔 b，从 P_2 口流出。若油液从 P_2 流口入时，在油压和弹簧作用下，阀芯锥面被紧压在阀座上，阀口关闭，使油液不能通过。单向阀中的弹簧只起阀芯复位作用，弹簧刚度应较小，以免液流通过时产生过大的压力损失。一般单向阀的开启压力为 0.03～0.05MPa。当通过额定流量时的压力损失不超过 0.1～0.3MPa。若用作背压阀时可更换较硬弹簧，使其开启压力达到 0.2～0.6MPa。

2. 液控单向阀

图 4-2a 为液控单向阀的结构图，它是由单向阀和微型液压缸组成。当控制油口 C 不通压力油时，其工作和普通单向阀一样。当控制油口 C 通压力油时，控制活塞 1 右侧 a 腔通泄油口（图中未画出），在油液压力作用下活塞向右移动，推动顶杆 2 顶开阀芯 3，使油口 P_1

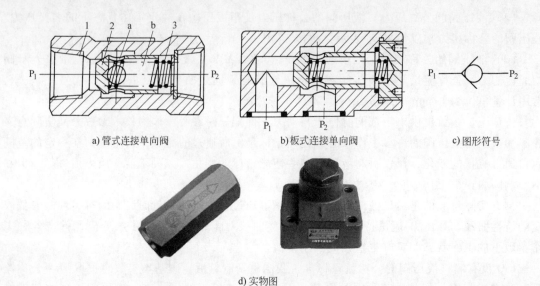

a) 管式连接单向阀　　　　b) 板式连接单向阀　　　　c) 图形符号

d) 实物图

图 4-1　单向阀
1—阀体　2—阀芯　3—弹簧

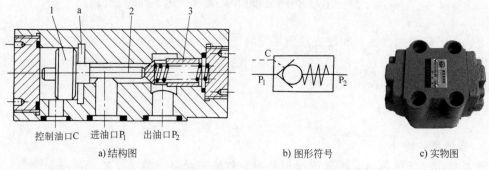

控制油口C　进油口P₁　出油口P₂

a) 结构图　　　　　　b) 图形符号　　　　　　c) 实物图

图 4-2　液控单向阀
1—活塞　2—顶杆　3—阀芯

到 P_2 及 P_2 到 P_1 均能接通，这时，油液就可以从 P_2 流向 P_1 口。C 口通入的控制油压力最小须为主油路压力的 30%~50%，图 4-2b、c 所示分别为其图形符号与实物图。

液控单向阀控制口 C 未通控制压力油时具有良好的反向密封性能，所以常用于保压、锁紧和平衡回路中。

二、换向阀

1. 换向阀的分类
换向阀的种类很多，其分类见表 4-3。

2. 换向阀的工作原理及图形符号
（1）换向阀的工作原理　换向阀是利用阀芯与阀体的相对位置改变使油路接通、切断或变换油流的方向，从而实现液压执行元件的启动、停止或变换方向。如图 4-3 所示，滑阀阀芯是一个具有多段环槽的圆柱体（图示阀芯有三个台肩），而阀体孔内有若干条沉割槽

表 4-3　换向阀的分类

分 类 方 法	型 式
按阀芯结构及运动方式	滑阀、转阀、锥阀等
按阀的工作位置数和通路数	二位二通、二位三通、二位四通、二位五通、三位四通、三位五通等
按阀的操纵方式	手动、机动、电动、液动、电液动等
按阀的安装方式	管式、板式、法兰式等

（图上示为五槽）。每条沉割槽都通过相应的孔道与外部相通，其 P 口为进油口，T 口为回油口，A 口和 B 口分别接执行元件的两腔。

当阀芯在外力作用下处于图 4-3b 工作位置时，四个油口互不通，液压缸两腔均不通压力油，处于停车位置状态。若使阀芯右移，如图 4-3a 所示，P 口和 A 口相通，B 口和 T 口相通，压力油经 P、A 油口进入液压缸左腔，液压缸右腔的油液经 B、T 油口回到油箱，活塞向右运动。反之，若使阀芯左移，如图 4-3c 所示，P 口和 B 口相通，A 口和 T 口相通，活塞向左运动。

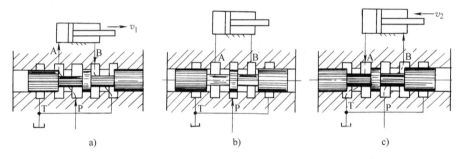

a)　　　　　　　　　b)　　　　　　　　　c)

图 4-3　换向阀的换向原理

（2）换向阀的图形符号　表 4-4 列出几种常见的滑阀式换向阀的结构原理以及与之相对应的图形符号。

表 4-4　常用滑阀式换向阀的结构原理和图形符号

位 和 通	结构原理图	图形符号
二位二通		
二位三通		
二位四通		

（续）

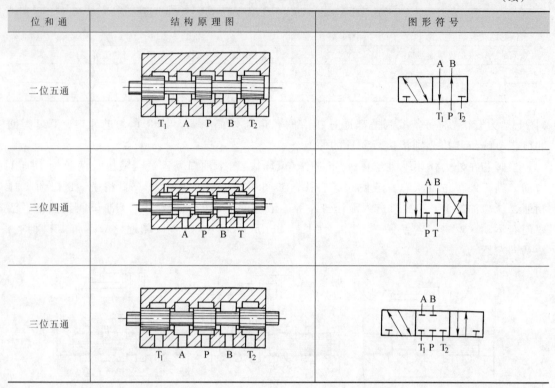

位和通	结构原理图	图形符号
二位五通		
三位四通		
三位五通		

一个换向阀完整的图形符号应表示出其操纵方式、复位方式和定位方式等内容，现对换向阀的图形符号含义作以下说明：

1）用方格数表示阀的工作位置数，有几个方格表示几"位"。

2）在一个方格内，箭头首尾或堵塞符号"⊤"、"⊥"与方格的交点数为油口通路数；箭头表示两油口相通，并不一定表示实际流向，"⊤"和"⊥"表示油口截止。

3）P 表示进油口，T 表示回油口，A 和 B 表示连接其他两个工作油路的油口。

4）控制方式和复位弹簧的符号画在方格的两侧。

5）三位阀的中位，二位阀靠近弹簧的那一位为常态位。

3. 常态和中位机能

当换向阀没有操纵力的作用处于静止状态时称为常态。

对于二位换向阀，靠近弹簧的那一位为常态。二位二通换向阀有常开型和常闭型之分，常开型的常态位是连通的，在换向阀型号后面用代号"H"表示，常闭型的常态位是截止的，不标注代号。在液压系统图中，换向阀的图形符号与油路的连接应画在常态位上。

对于三位的换向阀，其常态为中间位置，各油口的连通方式体现了换向阀的不同控制机能，称之为中位机能。三位换向阀的中位有多种机能，以满足执行元件处于非运动状态时系统的不同要求。表4-5列出了常见的中位机能的结构原理、机能代号、图形符号及机能特点和应用。

不同中位机能有不同特点，设计液压系统时若能正确选择中位机能，则可用较少的元件实现回路所需要的功能。

表 4-5　三位换向阀的中位机能

机能代号	结构原理图	中间位置的图形符号		机能特点和作用
		三位四通	三位五通	
O	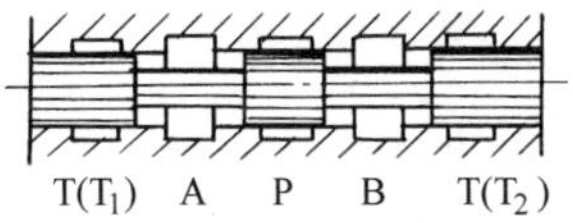	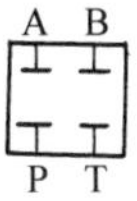 A B P T	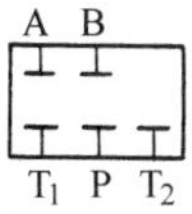 A B T_1 P T_2	各油口全部封闭,液压缸两腔闭锁,液压泵不卸荷,液压缸充满油,从静止到启动平稳;在换向过程中,由于运动惯性引起的冲击较大;换向位置精度高;可用于多个换向阀并联工作
H	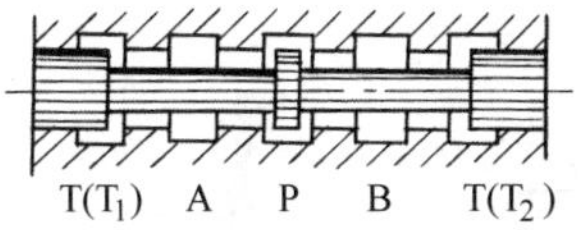	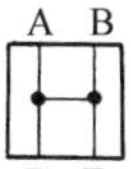 A B P T	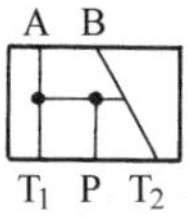 A B T_1 P T_2	各油口互通,液压泵卸荷,缸成浮动状态,液压缸两腔接油箱,从静止到启动有冲击,在换向过程中,由于油口互通,故换向较 O 型平稳;但换向位置变动大
Y	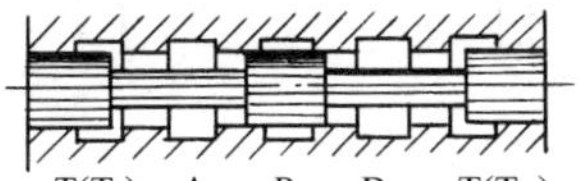	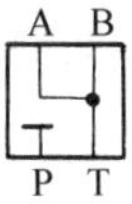 A B P T	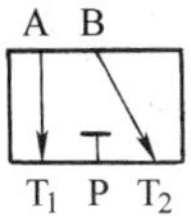 A B T_1 P T_2	液压泵不卸荷,缸两腔通回油,缸成浮动状态,从静止到启动有冲击,制动性能介于 O 型与 H 型之间
P	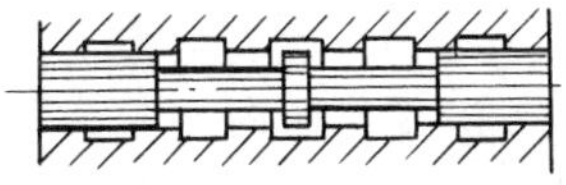	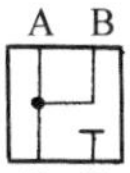 A B P T	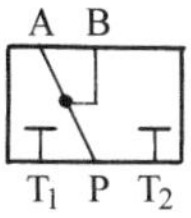 A B T_1 P T_2	回油口关闭,压力油与缸两腔连通,可实现液压缸差动回路,从静止到启动较平稳;制动时缸两腔均通压力油,故制动平稳;换向位置变动比 H 型的小
K	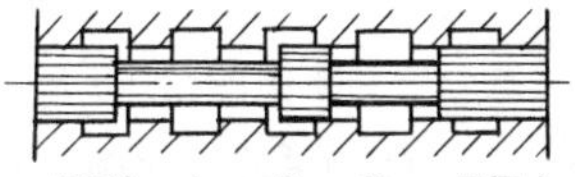	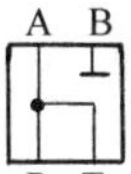 A B P T	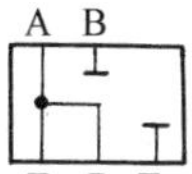 A B T_1 P T_2	液压泵卸荷,液压缸一腔封闭,一腔接回油,两个方向换向时性能不同;不能用于多个换向阀并联工作
M	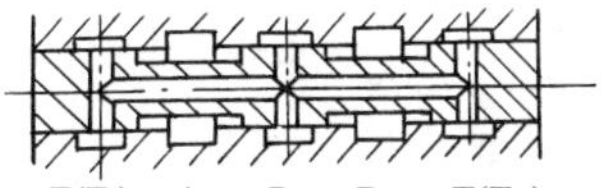	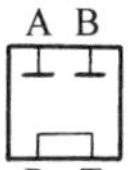 A B P T	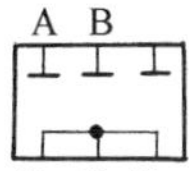 A B T_1 P T_2	液压泵卸荷,缸两腔封闭,从静止到启动较平稳;换向时与 O 型相同,可用于泵卸荷液压缸锁紧的液压回路中
J	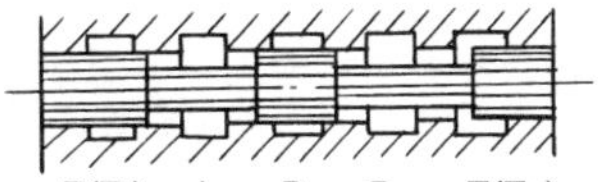	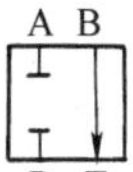 A B P T	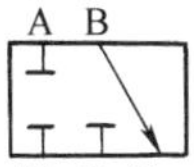 A B T_1 P T_2	液压泵不卸荷,从静止到启动有冲击,换向过程也有冲击,可以和其他换向阀并联使用
X	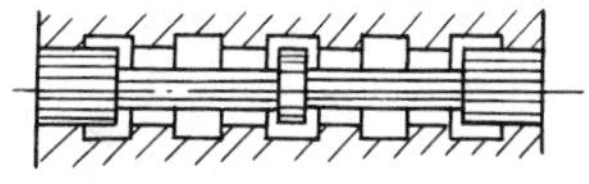	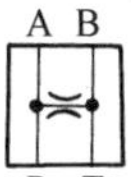 A B P T	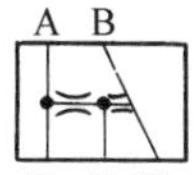 A B T_1 P T_2	各油口半开启接通,P 口保持一定的压力;换向性能介于 O 型和 H 型之间

4. 几种常见的换向阀

（1）手动换向阀　手动换向阀是利用操纵手柄来改变阀芯位置实现换向的。

图 4-4a 所示为自动复位式手动换向阀,推动手柄向右,阀芯移至左位,P 口与 A 口相通,B 口与 T 口经阀芯内的径向孔和轴向孔相通;推动手柄向左,阀芯移至右位,P 口与 B 口、A 口与 T 口相通,从而实现换向。手一离开手柄,阀芯在弹簧力作用下自动复位到中位,油口 P、A、B、T 全部封闭。该阀适用于动作频繁,工作持续时间短的场合。操作较安全,常用于工程机械中。

图 4-4b 所示为钢球定位式换向阀定位部分结构原理图。其定位槽数由阀的工作位数决

定，当手柄扳动阀芯时，阀芯可借助弹簧和钢球保持在左、中、右任何一个位置上定位。当松开手柄后，阀芯仍保持在所需的工作位置上，该阀应用于液压机、船舶等需保持工作状态时间较长的场合。图 4-4c 所示为手动换向阀的实物图。

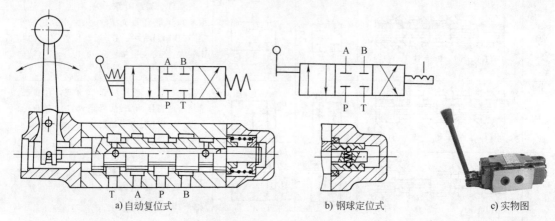

a) 自动复位式 b) 钢球定位式 c) 实物图

图 4-4　手动换向阀

（2）机动换向阀　机动换向阀是由行程挡块或凸轮推动阀芯实现换向的。又称为行程阀。图 4-5a、b 所示为二位二通机动换向阀结构图及图形符号。在常态位时，P 口与 A 口不通；当固定在运动部件上的挡块压下滚轮时，阀芯右移，P 口与 A 口相通，阀芯 2 上的轴向孔是泄漏通道。机动换向阀通常是弹簧复位式的二位阀，有二通、三通、四通和五通几种。其中二位二通机动阀又分常闭和常开两种。机动换向阀结构简单，动作可靠，换向位置精度高。改变挡块的迎角或凸轮的外形，可使阀芯获得合适的换向速度，减小换向冲击。机动换向阀常用于液压系统的速度换接回路中。图 4-5c 为二位二通机动换向阀的实物图。

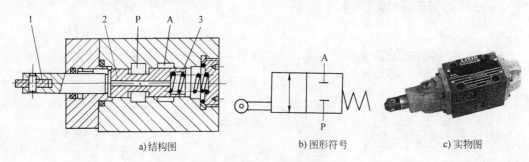

a) 结构图 b) 图形符号 c) 实物图

图 4-5　机动换向阀

1—滚轮　2—阀芯　3—弹簧

（3）电磁换向阀　电磁换向阀是利用电磁铁的推力使阀芯移动实现换向的。电磁铁按使用的电源不同，可分为交流和直流两种。交流电磁铁的使用电压为 220V 或 380V。优点是电磁吸力大，不需要专门的电源，换向迅速；缺点是起动电流大，在阀芯被卡住或电源电压下降 15% 以上电磁铁吸力不够时，电磁铁线圈易烧毁，换向冲击大，换向频率为 30 次/min。直流电磁铁的使用电压为 24V 或 36V，优点是工作可靠，换向冲击小，使用寿命长，换向频率可达 120 次/min；其缺点是需要直流电源，成本较高。

按电磁铁的铁心是否浸在油里又可分干式和湿式两种。干式电磁铁结构简单，成本低，应用广泛。干式电磁铁不允许油液进入电磁铁内部，因此在推动阀芯的推杆处要有可靠的密封，此密封圈所产生的摩擦力要消耗一部分电磁推力，影响电磁铁的使用寿命。湿式电磁铁可以浸在油液里工作，取消了推杆处的密封，减小了阀芯运动阻力，提高了换向可靠性，同时电磁铁的使用寿命也大大提高了。湿式电磁铁性能好，但价格较高。

1）二位三通电磁换向阀。图4-6a、b所示为二位三通电磁换向阀的结构图及图形符号。当电磁铁不通电时，P口与A口相通，B口断开；当电磁铁通电时，推杆1将阀芯2推向右端，P口与B口相通，A口断开。图4-6c所示为二位三通电磁换向阀的实物图。

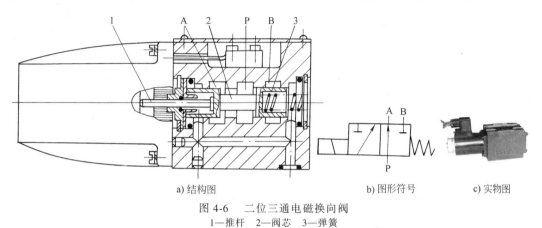

a) 结构图　　　　b) 图形符号　　　c) 实物图

图4-6　二位三通电磁换向阀
1—推杆　2—阀芯　3—弹簧

2）三位四通电磁换向阀。图4-7a、b所示为三位四通电磁换向阀的结构图及图形符号。当两边电磁铁均不通电时，阀芯在两端对中弹簧的作用下处于中位，油口P、A、B、T均不

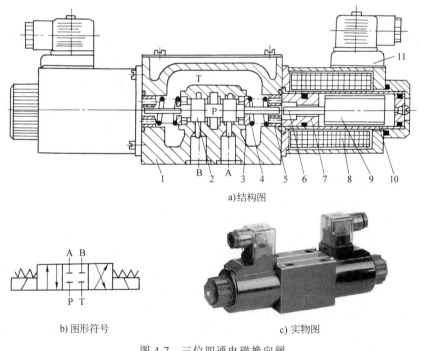

a) 结构图

b) 图形符号　　　　　　　c) 实物图

图4-7　三位四通电磁换向阀
1—阀体　2—阀芯　3—定位套　4—对中弹簧　5—挡圈　6—推杆
7—环　8—线圈　9—铁心　10—导套　11—插头组件

相通；当左边电磁铁通电，铁心9通过推杆6将阀芯推至右位，则油口P与A相通，B与T相通；当右边电磁铁通电时，阀芯被推至左位，油口P与B相通，A与T相通。因此，通过控制左、右电磁铁通、断电，就可以控制液流的方向，实现执行元件的换向。

电磁换向阀的优点是动作迅速，操作方便，便于实现自动控制，但电磁铁的吸力有限，所以电磁阀只宜用于流量不大的系统。流量大的系统可采用液动或电液动换向阀。图4-7c所示为三位四通电磁换向阀的实物图。

（4）液动换向阀　液动换向阀是利用系统中控制油路的压力油来改变阀芯位置的换向阀。图4-8a、b为三位四通液动换向阀的结构图及图形符号。当阀芯两端控制油口C_1、C_2都不通入压力油时，阀芯在两端弹簧力的作用下处于中位，此时油口P、A、B、T互不相通；当C_1口接通压力油，C_2口接通回油时，阀芯右移，此时P与A接通，B与T接通；当C_2口接通压力油，C_1口接通回油时，阀芯左移，此时P与B接通，A与T接通。液动换向阀的优点是结构简单，动作可靠，换向平稳，由于液压驱动力大，故可用于流量大的系统中。图4-8c所示为该液动换向阀的实物图。

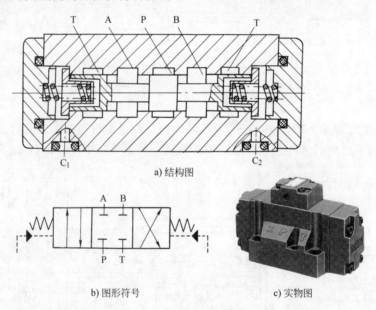

a) 结构图

b) 图形符号　　　　　　　c) 实物图

图4-8　三位四通液动换向阀

（5）电液换向阀　电液换向阀是由电磁换向阀和液动换向阀组合而成。其中，电磁换向阀起先导作用，用来改变液动换向阀的控制油路的方向，称为先导阀；液动换向阀实现主油路的换向，称为主阀。

图4-9a、b、c为电液换向阀的结构和图形符号。当先导电磁阀两边的电磁铁均不通电时，电磁阀阀芯处于中位，控制油液被切断，液动阀阀芯1两端均不通控制压力油，在弹簧的作用下处于中位，此时油口P、A、B、T均不相通。当1YA通电，电磁阀阀芯5向右移动，来自主阀P口或外接油口P′的控制压力油可经先导电磁阀的A′口和左单向阀2进入主阀左端油腔，推动液动阀阀芯1向右移动，这时主阀右端油腔的控制油液通过右边节流阀7经先导电磁阀的B′口和T′口流回油箱，于是使主阀油口P与A相通，B与T相通；反之，当2YA通电，使电磁阀阀芯5向左移动，主阀右端油腔进控制压力油，左端油腔的油液经

左边节流阀 3 回油箱,使液动阀阀芯 1 向左移动,则油口 P 与 B 相通, A 与 T 相通。阀体内的节流阀可用来调节主阀芯的移动速度,使其换向平稳,无冲击。在此, **必须注意:**

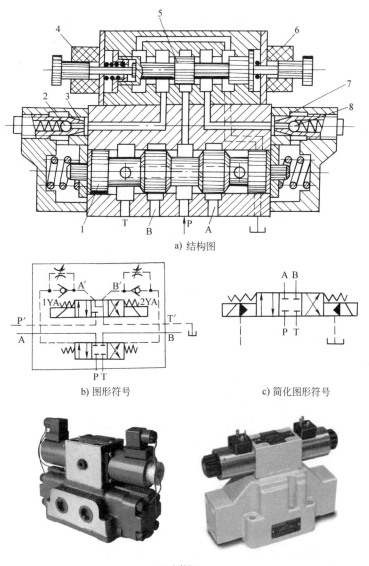

a) 结构图

b) 图形符号   c) 简化图形符号

d) 实物图

图 4-9 电液换向阀

1—液动阀阀芯 2、8—单向阀 3、7—节流阀 4、6—电磁铁 5—电磁阀阀芯

1)当主阀为弹簧对中型时,先导电磁阀的中位机能必须保证先导阀处于中位时,液动阀两端的控制油路卸荷(如电磁阀 Y 型中位机能),否则液动阀无法回到中位。

2)控制压力油可来自主油路的 P 口(内控式),也可以另设独立油源(外控式)。当采用内控式,主油路又有卸荷要求时,必须在 P 口安装一预控压力阀,以保证最低的控制压力。当采用外控时,独立油源的流量不得小于主阀最大流量的 15%,以保证换向时间的要求。

电液换向阀综合了电磁阀和液动阀的优点,具有控制方便,通过流量大的特点。图 4-9d

所示为电液换向阀实物图。

1) 二位四通电磁换向阀能否当二位三通或二位二通阀用？应如何接法？

2) 对于弹簧对中型的电液换向阀，其电磁先导阀为什么通常采用 Y 型中位机能？

三、方向控制回路

方向控制回路是控制液压系统中执行元件的起动、停止和换向作用的回路。常用的方向控制回路有换向回路、锁紧回路和制动回路。

1. 换向回路

运动部件的换向，一般可采用各种换向阀来实现。在容积调速的闭式回路中，可采用双向变量泵控制供油方向来实现液压缸（或液压马达）换向。由此可见，几乎在每一个液压系统中都包含有换向回路，在后面的章节中应注意换向阀的使用和换向回路的特点。

对于依靠重力或弹簧力回程的单作用液压缸，可以采用二位三通换向阀使其换向。图 4-10 所示为采用二位三通换向阀使单作用液压缸换向的回路。当电磁铁通电时，液压泵输出的油液经换向阀进入液压缸左腔，活塞向右运动；当电磁铁断电时，液压缸左腔的油液经换向阀回油箱，活塞在弹簧力的作用下向左返回，从而实现了液压缸的换向。

换向回路中换向阀的选择：

1) 位数和通路数的选择：对于依靠重力或弹簧力返回的单作用液压缸，采用二位三通换向阀即可换向。如果只要求接通或切断油路时，可采用二位二通换向阀。

对于双作用液压缸，当执行元件不要求中途停止，可采用二位四通或二位五通换向阀，即可实现正、反向运动；当执行元件要求有中途停止或有特殊要求时，则采用三位四通或三位五通换向阀，并注意三位阀中位机能的选择。

2) 换向阀操纵方式的选择：自动化程度要求较高的采用电磁换向阀或电液换向阀；流量较大、换向平稳性要求较高的系统，可采用手动阀或机动阀作先导阀以液动阀为主阀的换向回路，或采用电液换向阀。

2. 锁紧回路

锁紧回路的功能是通过切断执行元件的进油、回油通道来使它停留在任意位置，并防止停止运动后因外力作用而发生移动。使执行元件实现锁紧的方法有：

1) 最简单的方法是采用 O 型或 M 型中位机能的三位换向阀，当阀芯处于中位时，执行元件的进、出油口均被封闭，可使执行元件在行程任意位置停止。但由于滑阀的泄漏，不能长时间保持停止位置不动，锁紧精度不高。

2) 采用液控单向阀（又称液压锁）作锁紧元件，如图 4-11 所示，当换向阀处于左位时，压力油经液控单向阀 1 进入液压缸左腔，同时压力油也进入液控单向阀 2 的控制口 C，打开阀 2，使缸右腔的回油经阀 2 及换向阀流回油箱，活塞向右运动。反之，活塞向左运动。如果需要在任意位置停止，只要使换向阀回到中位，因阀的中位机能为 H 型（或 Y 型），从而使液控单向阀的控制口 C 卸压，阀 1 和阀 2 立即关闭，使活塞双向锁紧。由于液控单向阀的密封性好，泄漏少，可较长时间锁紧，锁紧精度只受液压缸的泄漏和油液压缩性的影响。这种回路常用于工程机械、起重运输机械和飞机起落架的收放油路上。

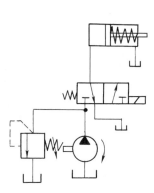

图 4-10 用二位三通换向
阀使单作用缸换向的回路

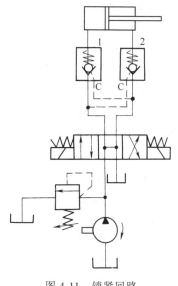

图 4-11 锁紧回路
1、2—液控单向阀

讨论练习题

1）试分析图 4-12 中四种换向回路哪些回路能正常工作？其理由是什么？

2）图 4-11 所示的锁紧回路，为什么要求换向阀的中位机能为 H 型或 Y 型？

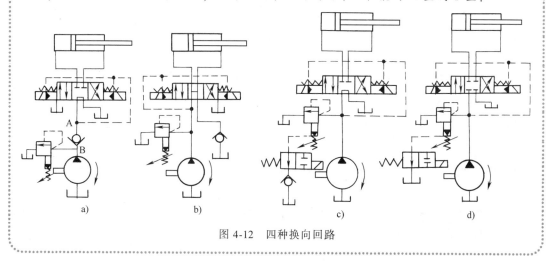

图 4-12 四种换向回路

技能实训 3   液压方向控制阀的拆装

1. 实训目的

1）通过对方向控制阀的拆装，了解其结构组成及特点。

2）加深对方向控制元件工作原理和特性的理解。

3）加深对各种方向控制元件功能特点及应用特点的了解。

4）学会正确选择和使用液压方向控制阀。

2. 实训要求和方法

1）本实训采用教师重点讲解，学生自己动手拆装为主的教学方法。学生以小组为单位，结合实训思考题，边拆装边讨论分析液压方向控制阀的结构原理及特点。

2）拆装时将零部件拆下依次放好，注意不要散失小的零件，实训完要把每个零件装好。

3）实训后，由教师指定思考题作为本次实训报告内容。

3. 实训内容

1）拆装单向阀。

2）拆装液控单向阀。

3）拆装换向阀。

4）拆装电液换向阀。

4. 实训思考题

（1）单向阀

1）单向阀的用途有哪些？

2）单向阀中弹簧起什么作用？

3）单向阀的阀芯结构有何特点？

（2）液控单向阀

1）液控单向阀的用途有哪些？工作原理是什么？

2）顶杆、活塞、主阀芯的作用是什么？

3）当使用控制油口时，控制油的压力是否和主油路的压力一致？

（3）换向阀

1）对照实物结构说明其工作原理，并指出三位阀的中位机能。

2）推杆与阀芯的连接方式是怎样的？

3）比较三位四通换向阀与三位五通换向阀在结构上的异同？

（4）电液换向阀

1）电液换向阀是由哪两个阀复合而成的？各有何机能？这两个阀分别接收什么信号？控制什么动作？

2）对照实物结构搞清电磁阀是如何控制液动阀换向的。

3）怎样调节其换向时间？

4）控制压力油有哪两种供油方式？

技能实训4 液压方向控制回路的连接与调试

1. 实训目的

1）加深对液压方向阀工作原理及使用性能的理解。

2）掌握方向控制回路的连接与调试。

2. 实训内容及步骤

图 4-11 所示为采用液控单向阀的锁紧回路，通过选用不同三位阀的中位机能，观察液压缸运动情况及锁紧精度变化。

1）按回路图的要求，选取所需要的液压元件和辅件。

2）将选好的液压元件安装在实训台的适当位置上，通过管件按回路要求进行油路连接及电路连接，并检查油路和电路连接是否正确可靠。

3）确保油路和电路无误后，方可打开电源，起动液压泵。

4）在三位四通电磁换向阀左或右电磁铁通电，使液压缸处于右端或左端时，调节溢流阀的压力。由小往大调节，其最大调整压力值不得超过 $70 \times 10^5 \mathrm{Pa}$。

5）控制三位四通电磁换向阀左、右电磁铁通、断电及左、右电磁铁均断电，观察液压缸运动情况及锁紧精度。

6）将回路中的液压缸改为垂直安装，重复步骤 5，观察液压缸运动情况及锁紧精度。

7）将回路中的 H 型中位机能三位四通换向阀换成 M 型或 O 型中位机能的换向阀，重新安装，重复步骤 5，观察液压缸运动情况及锁紧精度。

8）实训完毕后先关闭电源，再拆下管路和液压元件，整理好放回原处。

3. 实训思考题

1）图 4-11 所示的锁紧回路中，为什么要求换向阀的中位机能为 H 型或 Y 型？若采用 M 型会出现什么问题？分析其产生的原因。

2）填写实训记录表 4-6。

表 4-6　实训记录表

工　况	电　磁　铁	通、断电	油　液　流　动　路　线
活塞左行	左电磁铁		
	右电磁铁		
活塞右行	左电磁铁		
	右电磁铁		
活塞停止	左电磁铁		
	右电磁铁		

第三节　压力控制阀及压力控制回路

控制和调节液压系统油液压力或利用液压力作为信号控制其他元件动作的阀称为压力控制阀。如溢流阀、减压阀、顺序阀和压力继电器等。

压力控制阀的共同特点是：利用作用在阀芯上的液压力和弹簧力相平衡的原理进行工作。

压力控制回路是利用压力控制阀对整个液压系统或局部油路的压力进行控制的回路，它包括调压、减压、增压、平衡、卸荷回路等。

一、溢流阀

溢流阀是通过其阀口的溢流，使被控系统或回路的压力维持恒定，从而实现稳压、调压或限压作用。

对溢流阀的主要要求是：调压范围大，调压偏差小，压力振摆小，动作灵敏，通流能力大，噪声小。溢流阀按其结构和工作原理可分为直动式溢流阀和先导式溢流阀。

1. 溢流阀的结构和工作原理

（1）直动式溢流阀　图4-13a、b所示为直动式溢流阀的结构图和图形符号。P是进油口，T是回油口，进口压力油经阀芯4上的径向孔f，轴向阻尼孔g进入阀芯底端c腔。当进油压力较低，向上的液压力不足以克服弹簧的预紧力时，阀芯处于最下端位置，将P和T两油口隔开，阀处于关闭状态。当进口压力升高，在阀芯下端产生的作用力超过弹簧的预紧力时，阀芯上移，阀口被打开，将多余的油液由P口经T口排回油箱，溢流阀溢流。这样，被控制的油液压力就不再升高，使阀芯处于某一平衡位置。

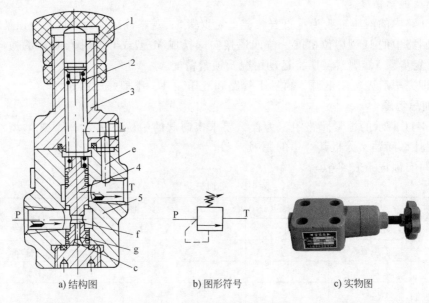

a) 结构图　　　　　　b) 图形符号　　　　　　c) 实物图

图 4-13　直动式溢流阀

1—调节螺母　2—弹簧　3—上盖　4—阀芯　5—阀体

设进口压力为p，阀芯端面积为A，弹簧力为F_s，若忽略阀芯自重和摩擦力，则阀芯的受力平衡方程为

$$pA = F_s$$

或

$$p = \frac{F_s}{A} \qquad\qquad (4-1)$$

由式（4-1）可看出，溢流阀处于某一平衡位置时，进口处的油液压力p的大小就由弹簧力F_s来决定。调节螺母1可以改变弹簧的预紧力，从而也就调整了溢流阀进口处的油液压力p，并使其稳定在所调定的数值上。

溢流阀稳压的自动调节过程：当进口油压p超过预先所调定的压力时，阀芯4失去平衡，阀芯上移，溢流口增大，油液溢回油箱的阻力减小，使进口处油压p下降，直至作用在阀芯上的液压力和弹簧力重新平衡为止。同理，若进口压力p低于所调定的压力时，阀芯亦失去平衡，阀芯下移，溢流口关小，溢流阻力增大，进口处的油压便自动升高，直至使阀芯重新恢复平衡为止。在自动调节过程中，阀芯移动量很小，作用在阀芯上的弹簧力 F_s 变化甚小，因此可以认为，只要阀口打开有溢流，其进口处的压力 p 基本上就是恒定的。阀芯上的阻尼孔 g 对阀芯的运动起到阻尼作用，从而可避免阀芯产生振动，提高了阀的工作稳定性。

直动式溢流阀是利用液压力直接和弹簧力相平衡来进行压力控制的。若系统所需压力较高，流量较大时，阀的结构必须加大，且需采用大刚度的弹簧，这样不仅使阀的调节性能变差，而且调节费力，故直动式溢流阀只适用于系统压力较低、流量不大的场合。图 4-13c 所示为直动式溢流阀的实物图。

（2）先导式溢流阀　先导式溢流阀由先导阀和主阀两部分组成。先导阀一般为小规格的锥阀，其内的弹簧为调压弹簧，用来调定主阀的溢流压力。主阀用于控制主油路的溢流，主阀有各种结构形式，主阀内的弹簧为平衡弹簧，其刚度较小，仅是为了克服摩擦力使主阀芯及时复位而设置的。图 4-14a 所示为一级同心先导式溢流阀（Y型）结构图。油液通过进油口 P 进入后，经主阀阀芯 5 的轴向孔 g 进入阀芯下腔，同时油液又经阻尼孔 e 进入主阀阀芯 5 的上腔，并经 b 孔、a 孔作用于先导阀阀芯 3 上。当系统压力低于先导阀调压弹簧调定压力时，先导阀关闭，此时没有油液经过阻尼孔流动，主阀芯上下两腔的压力相等，主阀在弹簧 4 的作用下处于最下端位置，进油口 P 与回油口 T 不相通。当系统压力升高，作用在先导阀芯上的液压力大于调压弹簧的调定压力时，先导阀被打开，主阀上腔的压力油经先导阀开口、回油口 T 流回油箱。这时就有压力油经主阀芯上阻尼孔流动，因而就产生了压力降，使主阀阀芯上腔的压力 p_1 低于下腔的压力 p。当此压力差对主阀芯所产生作用力超过弹簧力 F_s 时，阀芯被抬起，进油口 P 和回油口 T 相通，实现了溢流作用。调节螺母 1 可调节调压弹簧 2 的预紧力，从而调定了系统的压力。

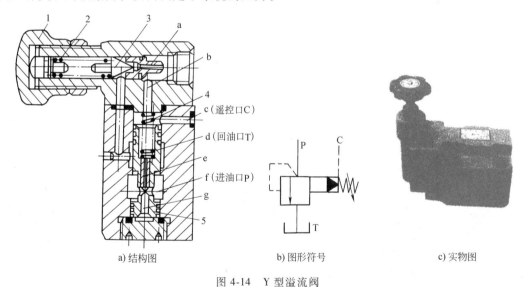

a) 结构图　　　　　　　　b) 图形符号　　　　　　　c) 实物图

图 4-14　Y 型溢流阀

1—调节螺母　2—调压弹簧　3—先导阀阀芯　4—主阀弹簧　5—主阀阀芯

当溢流阀起溢流、稳压作用时，不计阀芯自重和摩擦力，作用于主阀芯上的力平衡方程为

$$pA = p_1A + F_s$$

或
$$p = p_1 + \frac{F_s}{A} \qquad\qquad (4\text{-}2)$$

式中，p 是进油腔压力；p_1 是主阀芯上腔压力；A 是主阀芯的端面积；F_s 是平衡弹簧的作用力。

　　从式（4-2）可见，**先导式溢流阀是利用主阀上下两端的压力差 $\Delta p = p - p_1$ 所形成的作用力和弹簧力相平衡的原理进行压力控制的**。由于主阀上腔存在有压力 p_1，所以弹簧 4 的刚度可以较小，F_s 的变化也较小，当先导阀的调压弹簧调整好以后，p_1 基本上是定值。当溢流量变化较大时，阀口开度可以上下波动，但进口处的压力 p 变化则较小，这就克服了直动式溢流阀的缺点。同时先导阀的承压面积一般较小，调压弹簧 2 的刚度也不大，因此调压比较轻便。先导式溢流阀工作时振动小，噪声低，压力稳定，但反应不如直动式溢流阀快。先导式溢流阀适用于中、高压系统。Y 型溢流阀的公称压力为 6.3MPa。图 4-14b、c 所示分别为先导式溢流阀的图形符号与实物图。

　　图 4-15、图 4-16 所示分别为两级同心式和三级同心式溢流阀。当先导式溢流阀的进口接压力油时，压力油除直接作用在主阀芯的下端外，还经过主阀芯内的阻尼孔 2 和 4（或图 4-16 阀体中的阻尼孔 5）引到先导阀芯的前端，对先导阀芯产生一个液压力，若液压力小于先导阀芯另一端的弹簧力，则先导阀关闭，主阀芯上下两腔压力相等，主阀芯在主阀弹簧的作用下处于最下端，主阀口关闭。当进口压力升高大于弹簧力时，先导阀阀口打开，进口压力油经阻尼孔、先导阀开口和回油口 T 流回油箱。这时，由于阻尼孔的作用产生了压力降，使主阀芯上端的油压 p_1 小于下端的油压 p。当此压力差（$p - p_1$）足够大时，由压力差形成的向上液压力克服主弹簧力推动阀芯上移，主阀口开启，进口压力油经主阀口溢流回油箱。当主阀阀口开口一定时，先导阀阀芯和主阀阀芯分别处于受力平衡状态，使主阀进口压力为一确定值。调节调压弹簧的预紧力，从而调定了液压系统的压力。

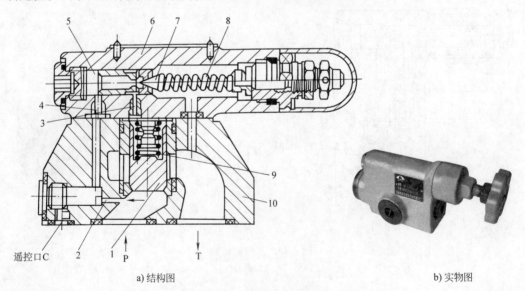

a) 结构图　　　　　　　　　　　　　　　　　b) 实物图

图 4-15　两级同心溢流阀

1—主阀芯　2、3、4—阻尼孔　5—先导阀座　6—先导阀体

7—先导阀芯　8—调压弹簧　9—主阀弹簧　10—阀体

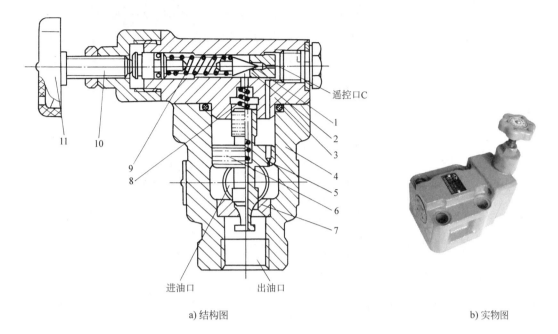

a) 结构图　　　　　　　　　　　　　　　　　　b) 实物图

图 4-16　三级同心溢流阀

1—先导锥阀　2—先导阀座　3—阀盖　4—阀体　5—阻尼孔　6—主阀芯　7—主阀座

8—主阀弹簧　9—调压弹簧　10—调节螺钉　11—调节手轮

2. 溢流阀的主要性能

（1）压力调节范围　指溢流阀在规定的范围内调节时，阀的输出压力能平稳地升降，无压力突跳或迟滞现象。

（2）压力流量特性　指溢流阀在某一调定压力下工作时，其溢流量变化与阀进口压力之间的变化关系。如图 4-17 所示，在溢流阀调压弹簧的预压缩量调定之后，当溢流阀从关闭状态逐渐开启，溢流量为其额定流量的 1% 时，所对应的阀进口处的压力，称为开启压力 p_K。阀口开启后，溢流阀的进口压力随溢流量的增加略有升高，流量为额定值 q_n 时的压力 p_S 最高。当溢流阀从全开状态逐渐关闭，溢流量为其额定流量的 1% 时，所对应的阀进口压力称为闭合压力 p_B。因阀芯在开启与闭合过程中所受的摩擦力方向不同，在相同的溢流量下，$p_K > p_B$。溢流阀的压力流量特性的优劣可用调压偏差（$p_S - p_K$）或用开启比 p_K/p_S、闭合比 p_B/p_S 来评价。调压偏差越小，开启比、闭合比越大阀的性能越好。由图 4-17 直动式和先导式溢流阀的启闭特性曲线可以看出，先导式溢流阀的性能优于直动式溢流阀。为保证溢流阀有良好的稳压性能，一般规定开启比不小于 90%，闭合比不小于 85%。

（3）卸荷压力　当将先导式溢流阀遥控口接油箱，其主阀阀口开度最大，液压泵处于卸荷状态时，溢流阀的进口与出口压力之差，称为卸荷压力。一般卸荷压力不大于 0.2MPa。

（4）压力损失　当调压弹簧全部放松，阀通过额定流量时，溢流阀的进口压力与出口压力之差称为压力损失。因主阀上腔油液回油箱需要经过先导阀，液流阻力稍大，因此压力损失略高于卸荷压力。

（5）压力超调量　如图 4-18 所示，当溢流阀由卸荷状态突然向额定压力工况转变或由零流量状态向额定压力、额定流量工况转变时，由于溢流阀阀芯动作迟缓，引起阀的进口压力迅速升高到某一峰值 p_{max}，阀口打开，开始溢流，接着压力逐渐衰减、振荡，最后稳定在调定压力 p_S 上。峰值压力 p_{max} 与调定压力 p_S 之差称为压力超调量。即 $\Delta p = p_{max} - p_S$。Δp 越小，说明阀的灵敏度越高，一般溢流阀的压力超调量不得大于额定压力的 30%，否则会发生元件损坏，管道破裂或使一些元件产生误动作。

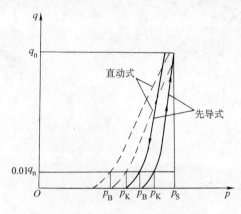
图 4-17 溢流阀的启闭特性曲线

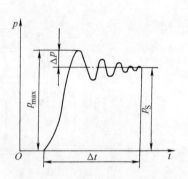
图 4-18 溢流阀的动态过程曲线

讨论练习题

1）若先导式溢流阀主阀芯上阻尼孔堵塞了溢流阀会出现什么故障？若先导阀座上的进油小孔堵塞了，又会出现什么故障？

2）若先导式溢流阀主阀芯上阻尼孔脱落到主阀芯上腔或未装阻尼孔，在使用中会出现什么问题？

3. 溢流阀的应用和调压回路

溢流阀在液压系统中常用来组成调压回路，使液压系统的压力保持恒定或限制系统压力的最大值。

（1）调压溢流 如图 4-19 所示，在采用定量泵供油的节流调速系统中，泵的一部分油液进入液压缸，而多余的油液从溢流阀溢回油箱。溢流阀处于其调定压力下的常开状态，液压泵的工作压力决定于溢流阀的调整压力，且基本保持恒定。

（2）安全保护 如图 4-20 所示，系统采用变量泵供油，系统内无多余的油液需溢流，

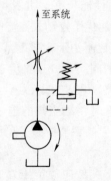
图 4-19 定量泵系统调压溢流

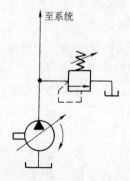
图 4-20 变量泵系统的安全保护

泵的工作压力由负载决定，用溢流阀限制系统的最高压力。系统在正常工作状态下，溢流阀阀口关闭，当系统过载时才打开，以保证系统的安全，故称其为安全阀。

（3）使泵卸荷 图 4-21 所示为用先导式溢流阀的卸荷回路。用二位二通换向阀将先导式溢流阀的遥控口 C 和油箱接通，当电磁铁 1YA 通电时，溢流阀遥控口 C 通油箱，这时溢流阀阀口全开，泵输出的油液全部回油箱，使液压泵卸荷，以减少功率损耗。目前已有将溢流阀和微型电磁阀组合在一起的电磁溢流阀，其管路连接更为简便。

（4）作背压阀 如图 4-22 所示，将溢流阀设置在回油路上，可产生背压，提高运动部件运动的平稳性。因此这种用途的阀称为背压阀。在此可选用直动式低压溢流阀。

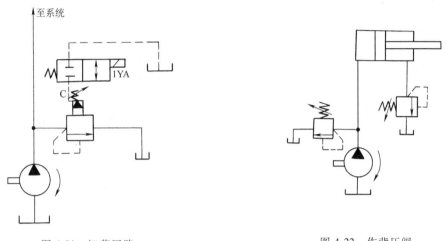

图 4-21 卸荷回路   图 4-22 作背压阀

（5）远程调压回路 当系统需要随时调整压力时，可采用远程调压回路，如图 4-23 所示。在主溢流阀 1 的遥控口 C 上接一远程调压阀（或小流量溢流阀）2，如图 4-23a 所示。将主溢流阀 1 的压力调到系统的最大安全压力值，则系统的压力可由阀 2 远程调节控制。主

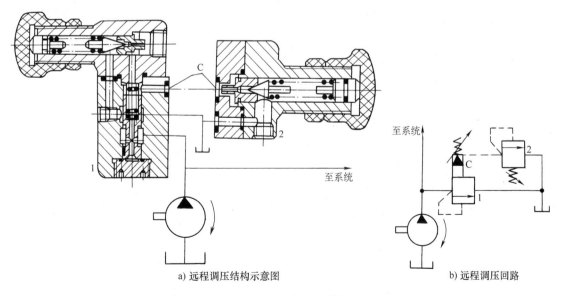

a) 远程调压结构示意图   b) 远程调压回路

图 4-23 远程调压回路

阀芯上腔油压只要达到远程调压阀的调整压力时，远程调压阀的锥阀便打开，主阀芯即可抬起溢流，其主溢流阀1的先导阀不打开，此时系统的压力决定于调压阀2的调定值。**应注意**：主溢流阀1的调定压力必须大于远程调压阀2的调整压力。

（6）多级调压回路　图4-24所示为三级调压回路。当系统需多级压力控制时，可将主溢流阀1的遥控口通过三位四通换向阀4分别连接具有不同调定压力的调压阀2和3，使系统获得三种压力调定值：换向阀左位工作时，系统压力由阀2调定；换向阀右位工作时，系统压力由阀3调定；换向阀处于中位时为系统的最高压力，由主溢流阀1来调定。

二、减压阀

减压阀是一种利用液流通过缝隙产生压力降的原理，使出口压力低于进口压力的压力控制阀。

1. 结构和工作原理

减压阀分为直动式和先导式两种，其中先导式减压

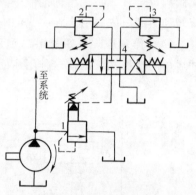

图 4-24　三级调压回路

阀应用较广。图4-25为减压阀的结构原理、图形符号及实物图。减压阀的主要组成部分与溢流阀相同，外形亦相似。其不同点是：

1）主阀芯结构不同，溢流阀主阀芯有两个台肩，而减压阀主阀芯有三个台肩。

2）在常态下，溢流阀进、出口是常闭的，减压阀是常开的。

3）控制阀口开启的油液：溢流阀来自进口油压 p_1，保证进口压力恒定；减压阀来自出口油压 p_2，保证出口压力恒定。

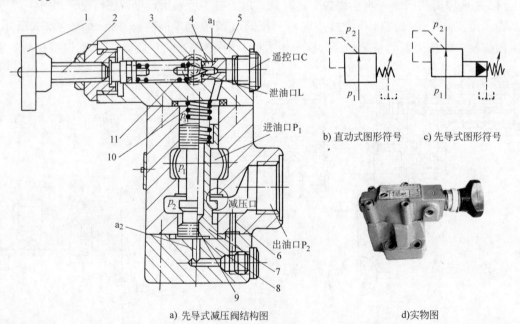

a) 先导式减压阀结构图　　　　　　d)实物图

图 4-25　减压阀

1—调压手轮　2—调节螺钉　3—锥阀　4—锥阀座　5—阀盖　6—阀体　7—主阀芯
8—端盖　9—阻尼孔　10—主阀弹簧　11—调压弹簧

4）溢流阀导阀弹簧腔的油液在阀体内引至回油口（内泄式）；减压阀其出口油液通执行元件，因此泄漏油需单独引回油箱（外泄式）。

先导式减压阀也是由先导阀和主阀两部分组成，由先导阀调压，主阀减压。压力为 p_1 的压力油从进口流入，经主阀阀口（减压缝隙）减压后压力为 p_2，并从出口流出，同时 p_2 的油液经孔 a_2 流入阀芯下腔，并通过阻尼孔 9 流入阀芯上腔，经孔 a_1 作用在锥阀 3 上。当负载较小，出口压力 p_2 低于调定压力时，导阀关闭，由于阻尼孔 9 没有油液流动，所以主阀芯上、下两腔油压相等，主阀芯 7 在弹簧 10 作用下处于最下端，减压阀口全开，不起减压作用。当出口油压 p_2 超过调定压力时，导阀被打开，因阻尼孔的降压作用，使主阀上下两腔产生压力差 (p_2-p_3)，主阀芯在压力差作用下克服弹簧力向上移动，减压阀口减小，起减压作用。当出口压力下降到调定值时，导阀芯和主阀芯同时处于受力平衡状态，出口压力稳定不变，等于调定压力。如果由于干扰使进口压力 p_1 升高，在主阀芯未来得及反应时 p_2 也升高，使主阀芯上移，减压口关小，压力降增大，出口压力 p_2 又下降，使主阀芯在新的位置上达到平衡，而出口压力 p_2 基本维持不变。由于工作过程中，减压阀的开口能随进口压力的变化而自动调节，因此能自动保持出口压力恒定。调节调压弹簧 11 的预紧力即可调节减压阀的出口压力。

2. 减压回路

减压回路的功用是使系统中某一支路获得低于系统压力调定值的稳定的工作压力。如工件夹紧油路、控制油路、润滑油路中的工作压力常需低于主油路的压力，所以常采用减压回路。

图 4-26 所示为一种常用的减压回路。液压泵的供油压力根据主系统的负载要求由溢流阀 1 调定，夹紧缸所需的压力由减压阀 2 调节。

单向阀的作用： 当主油路压力低于减压阀的调定值时，防止夹紧缸的压力受其干扰，使夹紧油路和主油路隔开，实现短时间保压。

设计减压回路时**应注意：**

1）为确保安全，减压回路中的换向阀可选用带定位式的电磁换向阀，如用普通电磁换向阀应设计成断电夹紧。

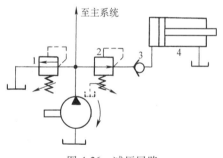

图 4-26　减压回路

2）为使减压回路可靠地工作，减压阀的最低调整压力不应小于 0.5MPa，最高调整压力至少应比系统压力低一定的数值，中压系统约低 0.5MPa，中高压系统约低 1MPa。

3）当减压回路中的执行元件需要调速时，调速元件应放在减压阀的后面，以免减压阀的泄漏口流回油箱的油液对执行元件的速度产生影响。

三、顺序阀

顺序阀是以压力作为控制信号，自动接通或切断某油路的压力阀。顺序阀常用来控制液压系统各执行元件动作的先后顺序。

顺序阀按控制方式分：分为内控式顺序阀（简称顺序阀），外控式顺序阀（称液控式顺序阀）；按结构形式分：有直动式和先导式，直动式用于低压系统，先导式用于中高压系统。

1. 结构和工作原理

图 4-27 和图 4-28 分别为直动式和先导式顺序阀的结构、图形符号及实物图。顺序阀的结构和工作原理与溢流阀相似。当进口压力低于调定压力时，阀口关闭，当进口压力超过调定压力时，进、出油口接通，出口的压力油使其后面的执行元件动作。出口油路的压力由负载决定，因此它的泄油口需要单独接回油箱。调节弹簧的预紧力，即能调节打开顺序阀所需的压力。若将图 4-27 和图 4-28 所示的顺序阀的下盖旋转 90°或 180°安装，去掉外控口 C 的

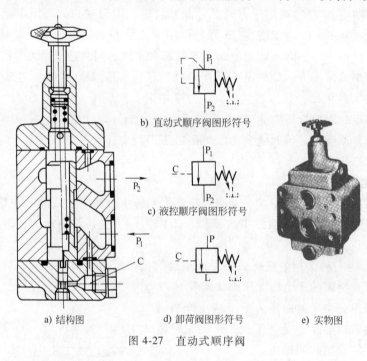

a) 结构图 　　b) 直动式顺序阀图形符号
　　　　　　　c) 液控顺序阀图形符号
　　　　　　　d) 卸荷阀图形符号　　e) 实物图

图 4-27　直动式顺序阀

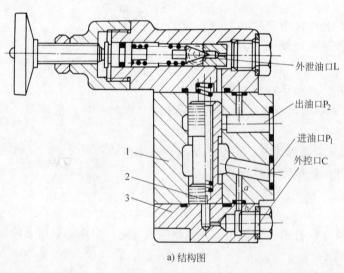

外泄油口 L
出油口 P2
进油口 P1
外控口 C

1
2
3

a) 结构图　　　　b) 图形符号　　　c) 实物图

先导式顺序阀

图 4-28　先导式顺序阀
1—阀体　2—阻尼孔　3—下盖

螺塞，并从外控口 C 引入控制压力油来控制阀口的启闭，这种阀称为液控顺序阀，图形符号见图 4-27c。液控顺序阀阀口的开启和闭合与阀的主油路进口压力无关，而只决定于外控口 C 引入的控制压力。若将图 4-27 和图 4-28 所示的顺序阀的上盖旋转 90°或 180°安装，使泄油口 L 与出油口 P_2 相通（阀体内开有沟通孔道，图中未示出），并将外泄口 L 堵死，便成

为外控内泄式顺序阀，阀出口接油箱，常用于使泵卸荷，故称为卸荷阀，图形符号见图 4-27d 所示。

2. 用顺序阀的顺序动作回路

图 4-29 所示为一定位夹紧回路。要求先定位后夹紧，其工作过程为：液压泵输出的油，一路至主油路，另一路经减压阀、单向阀、二位四通换向阀至定位夹紧油路。当电磁换向阀如图示位置时，液压油首先进入 A 缸上腔，推动活塞下行完成定位动作，定位完成后，油压升高达到顺序阀的调定压力时，顺序阀打开，压力油进入 B 缸上腔，推动活塞下行，完成夹紧动作。当电磁铁通电换向阀换向后，两个液压缸可同时返

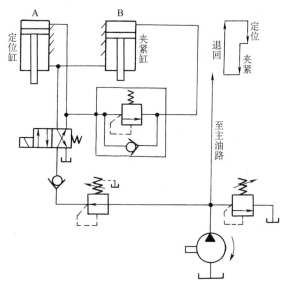

图 4-29　用单向顺序阀控制的顺序动作回路

回。用顺序阀控制的顺序动作回路的可靠性，在很大程度上取决于顺序阀的性能及其压力调整值。顺序阀的调整压力应比先动作的液压缸的工作压力高 10%～15%，以免系统压力波动时，产生误动作。

3. 平衡回路

图 4-30a 所示为用单向顺序阀的平衡回路。调整顺序阀的开启压力，使其与液压缸下腔作用面积的乘积稍大于垂直运动部件的重力，即可防止活塞因重力而产生下滑。当电磁阀处于左位使活塞下行时，回路上将产生一定的背压，使运动平稳；当电磁阀处于中位时，活塞停止运动。

回路特点及应用： 顺序阀的压力调定后，若工作负载变小，系统的功率损失将增加；由于顺序阀和换向阀存在泄漏，活塞不可能长时间停在任意位置上。该回路适用于工作负载固定且活塞锁紧精度要求不高的场合。

图 4-30b 所示为用液控顺序阀的平衡回路。当电磁阀处于左位时，压力油进入液压缸上腔，并进入液控顺序

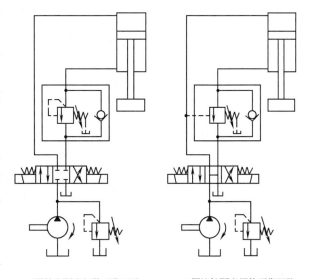

a)用单向顺序阀的平衡回路　　b)用液控顺序阀的平衡回路

图 4-30　平衡回路

阀的控制口，打开顺序阀使背压消失。当电磁阀处于中位时，液压缸上腔卸压，使液控顺序阀迅速关闭以防止活塞和工作部件因自重下降，并被锁紧。

回路特点及应用：液控顺序阀的启闭取决于控制口的油压，回路的效率较高；当只有液压缸上腔进油时，活塞才下行，比较可靠；活塞下行时平稳性较差，其原因是，当由于运动部件重量作用而下降过快时，系统压力下降，使液控顺序阀关闭，活塞停止下行，使缸上腔油压升高，又打开液控顺序阀，因此液控顺序阀始终工作在启闭的过渡状态，因而影响工作的平稳性。此回路适用于运动部件重量不很大，停留时间较短的系统。

四、压力继电器

压力继电器是一种将油液的压力信号转换成电信号的电液转换元件。当油液压力达到压力继电器的调定压力时，即发出电信号，以控制电磁铁、电磁离合器、继电器等元件动作，使油路卸压、换向、执行元件实现顺序动作，或关闭电动机，使系统停止工作，起到安全保护作用等。

图 4-31a、b 所示为柱塞式压力继电器的结构和图形符号。主要零件包括柱塞 1、顶杆 2、调节螺钉 3 和微动开关 4。当系统压力达到调定压力时，作用于柱塞上的液压力克服弹簧力，柱塞上移，通过顶杆 2 使微动开关 4 的触点闭合，发出电信号。图 4-31c 所示为压力继电器的实物图。

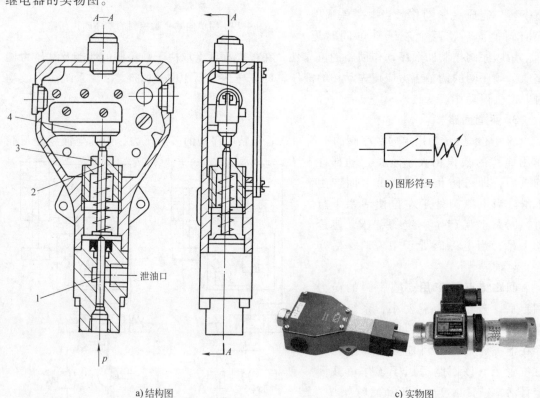

a) 结构图   b) 图形符号   c) 实物图

图 4-31　柱塞式压力继电器

1—柱塞　2—顶杆　3—调节螺钉　4—微动开关

压力继电器的主要性能包括：

（1）调压范围 指发出电信号的最低压力和最高压力的范围。拧动调节螺钉 3，即可调整工作压力。

（2）通断调节区间 压力升高，继电器接通电信号的压力，称为开启压力；压力下降，继电器复位切断电信号的压力，称为闭合压力。为避免压力波动时继电器时通时断，产生误动作，要求开启压力与闭合压力有一可调的差值，称为通断调节区间。

例 4-1 图 4-32 所示液压系统，液压缸有效面积 $A_1 = A_2 = 100cm^2$，缸 I 负载 $F = 35000N$，缸 II 运动时负载为零。不计摩擦阻力、惯性力和管路损失。溢流阀、顺序阀和减压阀的调整压力分别为 4MPa、3MPa 和 2MPa。求在下列三种工况下 A、B、C 三点的压力。

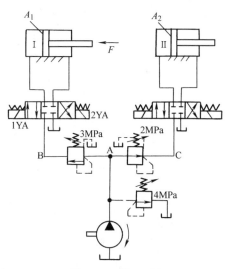

图 4-32 例 4-1 图

1）液压泵启动后，两换向阀处于中位。

2）1YA 通电，缸 I 活塞运动时及活塞运动到终端后。

3）1YA 断电，2YA 通电，缸 II 活塞运动时及活塞碰到死挡铁时。

解 1）液压泵启动后，两换向阀处于中位时：顺序阀处于打开状态，减压阀口关小，A 点压力升高，溢流阀打开，这时

$$p_A = 4MPa, \quad p_B = 4MPa, \quad p_C = 2MPa$$

2）1YA 通电，缸 I 活塞运动时及活塞运动到终端后

缸 I 活塞运动时：$p_B = \dfrac{F}{A_1} = \dfrac{3.5 \times 10^4}{100 \times 10^{-4}} Pa = 3.5 \times 10^6 Pa = 3.5 MPa$

缸 I 活塞运动到终端后：$p_A = p_B = 4MPa \qquad p_C = 2MPa$

3）1YA 断电，2YA 通电，缸 II 活塞运动时及活塞碰到死挡铁时

缸 II 活塞运动时 $p_C = 0$，若不考虑油液流经减压阀的压力损失，则

$$p_A = p_B = 0$$

缸 II 活塞碰到死挡铁时：$p_C = 2MPa \qquad p_A = p_B = 4MPa$

讨论练习题

当压力阀的铭牌没有或不清楚时，不用拆卸，如何判别哪个是溢流阀、减压阀及顺序阀？能否将溢流阀做顺序阀使用？

技能实训 5 液压压力控制阀的拆装

1. 实训目的

1）通过对压力控制阀的拆装，了解其组成与结构特点。

2）加深对压力控制元件的原理和特性的理解。

3）加深对各种压力控制阀功能特点及应用特点的了解。

4）学会正确选择和使用液压压力控制阀。

2．实训要求和方法

1）本实训采用教师重点讲解，学生自己动手拆装为主的教学方法。学生以小组为单位，结合实训思考题，边拆装边讨论分析液压压力控制阀的结构原理及特点。

2）拆装时将零部件拆下依次放好，注意不要散失小的零件，实训完要把每个零件装好。

3）实训后，由教师指定思考题作为本次实训报告内容。

3．实训内容

1）拆装直动式溢流阀。

2）拆装先导式溢流阀。

3）拆装减压阀。

4）拆装顺序阀。

5）拆装压力继电器。

4．实训思考题

（1）直动式溢流阀

1）直动式溢流阀阀芯上的阻尼孔起什么作用？它若被堵塞了将会出现什么问题？

2）在装其阀盖的过程中，若没有把弹簧腔和回油口接通，将会出现什么问题？

3）若将进、出油口接反了，将会出现什么问题？调压弹簧卡死了又会怎样？

（2）先导式溢流阀

1）对照实物结构分析先导式溢流阀的工作原理。

2）此阀是由哪两部分组成的？并分析各零部件的作用。

3）主阀上的阻尼孔起什么作用？

4）观察远程遥控口的位置，分析如何通过此口来实现远程调压和卸荷。

5）比较先导式溢流阀和直动式溢流阀的结构，并分析其优缺点。

（3）减压阀

1）分析减压阀与溢流阀的结构区别。

2）对照实物分析减压阀的工作原理。

3）为什么减压阀的弹簧腔不能与出口相通？其 L 口没接回油会怎样？

4）进、出口接反了会怎样？

（4）顺序阀

1）观察顺序阀在结构外形上和溢流阀的异同点。

2）在非工作状态下，阀口是常开还是常闭的？

3）阀芯和阀体的油口之间是否有封油长度？和溢流阀相比，封油长度是较长，还是较短？为什么？

4）控制阀芯抬起的油液来自阀体的进油口，还是出油口？

5）泄油口的连接方式是内泄还是外泄？为什么？

（5）压力继电器

1) 对照实物结构讲述压力继电器是如何将液体的压力信号转换为电信号的。

2) 在压力继电器结构中设置泄油口的目的是什么？

技能实训 6　液压压力控制回路的连接与调试

1. 实训目的

1) 熟悉调压回路、卸荷回路和减压回路的组成及工作特点。

2) 掌握调压回路、卸荷回路和减压回路的连接及压力调整。

2. 实训内容及步骤

图 4-33 所示为调压及卸荷回路。

（1）调压回路及卸荷回路　调压回路是根据系统负载大小来调节系统工作压力的回路。

选择好各液压元件及辅件，在实训台上连接好油路和电路，并检查连接得是否正确。经检查无误后方可打开电源，起动液压泵。

1) 直接调压。电磁铁 1YA、2YA 均不通电时，使三位四通电磁阀处于中位，启动液压泵。调节溢流阀 2 由小到大，再由大到小，反复 2~3 次。其最大调整压力值不得超过 70×10^5 Pa。

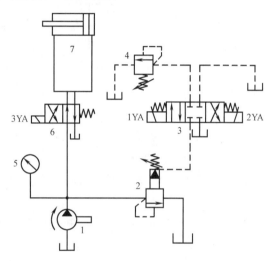

图 4-33　调压及卸荷回路

2) 二级调压。将溢流阀 4 完全关闭，电磁铁 1YA 通电，使三位四通电磁阀处于左位。调节溢流阀 2，使其压力为 40×10^5 Pa，再调节溢流阀 4，观察压力表示值，此时系统压力大小由溢流阀 4 决定。

3) 卸荷回路。在定量泵系统中，当溢流阀的遥控口与油箱连通时，阀口全开，使泵输出油液经溢流阀流回油箱，实现卸荷，以减少能量损耗。

调节溢流阀 4，使压力为 30×10^5 Pa。然后使 2YA 通电，三位四通电磁阀处于右位。溢流阀 2 的遥控口直接与油箱相通，此时压力降至最小，实现卸荷。

实训完毕，旋松溢流阀手柄，关闭液压泵，确认回路中压力为零后方可将管路及元件拆下，并放回原处。

（2）减压回路　减压回路的作用是使系统中某一支路上获得比溢流阀调定压力低且稳定的工作压力。

图 4-34 所示为减压回路。

按回路图要求选择液压元件和辅件，在实训台上连接好油路和电路。经检查无误后方可打开电源，启动液压泵。

1) 启动液压泵。在液压缸处于端点位置时，调节溢流阀 2 的压力，由小到大，其最大调整压力值不得超过 70×10^5 Pa。调节减压阀 3 的压力，一般情况下，减压阀的调定压力不应小于 0.5MPa，但要低于溢流阀的调定压力 0.5MPa 以上。这样，可使减压阀出口处的压

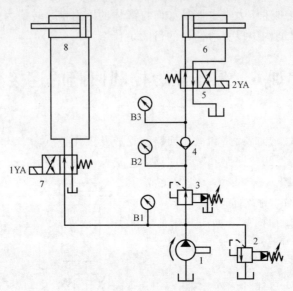

图 4-34 减压回路

力保持在一定的稳定的范围内。

2）分别按动二位四通电磁换向阀 7 和 5 控制按钮，使液压缸 8 和 6 左、右换向运行正常。

3）让电磁铁 2YA 断电，观察并记录液压缸 6 活塞向右伸出过程中及运动到端点后，压力表 B1、B2 和 B3 的示值。

4）让电磁铁 1YA 通电，在液压缸向左运行过程中及运动到端点后，注意观察并记录压力表 B1、B2 和 B3 的示值及其示值变化情况。

5）依次调节溢流阀和减压阀的压力或只调节减压阀的压力，重复步骤 3）、4）。做好记录。

3. 实训思考题

1）在调压及卸荷回路中，如果溢流阀 4 的调整压力大于溢流阀 2 的压力，此时系统压力的大小由哪个阀决定？

2）在调压及卸荷回路中，若把三位四通电磁阀中位机能改为"M"型，启动泵后，回路的压力多大？是否能实现二级调压？

3）在减压回路中，减压阀出口处的压力取决于什么？液压缸 6 运行中和到达端点后，压力表 B2 的示值有何变化？为什么？

4）填写实训记录表 4-7。

表 4-7 实训记录表

调试次数	压力阀调定值/MPa		液 压 缸 工 况			
	溢流阀	减压阀	缸 8 运动中	缸 8 到达端点后	缸 6 运动中	缸 6 到达端点后
1						
2						

5）在液压缸 8 运行中，压力表 B2 和 B3 的示值有何变化？为什么？在减压回路中，单向阀 4 起什么作用？

6）液压缸在运行时和到达端点后一次压力表 B1 和二次压力表 B2 示值有什么变化？并与溢流阀的调定压力进行比较。

第四节　流量控制阀及速度控制回路

流量控制阀是靠改变阀口通流面积的大小来调节通过阀口的流量，从而改变执行元件的运动速度。流量控制阀有节流阀、调速阀、温度补偿调速阀、溢流节流阀和分流集流阀等。

液压传动系统中速度控制回路包括调速回路、快速运动回路和速度换接回路等。

一、流量控制阀

1. 节流口的结构形式

图 4-35 所示为在流量阀中常用的几种节流口形式。图 4-35a 为针阀式节流口，结构简单，易堵塞，流量受油温影响较大。图 4-35b 为偏心槽式节流口，在阀芯上开有周向偏心槽，流量稳定性较好，其缺点是阀芯上的径向力不平衡，使阀芯转动费力，适用于压力较低的场合。图 4-35c 为轴向三角槽式节流口，结构简单，可得到较小的稳定流量，油温变化对

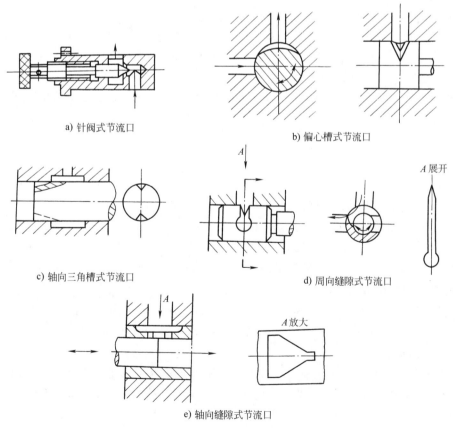

a) 针阀式节流口

b) 偏心槽式节流口

c) 轴向三角槽式节流口

d) 周向缝隙式节流口

e) 轴向缝隙式节流口

图 4-35　典型节流口的形式

流量有一定的影响，目前应用广泛。图 4-35d 为周向缝隙式节流口，水力半径大，不易堵塞，油温变化对流量影响小，适用于低压小流量的场合。图 4-35e 为轴向缝隙式节流口，节流口接近于薄壁孔，通流性能较好，油温变化对流量稳定性影响很小。用于要求较高的流量阀上。

2. 节流口的流量特性

通过节流口输出流量的稳定性与节流口的结构形式有关。无论节流口采用何种结构形式，节流口都介于理想薄壁孔和细长孔之间。因此节流阀的流量特性可用小孔流量通用公式 $q = KA_T\Delta p^m$ 来描述。

式中，A_T 是孔口的截面积；Δp 是孔口前后压力差；m 是孔的长径比决定的指数，当孔口为薄壁小孔时 $m = 0.5$，当孔口为细长孔时，$m = 1$；K 是由孔的形状、尺寸和液体性质决定的系数。

由公式可知，通过节流口的流量不但与节流口通流面积有关，而且还和节流口前后的压力差、油温以及节流口形状等因素有关系。

（1）压力差对流量的影响　由公式 $q = KA_T\Delta p^m$ 可知，当外负载变化时，由图 4-36 节流口特性曲线可以看出，三种结构形式的节流口中，薄壁孔的 m 最小，其通过的流量受压力差影响最小，**因此目前节流阀常采用薄壁孔式节流口。**

（2）油温对流量的影响　随油温变化，油液黏度将发生变化。黏度变化对细长孔流量的影响较大，而黏度变化对流过薄壁孔的流量几乎没有影响。故油温变化时，流量基本不变，**故精密节流阀大都采用薄壁孔。**

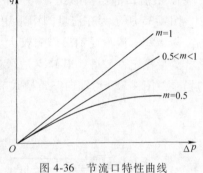

图 4-36　节流口特性曲线

（3）孔口形状对流量的影响　最小稳定流量是流量阀的一个重要性能指标。最小稳定流量与节流口截面形状有关。水力半径越大节流口的抗堵塞性能越好，阀在小流量下的稳定性越好。

3. 节流阀

节流阀是结构最简单的流量阀，它还常与其他阀组合，形成单向节流阀、行程节流阀等，在此介绍普通节流阀的典型结构。

（1）节流阀的结构与工作原理　图 4-37 所示为一种普通节流阀的结构、图形符号和实物图。这种节流阀的孔口形状为轴向三角槽式。油液从进油口 P_1 进入，经阀芯上的三角槽节流口，从出油口 P_2 流出。转动调节螺母 1 可通过推杆 2 推动阀芯 3 做轴向移动，改变节流口的通流面积来调节流量。

这种节流阀的结构简单、体积小，但负载和温度的变化对流量的稳定性影响较大，因此，只适用于负载和温度变化不大或速度稳定性要求不高的液压系统中。

（2）节流阀的应用

1）起节流调速作用。在定量泵系统中，节流阀与溢流阀一起组成节流调速回路。改变节流阀的开口面积，可调节通过节流阀的流量，从而调节执行元件的运动速度。其调速原理将在本章后面讲述。

2）起负载阻尼作用。对某些液压系统，通流量是一定的，改变节流阀开口面积将改变液体流动的阻力（即液阻），节流口面积越小液阻越大。节流元件的阻尼作用广泛用于液压元件的内部控制。

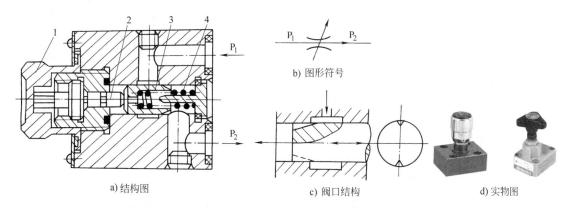

图 4-37　节流阀的结构和图形符号
1—调节螺母　2—推杆　3—阀芯　4—弹簧

3）起压力缓冲作用。在液流压力容易发生突变的地方安装节流元件，可延缓压力突变的影响，起保护作用。例如，在连接压力表的通道上设置阻尼器，以防止压力冲击损坏压力表。

4. 调速阀

在节流调速系统中，当负载变化时，引起系统压力变化，进而引起节流阀两端压力差也发生变化。从公式 $q=KA_{\mathrm{T}}\Delta p^{m}$ 可知，通过节流阀的流量发生变化，从而使执行元件的运动速度不稳定。因此，节流阀只适用于负载变化不大，速度稳定性要求不高的场合。为解决负载变化大的执行元件的速度稳定性问题，通常是对节流阀进行压力补偿，即采取措施保证负载变化时，节流阀前后压力差不变。对节流阀的压力补偿有两种方式：一种是由定差减压阀串联节流阀组成调速阀；另一种是由压差式溢流阀与节流阀并联组成为溢流节流阀。

（1）调速阀的工作原理　图 4-38a、d 所示分别为调速阀的结构原理图及实物图。

调速阀的进口压力 p_1 由溢流阀调定，工作时基本保持恒定。压力油 p_1 进入调速阀后，先经过定差减压阀的阀口 h 后压力降为 p_2，然后经节流阀流出，其压力为 p_3，p_3 的压力油又经反馈通道 a 作用到减压阀的上腔 b。节流阀前的 p_2 压力油经通道 e 和 f 进入减压阀的 c 和 d 腔。当减压阀阀芯在弹簧力 F_{s}、液压力 p_2 和 p_3 的作用下处于某一平衡位置时（忽略摩擦力）力平衡方程为

$$p_2A_1+p_2A_2=p_3A+F_{\mathrm{s}} \tag{4-3}$$

式中，A_1、A_2、A 分别是 d、c、b 腔内的压力油作用于阀芯的有效面积，且 $A=A_1+A_2$ 故

$$p_2-p_3=\Delta p=\frac{F_{\mathrm{s}}}{A}$$

因弹簧刚度较低，且工作过程中减压阀阀芯位移较小，可以认为弹簧力 F_{s} 基本保持不变，故节流阀两端压力差 $\Delta p=p_2-p_3$ 也基本保持不变，从而保证了通过节流阀的流量稳定。若调速阀的进、出口压力由于某种原因发生变化，由于定差减压阀的自动调节作用，仍能使节流阀两端压力差 $\Delta p=p_2-p_3$ 保持不变，其自动调节过程如下所述：

当负载增大时，p_3 的压力也随之增大，阀芯失去平衡而向下移动，使阀口 h 增大，减

压作用减小，使 p_2 增大，直至阀芯在新的位置上达到平衡为止。这样 p_3 增加时，p_2 也增加，其压力差 $\Delta p = p_2 - p_3$ 基本保持不变；当负载减小时，情况相似。当调速阀进口压力 p_1 增大时，由于一开始减压阀芯来不及移动，故 p_2 在这一瞬时也增大，阀芯因失去平衡而向上移动，使阀口 h 减小，减压作用增强，又使 p_2 减小，故 $\Delta p = p_2 - p_3$ 仍保持不变。

总之，无论调速阀的进口压力 p_1、出口压力 p_3 怎样发生变化时，由于定差减压阀的自动调节作用，使节流阀前后压差总能保持不变，从而保持流量稳定。其最小稳定流量为 0.05L/min。

调速阀与节流阀的性能比较如图 4-38e 所示，由图可看出，节流阀的流量随压力差变化较大，而调速阀在压力差大到一定值后，减压阀处于工作状态，流量基本保持恒定。当压力差很小时，由于减压阀芯被弹簧推至最下端，减压阀口 h 全开，不起减压作用，此时调速阀的性能和节流阀相同，所以要使调速阀正常工作就必须保证调速阀有一个最小压力差 $\Delta p_{\min}$（中低压调速阀为 0.5MPa，高压调速阀为 1MPa）。图 4-38b、c 为调速阀的图形符号。

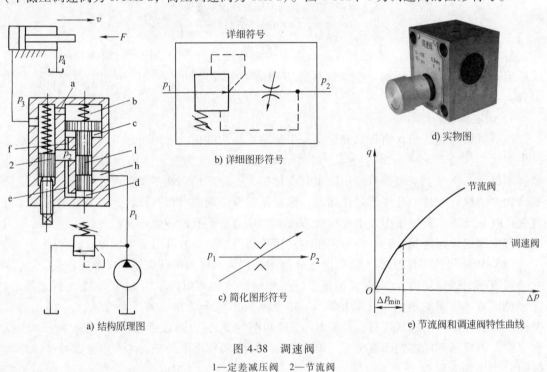

a) 结构原理图　　b) 详细图形符号　　c) 简化图形符号　　d) 实物图　　e) 节流阀和调速阀特性曲线

图 4-38　调速阀
1—定差减压阀　2—节流阀

（2）温度补偿调速阀　对于普通调速阀基本上解决了负载变化对流量的影响，但油温变化对其流量的影响依然存在。当油温变化时，油的黏度随之变化，引起流量变化。为了减小温度对流量的影响，可采用温度补偿调速阀。图 4-39 所示为温度补偿原理。在节流阀阀芯和调节螺钉之间安放一个热膨胀系数较大的聚氯乙烯推杆，当温度升高时，油液黏度降低，通过的流量增加，这时温度补偿杆伸长使节流口变小，从而补偿了温度对流量的影响。其最小稳定流量可达 0.02L/min。

二、调速回路

调速是为了满足执行元件对工作速度的要求。

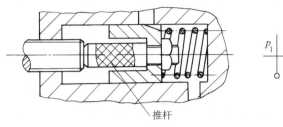
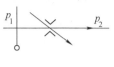

推杆

图 4-39　温度补偿原理

液压缸的运动速度为 $v = \dfrac{q}{A}$

液压马达的转速为 $n = \dfrac{q}{V_{\mathrm{M}}}$

式中，q 是输入执行元件的流量；A 是液压缸的有效面积；V_{M} 是液压马达的排量。

由以上两式可知，改变输入液压执行元件的流量 q（或改变液压马达的排量 V_{M}）可以达到改变速度的目的。

液压系统的调速方法有以下三种：

1）节流调速。采用定量泵供油，由流量阀调节进入执行元件的流量来实现调节执行元件运动速度的方法。

2）容积调速。采用变量泵来改变流量或改变液压马达的排量实现调节执行元件运动速度的方法。

3）容积节流调速。采用变量泵和流量阀相配合的调速方法，又称为联合调速。

1. 节流调速回路

由定量泵供油，用流量阀控制进入执行元件或由执行元件流出的流量，以调节其运动速度。根据流量阀在回路中安放位置的不同，分为进油路节流调速、回油路节流调速和旁油路节流调速三种形式。

（1）进油路节流调速回路　如图 4-40a 所示，节流阀串联在液压泵和液压缸之间。调节

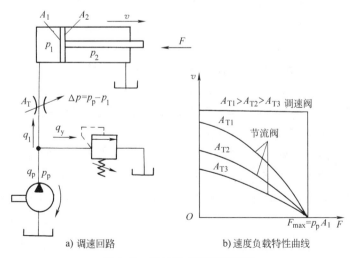

a) 调速回路　　　　　b) 速度负载特性曲线

图 4-40　进油路节流调速回路

节流阀口的大小便能控制进入液压缸的流量，从而达到调速的目的。定量泵多余的油液经溢流阀流回油箱，泵的出口压力 p_p 为溢流阀的调整压力并基本保持定值。在这种调速回路中，节流阀和溢流阀联合使用才起调速作用。

1）速度负载特性。液压缸在稳定工作时，其受力平衡方程为

$$p_1 A_1 = p_2 A_2 + F \tag{4-4}$$

式中，p_1、p_2 分别是液压缸进、回油腔的压力；A_1、A_2 分别是液压缸无杆腔和有杆腔的有效面积；F 是液压缸的负载。若回油腔通油箱，$p_2 \approx 0$；所以

$$p_1 = \frac{F}{A_1} \tag{4-5}$$

因为液压泵的供油压力 p_p 为定值，则节流阀两端的压力差为

$$\Delta p = p_p - p_1 = p_p - \frac{F}{A_1} \tag{4-6}$$

根据节流阀的流量特性公式，通过节流阀进入液压缸的流量为

$$q_1 = K A_T \Delta P^m$$

将式（4-6）代入上式得

$$q_1 = K A_T \left(p_p - \frac{F}{A_1} \right)^m \tag{4-7}$$

则得运动速度为

$$v = \frac{q_1}{A_1} = \frac{K A_T}{A_1} \left(p_p - \frac{F}{A_1} \right)^m \tag{4-8}$$

式（4-8）称为进油路节流调速回路的速度负载特性方程。由该式可见，液压缸的速度 v 与节流阀通流面积 A_T 成正比。调节 A_T 可实现无级调速，这种回路的调速范围较大。当 p_p、A_T 调定后，液压缸的运动速度 v 随负载 F 的增大而减小。根据式（4-8），选用不同的 A_T 值，作 v—F 曲线图，可得一组曲线，即为该回路的速度负载特性曲线，如图 4-40b 所示。速度负载特性曲线表明速度随负载而变化的规律，曲线越陡，说明负载变化对速度的影响越大，曲线越平缓，刚性越好。因此，从速度负载特性曲线可知：

a）当节流阀通流面积 A_T 不变时，缸的运动速度 v 随负载 F 增大而下降，因此这种回路的速度刚性较软。

b）当 A_T 一定时，重载区域比轻载区域的速度刚性差。

c）当负载 F 不变时，A_T 小，速度刚性好。

2）最大承载能力。由图 4-40b 可看到不同 A_T 的速度负载特性曲线汇交于负载 F 轴上的同一点，该点所对应的负载即为该回路的最大承载能力 $F_{max} = p_p A_1$。在液压缸面积 A_1 不变、泵的供油压力 p_p 由溢流阀调定的情况下，其承载能力不随节流阀通流面积 A_T 的改变而改变，故属于恒推力或恒转矩调速。

3）功率和效率。液压泵的输出功率为 $P_p = p_p q_p = $ 常量，而液压缸的输出功率为

$$P_1 = Fv = F \frac{q_1}{A_1} = p_1 q_1 \tag{4-9}$$

则回路效率为

$$\eta_c = \frac{P_1}{P_p} = \frac{p_1 q_1}{p_p q_p} \qquad\qquad (4\text{-}10)$$

由于回路存在溢流损失和节流损失，故这种调速回路的效率较低。所以进油路节流调速回路适用于轻载、低速、负载变化不大和对速度稳定性要求不高的小功率液压系统。

（2）回油路节流调速回路 如图 4-41 示，把节流阀串联在执行元件的回油路上。用节流阀调节液压缸的回油流量 q_2，也就控制了进入液压缸的流量 q_1。从而达到调速的目的。

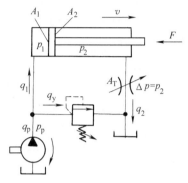

图 4-41 回油路节流调速回路

速度负载特性 活塞受力平衡方程为

$$p_1 A_1 = p_2 A_2 + F \qquad\qquad (4\text{-}11)$$

由上式可得

$$p_2 = \frac{p_1 A_1 - F}{A_2} \qquad\qquad (4\text{-}12)$$

由式（4-12）可知，当负载 F 很小时，p_2 较大；当 $F = 0$，$A_1 = 2A_2$ 时，则 $p_2 = 2p_1$，这对回油腔的密封提出了较高的要求。当 F 增大到 $F = p_1 A_1$ 时，$p_2 = 0$，即相当于活塞碰到死挡铁后的情况。

若不计管路中的压力损失，$p_1 = p_p$，则

$$p_2 = \frac{p_p A_1 - F}{A_2} = p_p \frac{A_1}{A_2} - \frac{F}{A_2}$$

节流阀两端的压力差为

$$\Delta p = p_2$$

液压缸排出的流量等于通过节流阀的流量。即

$$q_2 = KA_T \Delta p^m = KA_T \left(p_p \frac{A_1}{A_2} - \frac{F}{A_2} \right)^m$$

则液压缸的速度为

$$v = \frac{q_2}{A_2} = \frac{KA_T}{A_2} \left(p_p \frac{A_1}{A_2} - \frac{F}{A_2} \right)^m \qquad\qquad (4\text{-}13)$$

分析比较式（4-8）和式（4-13）可以发现，进油路节流调速回路和回油路节流调速回路的速度负载特性基本相同。如果液压缸为双出杆液压缸（$A_1 = A_2$），那么两种调速回路的速度负载特性就完全相同。因此，回油路节流调速回路也具备进油路节流调速回路的一些特点，但是，这两种调速回路仍有其不同之处。

进、回油路节流调速回路比较如下：

1）承受负值负载的能力。回油节流调速回路上的节流阀使缸回油腔形成一定的背压，在有负值负载时，背压能阻止工作部件的前冲，即能在负值负载下工作；而进油节流调速由于回油腔没有背压，因而不能在负值负载下工作。

例如在顺铣过程中，如图 4-42 所示，切削力的水平分力 F_H 的方向与进给方向有时相同，有时相反，而且其大小又是变化的，这样工件连同工作台就可能发生窜动，产生振动，使进给运动不平稳。当 F_H 方向与进给运动方向相同时，F_H 即为液压缸的负值负载。液压

缸的运动速度原来是由节流阀调定的，但由于有力 F_H 又拉动工作台向右运动，这就有可能使其进给速度失控，在这种情况下，可以采用回油节流调速或在进油节流调速的回油路上设置背压阀以平衡负值负载。从而改善进油节流调速速度不平稳的缺点。

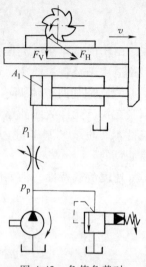

图 4-42　负值负载对
运动平稳性的影响

2）停车后的起动性能。长时间停车后，当泵重新向液压缸供油时，在回油节流调速回路中，由于进油路上没有节流阀控制流量，会使活塞前冲；而在进油路节流调速回路中，进油路上有节流阀控制流量，故前冲很小，甚至没有前冲。

3）运动平稳性。在回油节流调速回路中由于有背压存在，它可以起到阻尼作用，而进油节流调速回路中没有背压力存在，因此，回油节流调速回路的运动平稳性好；但是，在使用单出杆液压缸的场合，无杆腔的进油量大于有杆腔的回油量，故在缸径、缸速均相同的情况下，进油节流调速回路的节流阀通流面积较大，低速时不易堵塞，因此进油节流调速回路能获得更低的稳定速度。

4）实现压力控制的方便性。在进油节流调速回路中，进油腔的压力随负载而变化，当工作部件碰到死挡铁停止运动后，其压力将升至溢流阀的调定压力，利用这一压力变化容易实现压力控制；而在回油节流调速回路中，回油腔的压力随负载而变化，当工作部件碰到死挡铁后，压力将降至零，虽然也可以利用这一压力变化来实现压力控制，但其可靠性差，电路比较复杂，一般较少采用。

5）油液发热及泄漏的影响。在进油节流调速回路中，经过节流阀发热后的油液直接进入液压缸，会使泄漏增加；而在回油节流调速回路中，经节流阀发热后的油液直接流回油箱冷却，对系统泄漏影响小。

6）回油腔的压力。在回油节流调速回路中，回油腔的压力较高，特别是在轻载时，回油腔压力有可能比进油腔压力还要高，这对液压缸回油腔和回油管路的强度和密封提出了更高的要求。

为了提高节流调速回路的综合性能，一般常采用进油路节流调速，并在回油路上加背压阀的回路，使其兼有两者的优点。

（3）旁油路节流调速回路　如图 4-43a 所示，将节流阀装在和液压泵并联的支路上。用节流阀调节液压泵流回油箱的流量，从而控制了进入液压缸的流量，即可实现调速。油路中的溢流阀在正常工作情况下是关闭的，过载时打开，故称之为安全阀，其调整压力比最大负载所需的压力稍高。

1）速度负载特性。活塞受力平衡方程为

$$p_1 A_1 = p_2 A_2 + F \tag{4-14}$$

不计管路压力损失，$p_1 = p_p$，$p_2 = 0$，所以

$$p_p = \frac{F}{A_1} \tag{4-15}$$

由式（4-15）可以看出，液压泵的供油压力 p_p 取决于外负载 F，功率利用合理。节流阀两端的压力差为

$$\Delta p = p_p = \frac{F}{A_1} \tag{4-16}$$

通过节流阀的流量为

$$q_T = KA_T \Delta p^m = KA_T \left(\frac{F}{A_1} \right)^m \tag{4-17}$$

进入液压缸的流量为

$$q_1 = q_p - q_T = q_p - KA_T \left(\frac{F}{A_1} \right)^m \tag{4-18}$$

则活塞的运动速度为

$$v = \frac{q_1}{A_1} = \frac{q_p - KA_T \left(\dfrac{F}{A_1} \right)^m}{A_1} \tag{4-19}$$

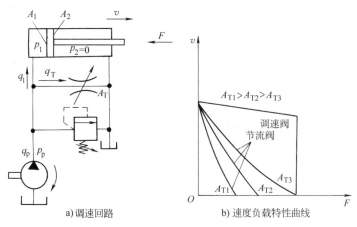

a) 调速回路   b) 速度负载特性曲线

图 4-43   旁油路节流调速回路

根据式（4-19），选用不同的 A_T 值，画出一组旁油路节流调速回路速度负载特性曲线，如图 4-43b 所示。由速度负载特性曲线可知：

a）开大节流阀开口，活塞运动速度减小；关小节流阀开口，活塞运动速度增大。

b）当节流阀通流面积 A_T 一定时，负载 F 增大时，活塞运动速度显著下降，其速度刚度比进、回油路节流调速更软。

c）当节流阀通流面积 A_T 一定时，负载 F 较小的区段，速度刚度差；负载较大的区段，速度刚度较好。

d）当负载 F 一定时，A_T 越小（活塞运动速度越高）时，速度刚度越大。

2）最大承载能力。由图 4-43b 的速度负载特性曲线可以看到，不同 A_T 的速度负载特性曲线在负载 F 轴上并不汇交，最大承载能力随节流阀流通面积 A_T 增大而减小，即低速承载能力差，调速范围也小。

3）功率和效率。液压泵的输出功率为

$$P_p = p_p q_P \tag{4-20}$$

液压缸的输出功率为

$$P_1 = p_1 q_1 \tag{4-21}$$

则回路效率为

$$\eta_c = \frac{P_1}{P_p} = \frac{p_1 q_1}{p_1 q_p} = \frac{q_1}{q_p} \tag{4-22}$$

旁油节流调速回路只有节流损失而无溢流损失，泵的输出压力随负载而变化，即节流损失和输入功率随负载而变化，所以比前两种调速回路效率高。

从上面分析可知，旁油路节流调速回路的速度负载特性很软，低速承载能力差，故一般只适用于高速重载和对速度平稳性要求不高的较大功率系统。如牛头刨床主运动系统，输送机械液压系统等。

（4）采用调速阀的节流调速回路　采用节流阀的节流调速回路，其速度刚度都比较软，变载荷下的运动平稳性均比较差。为了克服这个缺点，在回路中用调速阀代替节流阀。由于使用调速阀能在负载变化的情况下保证节流阀两端压差基本不变，因而使用调速阀后回路的速度负载特性得到了改善，旁油节流调速回路的承载能力也不因活塞速度降低而减小。如图4-40b 和图 4-43b 所示。

注意：为保证调速阀能正常工作，调速阀两端压力差必须大于一定数值，中低压回路中，调速阀两端的压力差应大于 0.5MPa。

> ····· **讨论练习题** ·····
>
> 1）在液压缸回路上，用减压阀在前、节流阀在后相互串联的方法，能否起到调速阀相同的作用，使活塞运动速度稳定？而用同样的串联方法，在液压缸的进油路或旁油路上活塞运动速度能稳定吗？为什么？
>
> 2）图 4-44 为采用调速阀的回油路调速系统，溢流阀调定压力 $p_s = 4$MPa，液压缸无杆腔面积 $A_1 = 78cm^2$，有杆腔面积 $A_2 = 58cm^2$，工作时发现液压缸速度不稳定。试分析原因，并提出改进措施。
>
>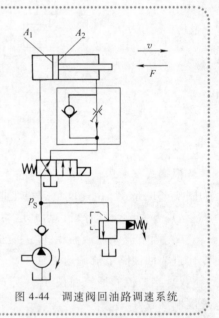
>
> 图 4-44　调速阀回油路调速系统

例 4-2　在图 4-45 所示调速回路中，已知：液压泵的流量 $q_p = 25$L/min，液压缸两腔工作面积 $A_1 = 100cm^2$，$A_2 = 50cm^2$，当负载 F 由 0 增至 30000N 时，活塞向右运动的速度稳定不变，$v = 20$cm/min，调速阀要求的最小压差 $\Delta p_{min} = 0.5$MPa，不计管路压力损失，试问：

1）溢流阀的调整压力 p_y 为多少？泵的工作压力 p_p 为多少？

2）液压缸回油腔可能达到的最高工作压力 p_2 为多少？

3）回路的最高效率为多少？

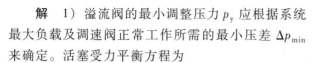

解　1) 溢流阀的最小调整压力 p_y 应根据系统最大负载及调速阀正常工作所需的最小压差 Δp_{min} 来确定。活塞受力平衡方程为

$$p_y A_1 = p_2 A_2 + F_{max} = \Delta p_{min} A_2 + F_{max}$$

则

$$p_y = \frac{A_2}{A_1} \Delta p_{min} + \frac{F_{max}}{A_1}$$

$$= \left(\frac{50}{100} \times 0.5 \times 10^6 + \frac{3 \times 10^4}{100 \times 10^{-4}} \right) \text{Pa}$$

$$= 32.5 \times 10^5 \text{Pa} = 3.25 \text{MPa}$$

进入液压缸无杆腔的流量为

$$q_1 = v A_1 = \frac{100 \times 20}{10^3} \text{L/min} = 2 \text{L/min} \ll q_p$$

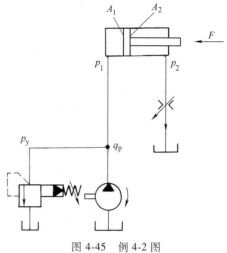

图 4-45　例 4-2 图

溢流阀处于正常溢流状态，所以泵的工作压力 $p_p = p_y = 3.25 \text{MPa}$。

2) 由活塞受力平衡方程可知，当 $F = F_{min} = 0$ 时，液压缸回油腔压力 p_2 达到最高值。

$$p_2 = \frac{p_y A_1 - F}{A_2} = \frac{A_1}{A_2} p_y = \frac{100}{50} \times 3.25 \text{MPa} = 6.5 \text{MPa}$$

由计算结果可看出回油节流调速当负载消失时，液压缸有杆腔压力急剧加大，有利于承受负值负载，但对缸的密封要求高。

3) 当 $F = F_{max} = 30000 \text{N}$ 时，回路的效率为

$$\eta = \frac{Fv}{p_p q_p} = \frac{3 \times 10^4 \times \dfrac{20}{10^2}}{3.25 \times 10^6 \times \dfrac{25}{10^3}} = 0.074$$

2. 容积调速回路

节流调速回路的主要缺点是效率低、发热大，故只适用于小功率液压系统中。采用变量泵或变量马达的容积调速回路，因无溢流损失和节流损失，故效率高、发热小，适用于大功率液压系统。根据油路的循环方式不同，容积调速回路分为开式回路和闭式回路两种。

开式回路：泵从油箱吸油，执行元件的回油仍返回油箱，其优点是油液在油箱中便于沉淀杂质，析出气体，并得到冷却。其缺点是空气易侵入油液，致使运动不平稳，油箱体积大。

闭式回路：泵吸油口与执行元件回油口直接连接，油液在系统内封闭循环。其优点是油、气隔绝，结构紧凑，运动平稳，噪声小。其缺点是散热条件差。为了补偿泄漏需设置补油装置，此外补油装置还起到了热交换作用，降低系统油液温度。补油泵流量一般为主泵流量的 10%~15%，压力为 0.3~1.0MPa。

根据液压泵和液压马达（或液压缸）组合方式的不同，容积调速回路有三种形式：

1) 变量泵和定量执行元件组成的容积调速回路。

2) 定量泵和变量马达组成的容积调速回路。

3）变量泵和变量马达组成的容积调速回路。

（1）变量泵和定量执行元件组成的容积调速回路 图 4-46a 所示为变量泵和液压缸组成的开式容积调速回路，改变变量泵 1 的排量即可调节活塞的运动速度。工作时，溢流阀 3 关闭，作安全阀用，用来限制回路的最大压力。单向阀 2 的作用是当泵停止工作时，防止液压缸的油液向泵倒流和空气进入系统。6 为背压阀，使活塞运动平稳。图 4-46b 所示为变量泵和定量液压马达组成的闭式容积调速回路。4 为安全阀，1 为补油泵，其流量为变量泵最大输出流量的 10% ~ 15%，补油压力由溢流阀 6 调定，使变量泵的吸油口有一较低的压力，这样可以避免产生空穴，防止空气侵入，改善泵的吸油性能，同时还起到了系统油液热交换作用。

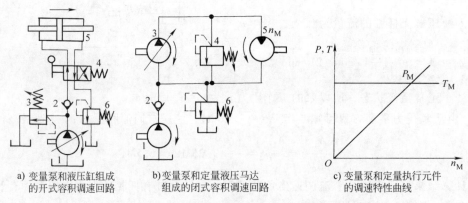

a) 变量泵和液压缸组成
的开式容积调速回路

b) 变量泵和定量液压马达
组成的闭式容积调速回路

c) 变量泵和定量执行元件
的调速特性曲线

图 4-46　变量泵和定量执行元件容积调速回路

在上述回路中，泵的输出流量全部进入液压缸（或液压马达），在不考虑泄漏影响时：

液压缸的运动速度

$$v = \frac{q_p}{A_1} = \frac{V_p n_p}{A_1} \qquad (4\text{-}23)$$

液压马达的转速

$$n_M = \frac{q_p}{V_M} = \frac{V_p n_p}{V_M} \qquad (4\text{-}24)$$

式中，q_p 是变量泵的流量；V_p、V_M 分别是变量泵和液压马达的排量；n_p、n_M 分别是变量泵和液压马达的转速；A_1 是液压缸的有效面积。

回路输出特性：

1）调节 V_p 便可控制液压缸（或液压马达）的速度，由于 V_p 可调得很小，故可获得较低的工作速度，因此调速范围较大。

2）若不计系统损失，由液压马达的转矩公式 $T_M = p_p V_M / 2\pi$ 和液压缸的推力公式 $F = p_p A_1$ 可知，p_p 由安全阀调定，V_M、A_1 是固定不变的，因此液压马达（液压缸）输出的转矩（推力）不变，故这种调速称为恒转矩（恒推力）调速。

3）若不计系统损失，液压马达（液压缸）的输出功率等于液压泵输出的功率，即 $P_M = P_p = p_p V_p n_p$，式中 V_p 是变量泵的排量，因此，回路的输出功率随马达的转速 n_M（V_p）呈线性变化。图 4-46c 为变量泵和定量执行元件调速特性曲线。

（2）定量泵和变量马达组成的容积调速回路　如图 4-47a 所示，阀 2 为安全阀，泵 4 和溢流阀 5 组成补油回路。定量泵输出的流量不变，调节液压马达的排量便可改变其转速。

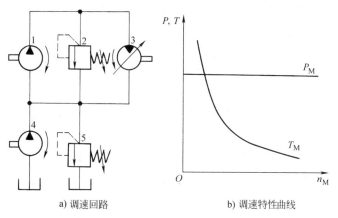

a) 调速回路　　　　　　　　　　b) 调速特性曲线

图 4-47　定量泵和变量马达组成的容积调速回路

回路输出特性：

1）根据 $n_M = q_p/V_M$ 可知，调节 V_M 即可改变马达的转速 n_M，n_M 与 V_M 成反比。由 $T_M = p_p V_M/2\pi$ 可以看出，V_M 不能调得过小，否则马达输出转矩 T_M 将减小，甚至不能带动负载，故限制了转速的提高，所以，这种调速回路的调速范围较小。

2）由液压马达的输出转矩 $T_M = p_p V_M/2\pi$ 可知，式中的 p_p 为定量泵的限定压力，若减小 V_M，则液压马达的输出转矩 T_M 将减小，由于 n_M 与 V_M 成反正比，当 n_M 增大时，转矩 T_M 将逐渐减小，故这种回路输出转矩为变值。

3）定量泵输出流量 q_p 是不变的，泵的供油压力 p_p 由安全阀限定，若不计系统损失，则液压马达输出功率 $P_M = P_p = p_p q_p$，即液压马达的最大输出功率不变，故这种调速称为恒功率调速。

图 4-47b 为定量泵和变量马达调速特性曲线，这种回路能适应机床主运动所要求的恒功率调速的特点，但其调速范围较小，同时，若用液压马达来换向，要经过排量很小的区域，这时转速很高，易出故障。因此，这种回路目前较少单独应用。

（3）变量泵和变量马达组成的容积调速回路　如图 4-48a 所示，液压马达的转速可以通过改变变量泵排量 V_p 或改变液压马达的排量 V_M 来进行调速。变量泵正向或反向供油，马

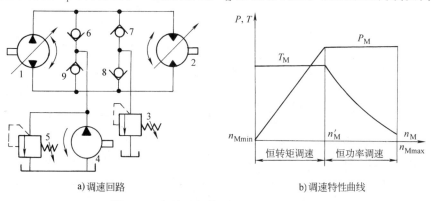

a) 调速回路　　　　　　　　　　b) 调速特性曲线

图 4-48　变量泵和变量马达容积调速回路

达即可正转或反转。单向阀 6、9 用于使辅助泵 4 双向补油,单向阀 7、8 使安全阀双向都能起过载保护作用。这种回路是上述两种调速回路的组合。

在低速段:先将马达排量 V_M 调至最大值 V_{Mmax} 并固定(相当于定量马达),然后将泵排量 V_p 由小逐渐调至最大 V_{pmax},马达转速由 n_{Mmin} 逐渐升至 n_M,该段调速属于恒转矩调速。其调速范围 $R_p = n'_M/n_{Mmin}$。

在高速段:将 V_{pmax} 固定(相当于定量泵),然后将 V_{Mmax} 逐渐调至 V_{Mmin},马达转速由 n'_M 逐渐升至 n_{Mmax},该段调速属于恒功率调速,其调速范围 $R_M = n_{Mmax}/n'_M$。由此可见,这种调速回路的调速范围为低速段和高速段调速范围的乘积,即 $R = R_p R_M$,其值可达 100 以上。并扩大了液压马达转矩和功率输出的选择余地,其调速特性曲线如图 4-48b 所示。这种回路适用于调速范围大,要求低速大转矩,高速恒功率,且工作效率要求高的设备,如各种行走机械、牵引机等大功率机械。

3. 容积节流调速回路

容积调速回路虽然具有效率高、发热小的优点,但随着负载增加,容积效率将有所下降,从而使速度发生变化,尤其是低速时稳定性差,因此,有些机床的进给系统,为了减少发热并满足速度稳定性的要求,常采用容积节流调速回路。即用流量阀调节进入或流出液压缸的流量来调节液压缸的运动速度,并使变量泵的输出流量自动地与液压缸所需的流量相适应。这种回路没有溢流损失,效率较高,速度稳定性比容积调速好,常用在调速范围大、中小功率的场合。图 4-49a 所示为限压式变量泵和调速阀组成的容积节流调速回路。调速阀装在进油路上,也可装在回油路上。

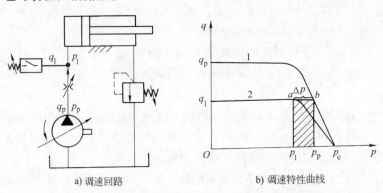

a) 调速回路　　　　　b) 调速特性曲线

图 4-49　限压式变量泵和调速阀容积节流调速回路

该系统由限压式变量泵供油,经调速阀进入液压缸工作腔,回油经背压阀返回油箱,液压缸的运动速度由调速阀调节。泵输出的流量 q_p 与通过调速阀进入液压缸的流量 q_1 相适应。例如,减小调速阀的通流面积到某一值,在关小调速阀的瞬间(q_1 减小),泵的输出流量还未来得及改变,于是出现 $q_p > q_1$,致使泵的出口压力 p_p 升高,其反馈作用使变量泵的流量 q_p 自动减小到与调速阀通过的流量 q_1 相一致。反之,开大调速阀通流面积,将导致 $q_p < q_1$,引起泵的出口压力降低,使其输出流量自动增大到 $q_p \approx q_1$。图 4-49b 为限压式变量泵和调速阀容积节流调速特性曲线。曲线 1 为限压式变量泵的压力-流量特性曲线,曲线 2 为调速阀在某一开口时的压力-流量特性曲线。液压缸的工作点 a(p_1, q_1),液压泵的工作点 b(p_p, q_1),如果限压式变量泵的限压螺钉调得合理,在不计管路损失的情况下,可使调速阀

保持最小稳定压差值，一般 $\Delta p = p_p - p_1 = 0.5\text{MPa}$，此时不仅活塞的运动速度不随负载变化，而且通过调速阀的功率损失（图中有剖面线部分的面积）为最小，如果 p_p 调得过小，会使 $\Delta p < 0.5\text{MPa}$，造成调速阀不能正常工作，输出的流量随液压缸压力增加而下降，使活塞运动速度不稳定。如果在调节限压螺钉时将 Δp 调得过大，则功率损失增大，油液易发热。

三、快速运动回路

快速运动回路的功用是使液压执行元件获得所需的高速，以提高生产率或充分利用功率。

（1）液压缸差动连接快速运动回路　如图 4-50 所示，当阀 1 和阀 3 在左位工作时，阀 3 将液压缸左右腔连通，并同时接通压力油，由于无杆腔面积大于有杆腔面积，液压缸左端面上所受的油液作用力大于右端面上所受的作用力，因此，液压缸向左运动，此时，液压缸有杆腔排出的油液和液压泵的供油合在一起进入液压缸无杆腔，使液压缸达到快速向左运动的目的；当阀 3 电磁铁通电，阀 3 切换到右位工作时，差动连接被切断，液压缸回油经过调速阀，实现工进。当阀 1 切换至右位后，液压缸快退。

这种连接方式可在不增加泵流量的情况下，提高执行元件的运动速度，其回路简单经济，应用较多。值得**注意**的是：在差动回路中，阀和管路应按合成流量来选择，否则压力损失过大，严重时会使溢流阀在快进时也开启，而达不到差动快进的目的。

（2）双泵供油快速运动回路　如图 4-51 所示，图中 1 为低压大流量泵，它和泵 2 的流量加在一起应等于快速运动时所需流量，液控顺序阀 3 的调整压力应比快速运动时所需压力大 0.8MPa，且比溢流阀 5 的调定压力至少低 $10\% \sim 20\%$；2 为高压小流量泵，泵的流量按工作进给速度需要选取，工作压力由溢流阀 5 调定。在快速运动时，由于负载小，系统压力低于液控顺序阀 3 调定压力，阀口关闭。泵 1 输出的油液经单向阀 4 与泵 2 输出的油液共同向系统供油，以实现快速运动；工作进给时，系统压力升高，打开液控顺序阀 3（卸荷阀），使泵 1 卸荷，此时单向阀 4 关闭，由泵 2 单独向系统供油，实现工作进给。

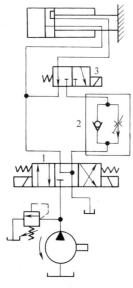

图 4-50　液压缸差动
连接快速运动回路

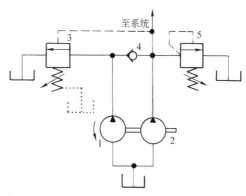

图 4-51　双泵供油快速运动回路

这种回路系统效率高，功率利用合理；其缺点是回路比较复杂，常用在执行元件快进和工进速度相差较大的场合。

（3）采用蓄能器的快速运动回路 如图4-52所示，采用蓄能器的目的是利用小流量液压泵使执行元件获得快速运动。

当系统停止工作时，换向阀5处在中间位置，这时泵经单向阀3向蓄能器充液，蓄能器压力升高，达到液控顺序阀（卸荷阀）调定压力后，阀口打开，使泵卸荷。当系统中短期需要大流量时，换向阀5处于左位或右位，由泵1和蓄能器4共同向液压缸6供油，使液压缸快速运动。**注意**：系统在整个工作循环中要有足够的向蓄能器充液时间。

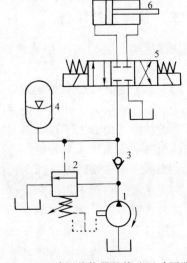

图4-52 采用蓄能器的快速运动回路

四、速度换接回路

速度换接回路的功能是使液压执行元件在一个工作循环中从一种运动速度变换到另一种运动速度。实现这种功能的回路应具有较高的速度换接平稳性。

（1）快速与慢速的换接回路 图4-53所示为用行程阀的快慢速度换接回路。

在图示状态下，液压缸快进，当活塞上的挡块压下行程阀6时，行程阀关闭，液压缸右腔的油液只能通过节流阀5流回油箱，液压缸由快进转变为慢速工进；当电磁换向阀通电换向时，压力油经单向阀4进入液压缸右腔，活塞向左快速返回。用行程阀的快慢速切换回路，由于切换时行程阀的阀口是逐渐关闭的，故这种回路快慢速换接比较平稳，换接点的位置比较准确，比采用电气元件动作可靠；缺点是行程阀安装在运动部件附近，其位置不能任意改变，管路连接较复杂，压力损失较大。若将行程阀改为电磁阀，安装连接比较方便，但速度换接平稳性、可靠性及换接精度都较差。

（2）两种工进速度的换接回路 某些机床要求工作行程有两种进给速度，第一工进速度较大，多用于

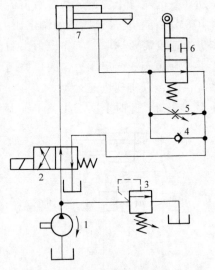

图4-53 用行程阀的快慢速度换接回路

粗加工；第二工进速度较小，多用于半精加工或精加工。为实现两次工进速度，常采用两个调速阀串联或并联在油路中，用换向阀进行切换。

图4-54a为用两个调速阀串联来实现两次进给速度的换接回路，调速阀B的开口小于调速阀A的开口。当电磁阀断电时，压力油经调速阀A进入液压缸左腔，实现一工进，进给速度由调速阀A控制；当电磁阀通电时，压力油经调速阀A，再经调速阀B进入液压缸左腔，速度由调速阀B控制，实现二工进。故这种回路只能用于二工进速度小于一工进速度的场合，但速度换接平稳性较好。

图 4-54b 为用两个调速阀并联来实现两次进给速度的换接回路，此回路两种进给速度可以分别调节，两个调速阀的开口大小不受限制。此回路，在两种进给速度的切换过程中，容易使运动部件产生突然前冲，这是因为当其中一个调速阀 A 工作时另一个调速阀 B 无油液通过，调速阀 B 的进出口压力相等，则调速阀中的定差减压阀阀口全开，当将其换接至工作状态时，调速阀 B 的出口压力突然下降，阀中的减压阀阀口还未关小前，节流阀前后压力差很大，从而使速度换接瞬间，流量增大，造成前冲现象。

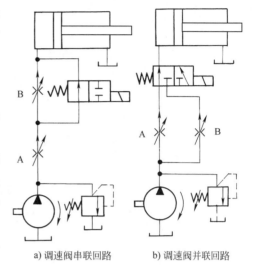

a) 调速阀串联回路　　b) 调速阀并联回路

图 4-54　调速阀串、并联速度换接回路

例 4-3　图示 4-55 为某调速回路，已知液压缸无杆腔的面积 $A_1 = 50\text{cm}^2$，有杆腔的面积 $A_2 = 25\text{cm}^2$，快进速度 $v_1 = 6\text{m/min}$，负载 $F_1 = 1000\text{N}$，工进速度 $v_2 = 0.6\text{m/min}$，切削力 $F_2 = 2\times10^4\text{N}$，背压阀的调整压力为 0.3MPa，不计其他损失，试求：

1）采用单泵供油时，工进时的回路效率。

2）若采用双泵供油系统，选择高、低压泵的流量规格，并计算工进时的回路效率。

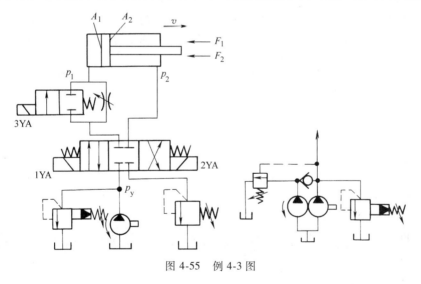

图 4-55　例 4-3 图

解　1）确定溢流阀的调整压力 p_y

列液压缸活塞力平衡方程：

$$p_1 A_1 = p_2 A_2 + F_2$$

$$p_1 = \frac{A_2}{A_1}p_2 + \frac{F}{A_1} = \left(\frac{25}{50}\times3\times10^5 + \frac{2\times10^4}{50\times10^{-4}}\right)\text{Pa} = 41.5\times10^5\text{Pa}$$

Δp 为调速阀的压力降，取 $\Delta p = 0.5\text{MPa}$，因不计其他压力损失，所以溢流阀的调整压力为

$$p_y = p_1 + \Delta p = (41.5 \times 10^5 + 0.5 \times 10^6)\ \text{Pa} = 46.5 \times 10^5\ \text{Pa}$$

2）计算快进时所需流量，并选择泵的流量规格

$$q_p = v_1 A_1 = 6 \times 50 \times 10^{-4}\ \text{m}^3/\text{min} = 300 \times 10^{-4}\ \text{m}^3/\text{min} = 30\text{L}/\text{min}$$

选择液压泵的流量规格 $q_p = 32\text{L}/\text{min}$

3）计算输入功率

$$P_i = p_y q_p = \left(46.5 \times 10^5 \times \frac{32 \times 10^{-3}}{60}\right) \text{W} = 2480\text{W}$$

4）计算输出功率

$$P_0 = F_2 v_2 = \left(2 \times 10^4 \times \frac{0.6}{60}\right) \text{W} = 200\text{W}$$

5）工进时回路的最大效率

$$\eta = \frac{P_0}{P_i} = \frac{200}{2480} = 8.1\%$$

6）改用双泵供油，计算快进、工进所需流量，并选泵的流量规格

由快进速度 6m/min，上面已计算出快进所需流量 $q_{max} = 30\text{L}/\text{min}$，工进时由 $v_2 = 0.6\text{m}/\text{min}$ 计算

$$q_{min} = v_2 A_1 = 0.6 \times 50 \times 10^{-4}\ \text{m}^3/\text{min} = 30 \times 10^{-4}\ \text{m}^3/\text{min} = 3\text{L}/\text{min}$$

考虑到节流调速系统中溢流阀的性能特点，尚需加上溢流阀的最小溢流量，取 2.5L/min，所以选高压小流量泵流量规格 $q_小 = 6\text{L}/\text{min}$，低压大流量泵流量规格 $q_大 = 30\text{L}/\text{min}$。

液控顺序阀（卸荷阀）的调整压力应稍大于快进时所需压力

$$p_快 = \frac{F_1}{A_1} = \frac{1000}{50 \times 10^{-4}}\text{Pa} = 2 \times 10^5\ \text{Pa} \qquad 取\ p_大 = 3 \times 10^5\ \text{Pa}$$

故系统在工进时的效率为

$$\eta = \frac{F_2 v_2}{p_y q_小 + p_大 q_大} = \frac{2 \times 10^4 \times 0.6}{46.5 \times 10^5 \times 6 \times 10^{-3} + 3 \times 10^5 \times 30 \times 10^{-3}} = 32.5\%$$

由上述计算结果可看出，双泵供油系统功率损耗小，回路效率高，故常用在执行元件快进和工进速度相差较大的场合。

技能实训 7　液压流量控制阀的拆装及调速回路的连接与调试

1. 实训目的

1）通过对流量阀的拆装，了解其组成及结构特点。

2）加深对流量控制阀原理和特性的理解。

3）加深对各种流量控制阀功能特点及应用特点的了解；学会正确选择和使用液压流量控制阀。

4）掌握节流调速回路的组成及工作特点。

5）学会节流调速回路的设计、连接及调试。

6）掌握三种节流调速回路的基本性能及应用特点。

2．实训内容及步骤

（1）拆装流量控制阀（普通节流阀、调速阀、温度补偿调速阀）

1）拆装实训采用教师重点讲解，学生动手拆装的教学方法。学生以小组为单位，结合实训思考题，边拆装边讨论，分析流量控制阀的结构原理及特点。

2）拆装时将零部件拆下依次放好，注意不要散失小的零件，实训完要把每个零件装好。

（2）节流调速回路连接

1）根据给定的元件，选择合适的元件，绘制能实现"快进—工进—快退"工作循环的进油路节流调速回路、回油路节流调速回路及旁油路节流调速回路，并由教师审阅。

给定的液压元件：定量泵、溢流阀、节流阀、单向阀、二位二通电磁换向阀、三位四通电磁换向阀、单活塞杆液压缸、压力表开关及压力表等。

2）在实训台上，对三种调速方案依次进行安装，认真检查油路连接正确与否。之后启动液压泵，调节溢流阀的压力，调节节流阀开度（液压缸运动速度），控制换向阀换向。注意观察液压缸活塞运动速度变化，系统中泵出口压力、液压缸无杆腔及有杆腔的压力变化情况，做好实训记录。

3）经教师检查评价后，关闭电源，拆下管道和元件并放回原来位置。实训后，由教师指定思考题作为实训报告内容。

3．实训思考题

1）所拆的节流阀、调速阀分别属于哪种开口形式？有什么特点？

2）试根据调速阀的工作原理进行分析，调速阀进、出油口能否反接？进、出油口反接后将会出现怎样的情况？

3）调速阀是由哪两个阀组成的？

4）观察调速阀中两个阀芯的结构，分析其主要零件及各孔道的作用。

5）对照 QT 型温度补偿调速阀的实物结构，说明其工作原理及温度补偿杆的作用。

6）正式绘制三种节流调速系统图。

7）在进、回油路节流调速回路中，若使用的元件规格相同，哪种回路能使液压缸获得更低的稳定速度？如果获得同样的稳定速度，哪种回路的节流阀开度大？

8）在回油路节流调速系统中，节流阀开度最大、较小及工作结束后，不同工作状态下，液压缸有杆腔的压力是如何变化的？为什么？

9）三种调速方案中，哪种调速方案功率利用合理？

第五节　其他基本回路

一、多执行元件控制回路

在液压系统中，由一个油源向多个执行元件供油，各执行元件会因回路中压力、流量的彼此影响而在动作上受到牵制。我们可以通过压力、流量、行程控制来实现多个执行元件预定动作的要求。

1. 顺序动作回路

顺序动作回路的功用在于使多个执行元件严格按照预定顺序依次动作。按控制方式不同，分为压力控制和行程控制两种。

（1）压力控制顺序动作回路 利用液压系统工作过程中的压力变化来使执行元件按顺序先后动作。图 4-56 是用单向顺序阀控制的顺序动作回路。

当换向阀左位工作，且顺序阀 D 的调定压力大于液压缸 A 的最大进给工作压力时，压力油先进入 A 缸左腔，缸 A 的活塞向右运动，实现动作①；当缸 A 行至终点后，压力升高到顺序阀 D 的调定压力时，顺序阀 D 打开，压力油进入 B 缸左腔，缸 B 的活塞向右运动，实现动作②；同理，当换向阀右位工作，且顺序阀 C 的调定压力大于缸 B 的最大返回工作压力时，两缸则按③和④的顺序返回。

图 4-57 是用压力继电器控制的顺序动作回路。按启动按钮，1YA 通电，缸 1 活塞向右运动，实现动作①；当缸 1 行至终点后，回路压力升高，当油压超过压力继电器 1KP 的调定压力值时，压力继电器 1KP 发出电信号，使电磁铁 3YA 通电，缸 2 活塞向右运动，实现动作②；按返回按钮，1YA、3YA 断电，4YA 通电，缸 2 活塞向左退回，实现动作③；缸 2 活塞退到原位后，回路压力升高，当油压超过压力继电器 2KP 的调定压力值时，压力继电器 2KP 发出电信号，使 2YA 通电，缸 1 活塞后退完成动作④。

显然以上两种回路动作的可靠性取决于顺序阀和压力继电器的性能及其调定值，顺序阀和压力继电器的调定压力应比先动作缸的最高压力高 10%～15%，以免管路中的压力冲击或波动造成误动作。这种回路只适用于系统中执行元件数目不多，负载变化不大的场合。

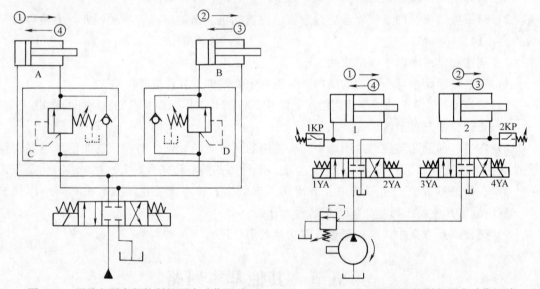

图 4-56　用单向顺序阀控制的顺序动作回路　　　图 4-57　压力继电器控制的顺序动作回路

（2）行程控制的顺序动作回路 图 4-58a 是用行程阀控制的顺序动作回路。在图示状态下，A、B 两液压缸活塞均在右端，当扳动手柄使阀 C 左位工作，缸 A 左行，完成动作①后挡块压下行程阀 D，缸 B 左行，完成动作②；手动换向阀复位后，缸 A 先复位，实现动作③；随着挡块后移，阀 D 复位，缸 B 退回，实现动作④。这种回路工作可靠，但要改变动作顺序较困难。

图 4-58b 是用行程开关控制的顺序动作回路。当阀 E 通电时，缸 A 左行完成动作①后触动行程开关 S_1 使阀 F 通电换向，缸 B 左行完成动作②；当缸 B 左行至触动行程开关 S_2 时，阀 E 断电，缸 A 返回，实现动作③后触动 S_3，使阀 F 断电，缸 B 返回，完成动作④，最后触动 S_4 时，使泵卸荷，完成一个工作循环。这种回路调整行程大小和改变顺序方便灵活，应用较广。

总之，在一个液压系统中，几种实现顺序动作的控制方法可以联合起来使用，从而可获得满意的控制效果。

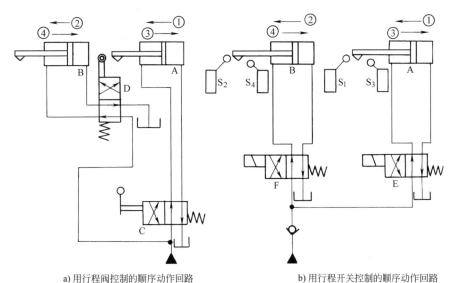

a) 用行程阀控制的顺序动作回路　　b) 用行程开关控制的顺序动作回路

图 4-58　行程控制顺序动作回路

2. 同步回路

同步回路的功用是使系统中多个执行元件在运动中的位移相同或以相同的速度运动。

（1）用流量阀的同步回路　图 4-59 是两个并联液压缸，两个调速阀分别调节两个液压缸活塞的运动速度。由于调速阀具有当负载变化时能保持流量稳定这一特点，所以只要仔细调整两个调速阀开口的大小，就能使两个液压缸保持同步。这种回路结构简单，但调整比较麻烦，同步精度不高。不宜用于偏载或负载变化频繁的场合。

（2）串联液压缸同步回路　图 4-60 所示为带补偿装置的串联缸同步回路。当两缸活塞同时下行时，若缸 5 活塞先到达行程端点，则挡块压下行程开关 S_1，使电磁铁 3YA 通电，换向阀 3 左位接入回路，压力油经换向阀 3 和液控单向阀 4 进入缸 6 上腔，进行补油，使其活塞继续下行到达行程端点。如果缸 6 活塞先到达行程端点，挡块压下行程开关 S_2，使电

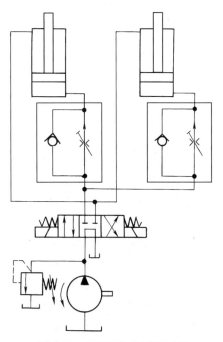

图 4-59　用调速阀的同步回路

磁铁 4YA 通电，换向阀 3 右位接入回路，压力油进入液控单向阀 4 的控制口，打开阀 4，缸 5 下腔与油箱接通，使其活塞继续下行到达行程端点，从而消除积累误差。

二、增压回路

当液压系统中某一支路需要压力较高但流量又不大的压力油时，若采用高压泵又不经济，就可采用增压回路。图 4-61 所示为采用增压缸的单作用增压回路。当换向阀处于右位时，增压缸 1 输出压力为 $p_2 = p_1 A_1 / A_2$ 的压力油进入工作缸 2；换向阀处于图示位置时，增压缸活塞左移，工作缸靠弹簧复位，补油箱 3 经单向阀向增压缸右腔补油。增压回路利用压力较低的液压泵，获得压力较高的工作压力，节省能源的消耗。这种回路不能获得连续的高压油，适用于行程较短的单作用液压缸，如工作缸行程长，需要连续的高压油时，可采用双作用增压器。

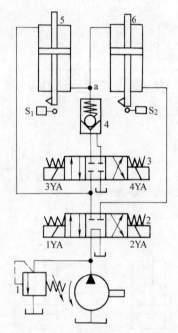

图 4-60 带补偿装置的串联缸同步回路

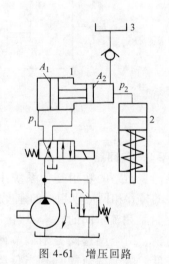

图 4-61 增压回路

三、卸荷回路

卸荷回路是在系统执行元件短时间停止工作期间，不需频繁启停驱动泵的电动机，而使泵在很小的输出功率下运转的回路。因泵的输出功率等于压力和流量的乘积，两者之中只要有一个参数近似为零就可使泵卸荷，减少油液发热和功率损失。液压泵的卸荷方式有流量卸荷和压力卸荷两种。流量卸荷是使泵的流量接近于零，而压力仍维持原来的数值，这种方法主要用于变量泵，使泵仅为补偿泄漏而以最小流量运转，此方法简单，但泵处于高压状态下运转，磨损较严重；压力卸荷法是将泵的出口直接接回油箱，泵在零压或接近零压下运转。

(1) 用换向阀中位机能的卸荷回路 如图 4-62a 所示，当阀的中位机能为 M、H 或 K 型的三位换向阀处于中位时，泵输出的油液直接回油箱，泵即卸荷。这种卸荷方法比较简单，但只适用于单执行元件系统和流量较小的场合，且换向阀切换时压力冲击较大。当系统流量较大时，可用电液换向阀来卸荷，如图 4-62b 所示，但使用时应**注意**：在泵的出口设置单向阀或在电液换向阀的回油口设置背压阀，使泵卸荷时，仍能保持 $0.3~0.5$ MPa 的压力，以保证系统能重新启动。

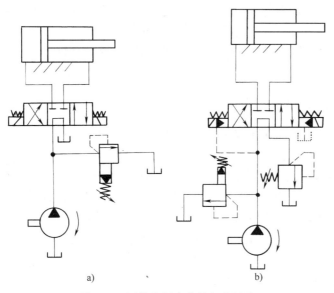

a)   b)

图 4-62   用换向阀中位的卸荷回路

（2）用二位二通换向阀的卸荷回路   如图 4-63 所示，当工作部件停止运动时，二位二通换向阀通电，泵输出的油液经二位二通换向阀回油箱，使泵卸荷。二位二通阀的流量规格必须与泵的流量相适应。这种卸荷方法只适用于流量小于 40 L/min 的场合。

（3）用蓄能器保压泵卸荷的回路   如图 4-64 所示，当三位换向阀左位工作时，液压缸向右运动夹紧工件，进油路压力升高至压力继电器调定值时，压力继电器发信号使二位换向阀通电，液压泵卸荷，单向阀自动关闭，液压缸则由蓄能器持续补油保压。当液压缸压力不足时，压力继电器复位使液压泵重新向系统及给蓄能器供油。保压时间长短取决于蓄能器容量。此回路适用于保压时间长、要求功率损失小的场合。

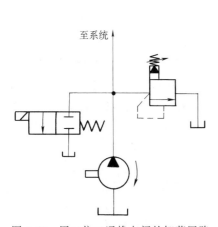

图 4-63   用二位二通换向阀的卸荷回路

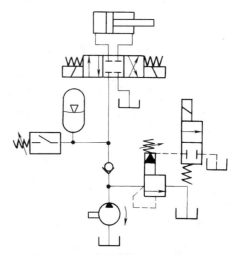

图 4-64   用蓄能器保压泵卸荷回路

（4）用压力补偿变量泵的卸荷回路 图 4-65 所示为采用压力补偿变量泵（如限压式变量叶片泵）卸荷的回路。当活塞运动到终点或换向阀处于中位时，液压泵压力升高，输出流量减小，当泵的压力升高到预调的最大值时，泵的流量减小到只需补充液压缸和换向阀的泄漏，回路实现保压卸荷。此种卸荷回路属于流量卸荷方式。从原理上讲这种卸荷方式泵消耗的功率很小，但要求泵本身需要有较高的效率。

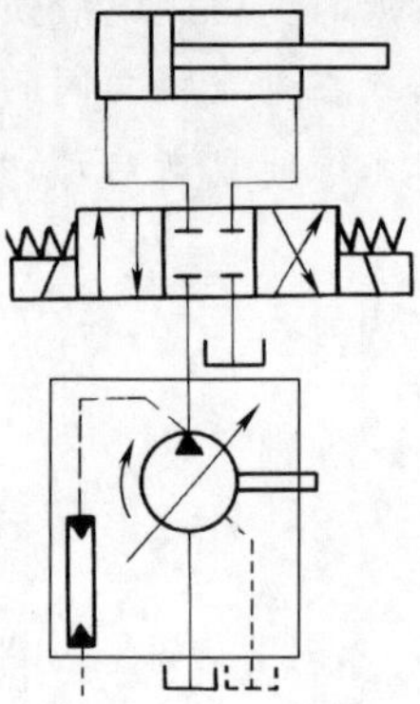

四、互不干扰回路

这种回路的功用是使系统中几个执行元件在完成各自工作循环时彼此互不影响。

图 4-65 用压力补偿变量泵保压的卸荷回路

在一泵多缸液压系统中，往往由于一个液压缸的快速运动需要吸入大量油液，而造成系统压力下降，影响其他液压缸工作进给的稳定性。因此，对于工作进给稳定性要求较高的多缸系统，必须采用快慢速互不干扰回路。

图 4-66 所示为双泵供油多缸快慢速互不干扰回路。液压缸 A 和 B 各自要完成"快进→工进→快退"自动工作循环。两缸的快进和快退均由低压大流量泵 2 供油，其供油压力根据各缸快进时所需最高压力由溢流阀 4 调定。两缸的工进均由高压小流量泵 1 供油，其供油压力根据各缸工进时所需最高压力由溢流阀 3 调定。

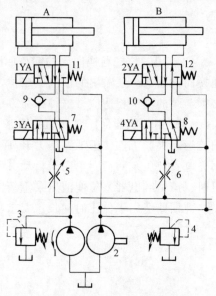

其工作原理为：在图示状态下各缸原位停止。当电磁铁 1YA、2YA 通电时，阀 11、阀 12 左位工作，泵 2 供油→阀 7→阀 11→与缸 A 两腔连通，使缸 A 差动连接，实现快进；同时泵 2 压力油→阀 8→阀 12→与缸 B 两腔连通，使缸 B 差动连接，实现快进；此时，小泵 1 供油在阀 7、阀 8 处被封闭。

如果缸 A 先完成快进动作，由行程开关使电磁铁 3YA 通电、1YA 断电，大泵 2 进入缸 A 的油路被切断，而改为小流量泵 1 供油→调速阀 5→阀 7→单向阀 9→阀 11→缸 A 无杆腔，缸 A 有杆腔油液→阀 11→阀 7→油箱，缸 A 活塞实现工进，不受缸 B 快进的影响。当两缸均转为工进，都由小泵 1 供油后，

图 4-66 多缸互不干扰回路

若缸 A 先完成了工进，行程开关使 1YA、3YA 通电，缸 A 改为由大泵 2 供油→阀 11→缸 A 有杆腔，缸 A 无杆腔油液→阀 11→阀 7→油箱，使缸 A 活塞快速返回，这时缸 B 仍由小泵 1 供油继续完成工进，不受缸 A 影响。当所有电磁铁都断电时，两缸都停止运动（表 4-8）。

表 4-8 电磁铁动作顺序表

工 况	1YA	2YA	3YA	4YA	备 注
快进	+	+	−	−	由泵 2 供油，差动快进
工进	−	−	+	+	由泵 1 供油

（续）

工 况	1YA	2YA	3YA	4YA	备 注
快退	+	+	+	+	由泵 2 供油
停止	−	−	−	−	

注：表中"+"号表示电磁铁通电，"−"号表示电磁铁断电。

此回路采用快、慢速运动由大、小流量泵分别供油，并由相应的电磁阀进行控制以保证多执行元件快、慢速运动互不干扰。

技能实训 8　液压顺序动作回路的连接与调试

1. 实训目的

1）通过亲自装拆，了解利用顺序阀实现多执行元件顺序动作回路的组成原理，掌握顺序动作回路的工作特点。

2）学会系统压力和顺序阀压力的合理调整。

2. 实训内容

参照图 4-67，连接用顺序阀实现两液压缸顺序动作回路，并进行调试。

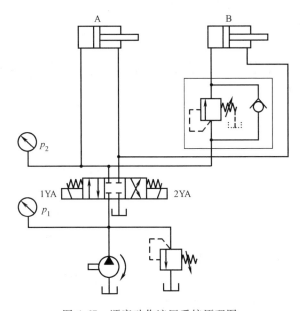

图 4-67　顺序动作液压系统原理图

3. 实训步骤

1）识读给定的顺序动作回路原理图。顺序动作要求：液压缸 A 活塞杆先向右运动，到达终点后，B 缸活塞杆再向右运动。A 缸、B 缸向左退回时无顺序动作要求。

2）参照图 4-67，选择好各元件，在实训台上连接好顺序动作回路，接好电路，并检查油路和电路连接是否正确，经指导教师审查后方可开机。

3）打开全部溢流阀，关闭单向顺序阀，使三位四通电磁换向阀处中位。启动定量泵，调节溢流阀和顺序阀的压力。为使顺序阀动作可靠，溢流阀的调整压力 p_1 应大于顺序阀的

调整压力 p_2。

4）让电磁铁 1YA 通电，两缸实现顺序动作。待 B 缸到达终点后，让电磁铁 2YA 通电，两缸快退。使两缸顺序动作重复 2~3 次，并注意观察两缸顺序动作情况。

5）实训完毕，旋松溢流阀手柄，关闭液压泵，确认回路中压力为零后方可将管路及元件拆下，并放回原处。

4．实训思考题

1）按给定的动作顺序，填写电磁铁动作及油液流动情况表（表 4-9）。

表 4-9　实训记录表

动作顺序	电磁铁通、断电	油液流动路线	
A 缸右行		进油路：	
		回油路：	
B 缸右行		进油路：	
		回油路：	
A 、B 缸左退		进油路：	
		回油路：	

2）系统工作时，如何保证顺序动作的可靠性？

3）如果要求两缸退回时也有顺序要求，回路应如何设计？画一回路进行安装调试。

第六节　其他液压控制阀及其应用

一、二通插装阀

普通液压阀在流量小于 200~300L/min 的系统中性能良好，但用于大流量系统并不具备良好的性能，特别是阀的集成更成为难题。二通插装阀的出现为此开创了途径。

1. 基本结构和工作原理

二通插装阀是一种以二通型单向元件为主体，采用先导控制和插装式连接的新型液压控制元件。由于这种阀是逻辑信号控制的，所以也称为逻辑阀。图 4-68 所示为二通插装阀的结构原理图和图形符号，它由控制盖板 1、插装主阀（由阀套 2、弹簧 3、阀芯 4 及密封件组成），插装阀体 5 和先导控制元件（置于控制盖板 1 上，图中未示出）组成。

插装主阀采用插装式连接，阀芯为锥形，根据不同的需要，阀芯的结构不同。控制盖板将插装主阀封装在阀体内，并通过控制油口 C 沟通先导阀和主阀，来控制主阀的启闭，可控制主油路的通断。

使用不同的先导阀可以构成方向控制、压力控制或流量控制，还可以组成复合控制。由若干个不同控制功能的主阀插装在同一阀体内，并配上相应的控制盖板和先导控制元件，就可组成所需的液压回路和系统。在图 4-68 中，A、B 为主油路的工作油口，C 为控制油口。

设油口 A、B、C 的油液压力分别为 p_a、p_b 和 p_c；阀芯 4 上的有效作用面积分别为 A_a、A_b 和 A_c，且 $A_c = A_a + A_b$；弹簧 3 的作用力为 F_s。

当 $p_a A_a + p_b A_b < p_c A_c + F_s$ 时，阀口关闭，A、B 油口不通；

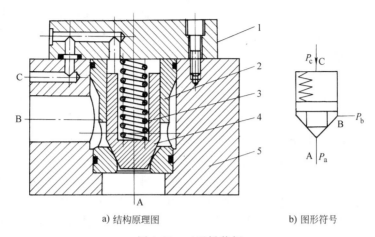

a) 结构原理图　　　　　　　　b) 图形符号

图 4-68　二通插装阀

1—控制盖板　2—阀套　3—弹簧　4—阀芯　5—阀体

当 $p_aA_a+p_bA_b \geq p_cA_c+F_s$ 时，阀口开启，A、B 油口相通。

实际工作时，阀芯的受力状态是通过改变控制油口 C 的通油方式控制的，改变控制口 C 的油液压力 p_c，可以控制 A、B 油口的通断。当油口 C 与进油口相通，则 $p_c=p_a$，或 $p_c=p_b$，阀口关闭；当油口 C 接油箱，则 $p_c=0$，阀芯下部的液压力超过上部弹簧力时，阀芯被顶开，至于液流的方向，视 A、B 口的压力大小而定，当 $p_a>p_b$ 时，液流由 A 口流向 B 口；当 $p_a<p_b$ 时，液流由 B 口流向 A 口；当控制口 C 接通压力油，且 $p_c \geq p_a$、$p_c \geq p_b$，则阀芯在上、下两端压力差和弹簧的作用下关闭油口 A 和 B，这样，锥阀就起到逻辑元件的"非"门的作用，所以插装阀又称为逻辑阀。

2. 二通插装方向控制阀

（1）单向阀　如图 4-69 所示，将控制油口 C 与 A 或 B 连接，可组成插装单向阀。在图 4-69a 中，控制口 C 口与 A 口连通，当 $p_a>p_b$ 时，锥阀关闭，A 口与 B 口不通，当 $p_a<p_b$ 时，锥阀开启，即成为油液从 B 口流向 A 口的单向阀。

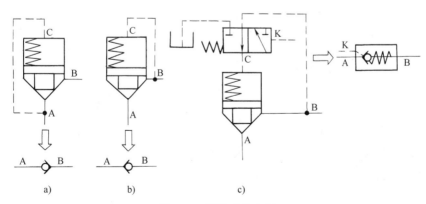

图 4-69　插装式单向阀

在图 4-69b 中，控制口 C 口与 B 口连通，当 $p_a<p_b$ 时，锥阀关闭，A 口与 B 口不通，当 $p_a>p_b$ 时，锥阀开启，即成为油液从 A 口流向 B 口的单向阀。

在图 4-69c 中，在控制盖板上接一个二位三通液动换向阀来变换 C 腔的压力，当液控换向阀的控制口不通压力油，换向阀处于左位工作时，油液由 A 流向 B；当换向阀的控制口通压力油，换向阀处于右位工作时，锥阀上腔控制口 C 与油箱连通，从而使油液也可以由 B 口流向 A 口，即成为液控单向阀。

（2）二位二通阀　如图 4-70a 所示，由二位三通电磁换向阀作为先导元件控制 C 口的通油方式。在图示状态下，控制腔 C 与油口 B 接通，从 A 口来油可顶开阀芯通油，而 B 口来油则阀口关闭，相当于油液由 A 口流向 B 口的单向阀。当电磁铁通电，二位三通阀右位工作时，控制腔 C 通过二位三通阀和油箱接通，此时，无论 A 口来油，还是 B 口来油均可将阀口开启通油，即 A、B 口互通。

如图 4-70b 所示，在控制油路中加了一个梭阀，梭阀的作用相当于两个单向阀。当二位三通电磁阀不通电处于左位工作时，控制腔 C 的压力始终为 A、B 两油口中压力较高者。因此，无论是 A 口来油，还是 B 口来油，阀口均处于关闭状态，油口 A 与 B 不通。

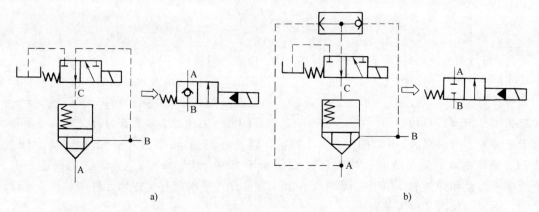

a)　　　　　　　　　　　　　　b)

图 4-70　二通阀

（3）三通阀　由两个插装阀和一个电磁先导阀组成一个三通阀。如图 4-71 所示，用一个二位四通电磁阀来转换两个插装阀控制腔中的压力。在图示电磁铁断电状态下，锥阀 1 的控制腔接回油箱，阀口开启，锥阀 2 控制腔接压力油 P，阀口关闭，即油口 A 与 T 通，油口 P 不通；若电磁铁通电时，二位四通换至右位工作，锥阀 1 的控制腔接压力油 P，阀口关闭，锥阀 2 控制腔接回油箱，阀口开启，油口 P 与 A 通，油口 T 不通。

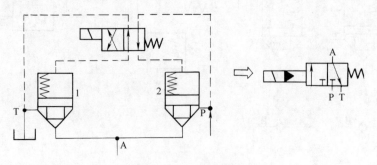

图 4-71　二位三通阀

（4）四通阀　用四个插装阀及相应的先导阀可组成一个四通阀。在图 4-72 中，是用一个二位四通电磁先导阀来对四个锥阀进行控制，就构成了二位四通插装阀。在图示状态下，锥阀 1 和 3 因其控制腔通油箱而开启，锥阀 2 和 4 因其控制腔通压力油而关闭，此时，主油路压力油口 P 与 B 相通，A 与 T 相通；当电磁阀通电换为左位工作时，锥阀 1 和 3 因其控制腔通压力油而关闭，锥阀 2 和 4 因其控制腔通油箱而开启，此时，主油路压力油口 P 与 A 相通，B 与 T 相通。

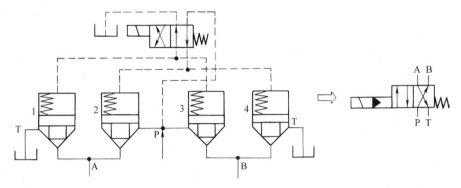

图 4-72　二位四通阀

3. 插装式压力控制阀

采用带有阻尼孔的插装阀芯，并对插装元件的 C 腔进行压力控制，即可构成各种压力控制阀。其结构原理如图 4-73a 所示。

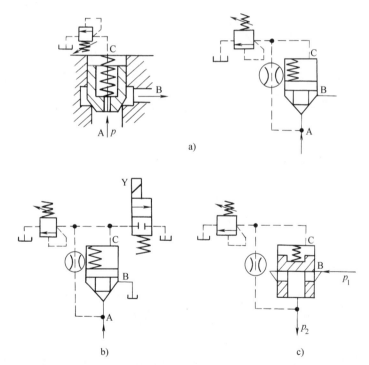

图 4-73　插装压力阀

用直动式溢流阀作为先导阀来控制 C 腔，在不同的油路连接下便构成不同的压力阀。在图 4-73b 中，B 腔通油箱，当 A 腔油压升高到先导阀调定的压力时，先导阀打开，油液流过主阀芯阻尼孔时，造成两端压力差，使主阀芯克服弹簧阻力开启，A 腔压力油便通过打开的阀口经 B 腔流回油箱，实现溢流稳压，即成为插装溢流阀。若二位二通阀电磁铁通电，便可作为卸荷阀使用。

在图4-73b中，若B腔不接油箱，而与负载油路相接，就构成了插装式顺序阀。

如图4-73c所示，主阀采用油口常开的阀芯，B腔为进油口，A腔为出油口。A腔的压力油经阻尼小孔后与控制腔C相通，并与先导压力阀进口相通，这就构成了插装减压阀。

4．插装式流量控制阀

在控制盖板上安装机械的或电气的行程调节元件，来控制阀芯的开启高度，改变阀口的通流面积大小，则锥阀可起流量控制阀的作用。

图4-74a所示为手调插装节流阀。在这种插装阀的阀芯端部开有三角沟槽，用以调节流量。如果在插装节流阀前串联一定差减压阀，减压阀阀芯两端分别与节流阀进出油口相通，利用减压阀的压力补偿功能来保证节流阀两端压差不随负载的变化而变化，这就构成了插装调速阀，如图4-74b所示。

总之插装阀经过适当的连接和组合，可构成各种功能的液压控制阀。实际的插装阀系统是一个集方向、流量、压力于一体的复合油路，一组插装油路也可以由不同通径规格的插装件组合；也可与普通液压阀组合，组成复合系统；也可以与比例阀组合，组成电液比例控制的插装阀系统。

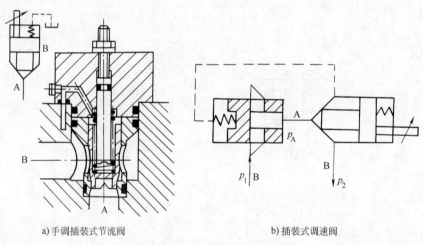

a) 手调插装式节流阀　　　　　　b) 插装式调速阀

图4-74　二通插装流量控制阀

5．二通插装阀的特点

1）插装主阀结构简单，通流能力大，最大流量可达10000L/min。

2）不同的阀有相同的插装主阀，一阀多能，便于实现标准化。

3）主阀动作灵敏，密封性能好，泄漏小，油液流经阀口压力损失小，先导阀所需功率又小，具有明显的节能效果。

插装阀目前广泛应用于冶金、船舶、工程机械等大流量的液压系统中。

二、电液比例控制阀

电液比例控制阀是介于普通液压阀开关式控制和电液伺服控制之间的控制方式。它能实现对液流压力和流量连续地、按比例地跟随控制信号而变化，其控制性能优于开关式控制，与电液伺服控制相比，其控制精度和相应速度较低，但成本低，抗污染能力强，近年来国内外得到重视，发展较快。

电液比例阀由普通液压阀加上电-机械比例转换装置构成。比例阀一般都有压力补偿性能，所以它的输出压力和流量不受负载变化的影响。广泛应用于对液压参数进行连续、远距离控制或程序控制。

（1）电液比例压力阀　图 4-75 所示为电液比例压力阀。它由压力阀 1 和移动式力马达 2 两部分组成。当力马达的线圈通入电流时，推杆 3 通过钢球 4、弹簧 5 把电磁推力传给锥阀 6。推力大小与电流成比例，当进口 P 处的压力油作用在锥阀上的力超过弹簧力时，锥阀打开，油液通过 T 口排出。只要连续地按比例调节输入电流，就能连续地按比例控制锥阀的开启压力。这种阀可作为直动式压力阀使用，也可作为压力先导阀，与普通溢流阀、减压阀、顺序阀的主阀组合，可构成电液比例溢流阀、电流比例减压阀和电流比例顺序阀。

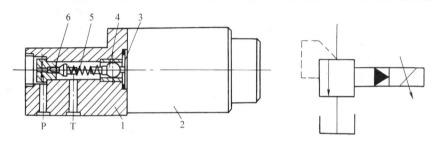

图 4-75　电液比例压力阀

1—压力阀　2—力马达　3—推杆　4—钢球　5—弹簧　6—锥阀

（2）电液比例流量阀　用比例电磁铁改变节流阀的开度，就成为比例节流阀。将此阀和定差减压阀组合在一起就成为比例调速阀。图 4-76 为电液比例调速阀的结构。当无信号输入时，节流阀在弹簧作用下阀口关闭，无流量输出。当有信号输入时，电磁铁产生与电流大小成比例的电磁力，通过推杆 4 推动节流阀芯左移，使其开口 K 随电流大小而变化，得到与信号电流成比例的流量。若输入电流是连续地按比例变化，比例调速阀的流量也连续地按同样比例的规律变化。

电液比例调速阀应用如图 4-77 所示的同步回路，回路中使用了一个普通调速阀 1 和

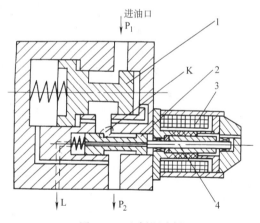

图 4-76　比例调速阀

1—减压阀　2—节流阀　3—比例电磁铁　4—推杆

一个电液比例调速阀 2，各装在由 4 个单向阀组成的桥式回路中，分别控制液压缸 A 和液压缸 B 的正反向运动。当两液压缸出现位置误差时，检测装置发出信号，调整电液比例调速阀的开口，修正误差，这样可使调速阀和电液比例调速阀能够在两个方向上使两液压缸保持同步。

三、电液数字阀

用计算机对电液系统进行控制是今后技术发展的必然趋势。但电液比例阀或伺服阀能接

受的信号是连续变化的电压或电流，而计算机的指令是"开"或"关"的数字信息，要用计算机控制必须进行"数-模"转换，结果使设备复杂，成本高，可靠性降低。数字阀的出现为计算机在液压领域的应用开拓了一个新的途径。

数字阀是用数字信息直接控制阀口的启闭，从而控制液流压力、流量、方向的液压控制阀。图 4-78 所示为数字式流量控制阀。

计算机发出信号后，步进电动机 1 转动，通过滚珠丝杠 2 转化为轴向位移，带动节流阀阀芯 3 移动，开启阀口。步进电动机转过一定步数，可控制阀口的一定开度，从而实现流量控制。如图所示，该阀有两个节流口，其中，右节流口为非圆周通流，阀口较小；继续移动

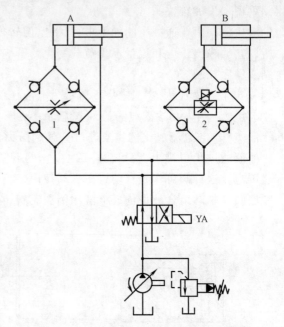

图 4-77　电液比例调速阀控制的同步回路

则打开左边的全周节流口，阀口较大。这种节流口开口大小分两段调节的形式，可改善小流量时的调节性能。该阀无反馈功能，但装有零位传感器 6，在每个控制周期终了，阀芯可在它控制下回到零位。以保证每个周期都在相同的位置开始，使阀的重复精度比较高。

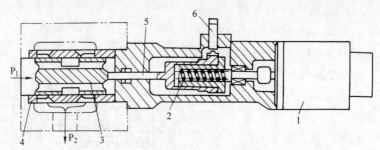

图 4-78　数字式流量控制阀

1—步进电动机　2—滚珠丝杠　3—阀芯　4—阀套　5—连杆　6—传感器

思考题和习题

4-1　什么是换向阀的"位"和"通"？换向阀有几种控制方式？

4-2　用 O 型、M 型、P 型、H 型机能的电磁换向阀分别控制单出杆液压缸，试说明构成的油路系统在中位时，各具有怎样的工作特性？

4-3　选择三位换向阀的中位机能时应考虑哪些问题？

4-4　电液换向阀的结构特点？如何调节它的换向时间？

4-5　按下列要求画出换向回路：

1）实现液压缸的左、右换向；

2）实现单出杆液压缸的换向和差动连接；

3）实现液压缸的左、右换向，并要求缸体在运动中能随时停止；

4）实现液压缸的左、右换向，并要求液压缸在停止运动时，泵能够卸荷。

4-6 能否用两个二位三通换向阀替代一个二位四通换向阀实现液压缸左、右换向，绘图予以说明。

4-7 若将先导式溢流阀的遥控口误当成泄漏口接回油箱了，系统会出现什么问题？

4-8 当液压系统压力低于溢流阀的调定压力时，系统压力取决于什么？

4-9 什么是溢流阀的开启压力和调整压力？

4-10 溢流阀在液压系统中有何功用？

4-11 三个溢流阀的调定压力如图 4-79 所示，试问泵的供油压力有几级？其压力值各为多少？

4-12 在图 4-80 中，各溢流阀的调整压力 $p_1=5MPa$，$p_2=3MPa$，$p_3=2MPa$，试问：当外负载趋于无穷大时，泵的工作压力如何？

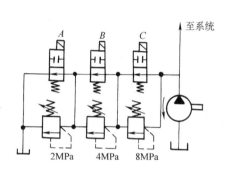

图 4-79 题 4-11 图

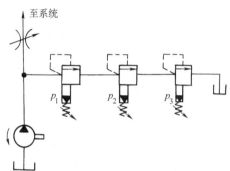

图 4-80 题 4-12 图

4-13 图 4-81 所示回路，若溢流阀的调整压力为 5MPa，判断在 YA 断电，负载无穷大或负载压力为 3MPa 时，系统的压力分别为多少？当 YA 通电，负载压力为 3MPa 时，系统的压力又是多少？

4-14 图 4-82 所示，已知液压缸无杆腔面积 $A_1=100cm^2$，液压泵的供油量 $q_p=63L/min$，溢流阀的调定压力 $p_y=5MPa$，问当负载 $F=0$ 或 $F=54kN$ 时，（忽略任何损失）液压缸的工作压力为多少？活塞的运动速度和溢流阀的溢流量为多少？

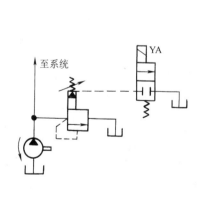

图 4-81 题 4-13 图

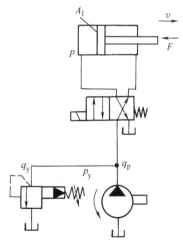

图 4-82 题 4-14 图

4-15 减压阀的出口压力取决于什么？其出口压力为定值的条件是什么？

4-16 减压阀的出口被堵住后，减压阀处于何种工作状态？

4-17 当减压阀的进、出口接反了会出现什么问题？

4-18　顺序阀的调定压力与进出口压力之间有何关系？

4-19　压力继电器的功用是什么？压力继电器在液压系统中应安装在什么位置处？

4-20　在图 4-83 所示回路中，溢流阀的调整压力 $p_y = 5\text{MPa}$，顺序阀的调整压力 $p_x = 3\text{MPa}$，问在下列几种情况下：A、B 点的压力各为多少？

1）液压缸运动时，负载压力 $p_L = 4\text{MPa}$；

2）如负载压力 p_L 变为 1MPa；

3）如活塞运动到端位时。

4-21　图 4-84 所示，两个减压阀分别为串联和并联，已知减压阀的调整压力 $p_{j1} = 3.5\text{MPa}$，$p_{j2} = 2\text{MPa}$，溢流阀的调整压力 $p_y = 4.5\text{MPa}$，活塞运动时的外负载 $F = 1.5\text{kN}$，液压缸无杆腔面积 $A_1 = 15\text{cm}^2$，不计一切损失，问：

1）活塞运动时和到达终点时，A、B、C 各点压力是多少？

2）若负载增加到 $F_1 = 5\text{kN}$ 时，各阀的调整压力值不变，这种情况下的 A、B、C 各点压力又是多少？

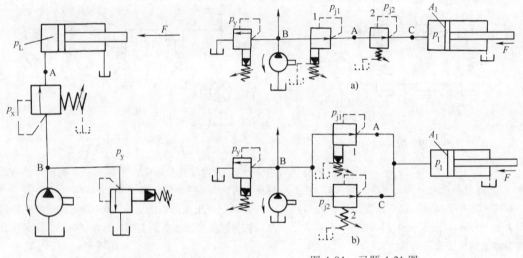

图 4-83　题 4-20 图　　　　　　　　　　图 4-84　习题 4-21 图

4-22　在图 4-85 所示回路中，液压缸无杆腔面积 $A = 50\text{cm}^2$，负载 $F = 10\text{kN}$，各阀的调定压力如图示，试分析确定在活塞运动时和活塞运动到终端停止时 A、B 两处的压力。

4-23　在图 4-86 所示回路中，溢流阀的调整压力为 5MPa，减压阀的调整压力为 2.5MPa，试分析下列各情况，并说明减压阀阀口处于什么状态？

1）当泵压力等于溢流阀调定压力时，夹紧缸使工件夹紧后，A、C 点的压力各为多少？

2）当泵压力由于工作缸快进，压力降到 1.5MPa 时，（工件原先处于夹紧状态）A、C 点的压力各为多少？

3）夹紧缸在夹紧工件前作空载运动时，A、B、C 三点的压力各为多少？

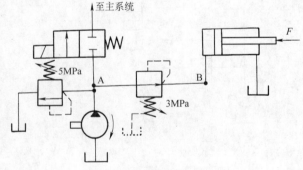

图 4-85　习题 4-22 图

4-24　图 4-11 所示锁紧回路，为什么要求换向阀的中位机能为 H 型或 Y 型？若用 M 型会出现什么问题？

4-25　如图 4-30a 所示的平衡回路中，若液压缸活塞直径 $D = 100\text{mm}$，活塞杆直径 $d = 70\text{mm}$，活塞及负

载的总重量 $F_G = 16000N$，提升时要求在 0.15s 内均匀地达到稳定上升速度 $v = 6m/min$，停止时活塞不能下落，若不计损失，试确定溢流阀和顺序阀的调整压力。

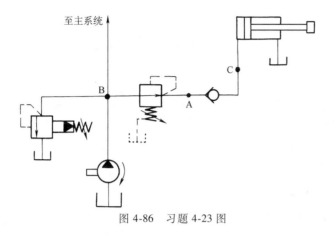

图 4-86　习题 4-23 图

4-26　节流阀最小稳定流量有何实际意义？影响节流阀最小稳定流量的主要因素有哪些？

4-27　当节流阀中的弹簧失效后，对调节输出流量有何影响？

4-28　试根据调速阀的工作原理进行分析，调速阀进、出油口能否反接？进、出油口反接后将会出现怎样情况？

4-29　如图 4-87a、b 所示，定量泵的输出流量 q_p 为一定值，若调节节流阀的开口大小，试问：

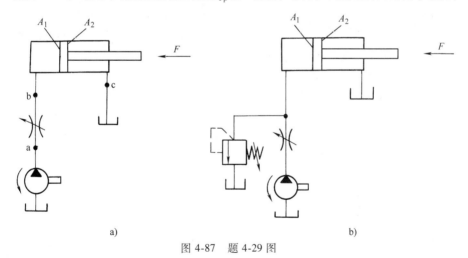

a)　　　　　　　　　　　　b)

图 4-87　题 4-29 图

1）能否改变活塞的运动速度？为什么？

2）试求图 4-87a 中，a、b、c 三点处的流量各是多少？

4-30　对于切削力变化较大的顺铣和逆铣来说，机床工作台液压系统采用何种节流调速回路比较合适？为什么？

4-31　如图 4-41 所示回油节流调速系统中，当负载 F 很小时，有杆腔的油压 p_2 有可能超过泵的压力 p_p 吗？若 $A_1 = 50cm^2$，$A_2 = 25cm^2$，$p_p = 3MPa$，试求当负载 $F = 0$ 时，有杆腔油压 p_2 可能比泵压力 p_p 高多少？

4-32　在图 4-88 中，已知 $A_1 = 20cm^2$，$A_2 = 10cm^2$，$F = 5kN$，$q_p = 16L/min$，$q_T = 0.5L/min$，$p_y = 5MPa$，若不计管路损失，问电磁铁断电时，p_1、p_2、v 各为多少？当电磁铁通电时，p_1、p_2、v 各为多少？溢流阀

的溢流量 q_y 为多少?

4-33 图 4-89 所示回路中,已知液压缸活塞直径 $D=100\,\text{mm}$,活塞杆直径 $d=70\,\text{mm}$,负载 $F=25000\text{N}$,试问:

1)为使节流阀前、后压差为 $3\times10^5\text{Pa}$,溢流阀的调整压力应为多少?

2)溢流阀的压力调定后,若负载 F 降为 15000N 时,节流阀前、后压差为多少?

3)当节流阀的最小稳定流量为 0.05L/min 时,该回路的最低稳定速度为多少?

4)当负载 F 突然降为 0 时,液压缸有杆腔压力为多少?

5)若把节流阀装在进油路上,液压缸有杆腔接油箱,当节流阀的最小稳定流量仍为 0.05L/min 时,回路的最低稳定速度为多少?

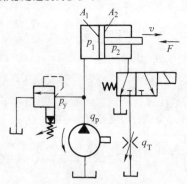

图 4-88 题 4-32 图

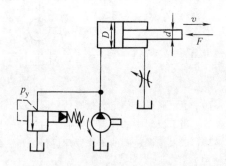

图 4-89 题 4-33 图

4-34 图 4-90 所示液压回路,已知泵的流 $q_p=8\text{L/min}$,液压缸无杆腔面积 $A_1=50\text{cm}^2$,有杆腔面积 $A_2=25\text{cm}^2$,溢流阀调整压力 $p_y=2.4\text{MPa}$,负载 $F=10000\text{N}$,节流阀孔口为薄壁孔,流量系数 $C_q=0.62$,节流阀通流面积 $A_T=0.06\text{cm}^2$,油液密度 $\rho=900\text{kg/m}^3$,背压阀的调整压力 $p_2=0.3\text{MPa}$。试计算:

1)液压泵的工作压力 p_p。

2)活塞的运动速度 v。

3)溢流阀的溢流量 q_y。

4-35 在图 4-91 所示回路中,液压缸无杆腔面积 $A_1=125\text{cm}^2$,有杆腔面积 $A_2=90\text{cm}^2$,负载 $F=22\text{kN}$,背压阀调整压力 $p_2=0.4\text{MPa}$,溢流阀调整压力 $p_y=5\text{MPa}$,不计管路压力损失,试计算:

1)液压缸无杆腔压力 p_1。

2)调速阀两端压力差 Δp。

3)溢流阀的调定压力是否合理?为什么?

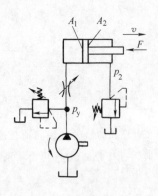

图 4-90 题 4-34 图

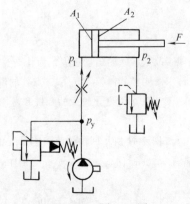

图 4-91 题 4-35 图

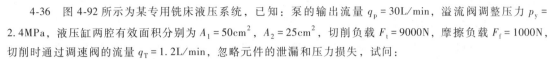

4-36 图 4-92 所示为某专用铣床液压系统，已知：泵的输出流量 $q_p = 30L/min$，溢流阀调整压力 $p_y = 2.4MPa$，液压缸两腔有效面积分别为 $A_1 = 50cm^2$，$A_2 = 25cm^2$，切削负载 $F_t = 9000N$，摩擦负载 $F_f = 1000N$，切削时通过调速阀的流量 $q_T = 1.2L/min$，忽略元件的泄漏和压力损失，试问：

1）活塞快速趋近工件时，活塞的快进速度 v_1 及回路效率 η_1；

2）切削进给时，活塞的工进速度 v_2 及回路效率 η_2。

4-37 图 4-93 为一节流调速系统，液压泵流量 $q_p = 25L/min$，负载 $F = 40kN$，溢流阀调整压力 $p_y = 54 \times 10^5 Pa$，液压缸两腔有效面积分别为 $A_1 = 80cm^2$，$A_2 = 40cm^2$，液压缸工进速度 $v = 18cm/min$，不计其他损失，试求：

1）工进时液压系统效率；

2）负载 $F = 0$ 时，液压缸回油腔压力和活塞的运动速度为多大？

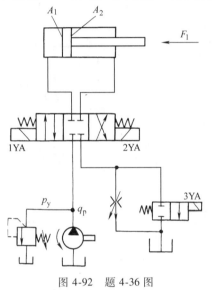

图 4-92 题 4-36 图

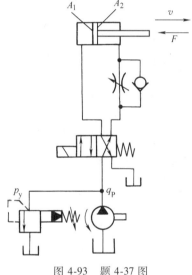

图 4-93 题 4-37 图

4-38 图 4-94 为某一容积调速回路，已知液压泵输出压力 $p_p = 10MPa$，机械效率 $\eta_{mP} = 0.95$，容积效率 $\eta_{VP} = 0.9$，泵的排量 $V_p = 10mL/r$，泵的转速 $n_p = 1450r/min$，液压马达的排量 $V_M = 10mL/r$，机械效率 $\eta_{mM} = 0.95$，容积效率 $\eta_{VM} = 0.9$。试求：

1）液压泵的输出功率 P_0；

2）驱动泵的电动机的功率 P_i；

3）液压马达的输出转矩 T_M；

4）液压马达的输出转速 n_M；

5）液压马达的输出功率 P_M。

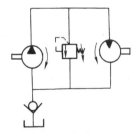

图 4-94 题 4-38 图

4-39 图 4-49 所示的限压式变量泵和调速阀的容积节流调速回路，若变量泵的拐点坐标为（2MPa，10L/min），且在 $p_p = 2.8MPa$ 时，$q_p = 0$，液压缸两腔有效面积分别为 $A_1 = 50cm^2$，$A_2 = 25cm^2$，调速阀的最小压力差 $\Delta p_{min} = 0.5MPa$，背压阀的调整值为 0.4MPa，试问：

1）调速阀通过流量 $q_1 = 5L/min$，且速度稳定时，能推动的最大负载为多少？

2）液压缸的运动速度为多少？

3）调速阀通过 $q_1 = 5L/min$ 流量时，回路的效率为多少？

4-40 在图 4-95 所示回路中，两液压缸的结构尺寸完全相同，液压缸 1 的负载比液压缸 2 的大，如不考虑泄漏、摩擦等因素，试问：

1）两液压缸是否先后动作？运动速度是否相等？

2）如将回油路中的节流阀阀口全部打开，使该处压降为零，两液压缸的动作顺序及运动速度有何变化？

3）如将回路中的节流阀改为调速阀，两液压缸的运动速度是否相等？

4-41 在图 4-96 所示回路中，两液压缸的结构尺寸完全相同，$A_1 = 40\text{cm}^2$，$A_2 = 20\text{cm}^2$，负载 $F_1 = 8000\text{N}$，$F_2 = 12000\text{N}$，溢流阀的调整压力 $p_y = 3.5\text{MPa}$，液压泵的流量 $q_p = 32\text{L/min}$，节流阀开口不变，通过节流阀的流量 $q_T = C_q A_T \sqrt{\dfrac{2}{\rho}\Delta p}$，设 $C_q = 0.62$，$\rho = 900\text{kg/m}^3$，$A_T = 0.05\text{cm}^2$，试问：

1）两液压缸是否先后动作？

2）两液压缸活塞运动速度各为多少？

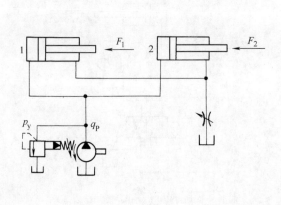

图 4-95　题 4-40 图

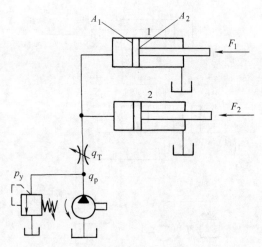

图 4-96　题 4-41 图

4-42 图 4-97 为用调速阀的进油节流加背压阀的调速回路。负载 $F = 13750\text{N}$，液压缸两腔有效面积分别为 $A_1 = 50\text{cm}^2$，$A_2 = 25\text{cm}^2$，背压阀的调定压力 $p_b = 0.5\text{MPa}$，泵的供油量 $q = 30\text{L/min}$，不计管道和换向阀压力损失，试问：

1）欲使液压缸速度恒定，不计调压偏差，溢流阀最小调定压力 p_y 多大？

2）卸荷时能量损失 Δp_w 多大？

3）背压若增加了 Δp_b，溢流阀调定压力的增量 Δp_y 应为多少？

4-43 图 4-98 中，已知液压泵输出流量 $q_p = 10\text{L/min}$，活塞有效面积 $A_1 = 100\text{cm}^2$，$A_2 = 50\text{cm}^2$，溢流阀调整压力 p_y，负载 F，通过节流阀的流量 $q_{T1} = 2\text{L/min}$，$q_{T2} = 7\text{L/min}$，两种情况下，试问：活塞运动速度为多少？溢流阀处于何种状态？

4-44 图 4-99 容积调速回路中，泵的排量 $V_p = 100\text{mL/r}$，转速 $n_p = 1500\text{r/min}$，容积效率 $\eta_{VP} = 0.95$，溢流阀的调定压力 $p_y = 8\text{MPa}$；液压马达排量 $V_M = 160\text{mL/r}$，容积效率 $\eta_{VM} = 0.90$，总效率 $\eta_M = 0.76$；负载转矩 $T_M = 65\text{N·m}$，节流阀的通流面积 $A_T = 0.2\text{cm}^2$（可视为薄壁孔），其流量系数 $C_q = 0.62$，油液密度 $\rho = 900\text{kg/m}^3$，不计其他损失。试求：

1）通过节流阀的流量 q_T；

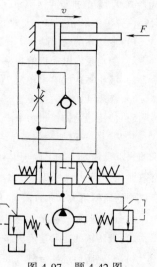

图 4-97　题 4-42 图

2）液压马达的转速 n_M；

3）液压系统的效率 η。

4-45　图 4-100 为用插装阀组成的两组方向控制阀，试分析其功能相当于什么换向阀，并用标准的图形符号画出。

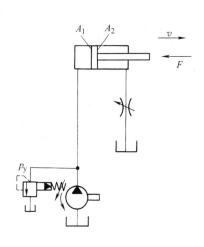

图 4-98　题 4-43 图

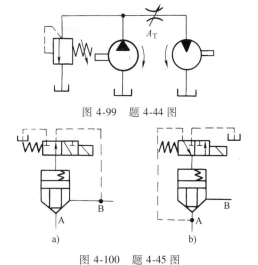

图 4-99　题 4-44 图

a)　　　　　　b)

图 4-100　题 4-45 图

第五章　液压辅助元件

液压系统中的辅助元件主要包括管件、密封元件、过滤器、蓄能器、测量仪表和油箱等。除油箱通常需要自行设计外，其余均为标准件。这些元件从液压传动的工作原理来看起辅助作用，但它们对保证液压系统可靠和稳定地工作具有非常重要的作用。如果选择或使用不当，会严重影响整个液压系统的工作性能，甚至使液压系统无法正常工作。因此，必须给予足够的重视。

本章重点

1）密封机理及合理选用。

2）过滤器的选用及安装位置。

3）蓄能器的工作原理及应用。

第一节　管　　件

液压系统中使用的管件包括油管和管接头。在液压系统中油管用于输送油液，管接头用于油管与油管、油管与元件之间的连接。为了保证液压系统工作可靠，要求油管及管接头应有足够的强度、良好的密封性，并且压力损失小，拆装方便。

一、油管

（1）油管的选择　液压系统中常用的油管有钢管、铜管、橡胶软管、尼龙管及塑料管等，须根据系统的工作压力及其安装位置正确选用。

钢管能承受高压，油液不易氧化，价格低廉，刚性好，但安装时不易弯曲，常用在装卸方便处。压力小于 2.5MPa 时，可用焊接钢管；压力大于 2.5MPa 时，选用冷拔无缝钢管。纯铜管可承受的压力为 6.5～10MPa，安装时可根据需要弯曲成任意形状，适用于小型设备及内部安装不方便处。

橡胶软管多用于两个相对运动部件之间的连接，分高压和低压两种。高压软管由耐油橡胶夹钢丝编织网制成，最高承受压力可达 40MPa。低压软管由耐油橡胶夹麻线或棉线制成，承受压力在 10MPa 以下，常用于回油管路。橡胶软管安装方便，还能吸收部分液压冲击，但价格高，寿命短。

尼龙管是新型油管，承受压力可达 2.5～8MPa，用于低压系统或回油管路。尼龙管可塑性大，加热后可任意弯曲成形和扩口，冷却后即定形，使用较方便，且价格便宜。

（2）油管尺寸的确定　油管的内径尺寸应与要求的通流能力相适应，壁厚应满足工作压力和管材的强度要求，其有关尺寸按第七章中的方法计算。

二、管接头

管接头是油管与油管、油管与液压元件间可拆卸的连接件，应满足连接牢固、密封可靠、液阻小、结构紧凑、拆装方便等要求。

管接头的种类很多，按接头的通路方向可分直通、直角、三通、四通、铰接等形式；按其与油管的连接方式分，有管端扩口式、卡套式、焊接式、扣压式等。管接头与机体的连接常用圆锥螺纹和普通细牙螺纹。用圆锥螺纹连接时，应外加防漏填料；用普通细牙螺纹连接时，应采用组合密封垫（熟铝合金与耐油橡胶组合），且应在被连接件上加工出一个小平面。常用的管接头类型及特点见表5-1。

表 5-1 常用的管接头类型及特点

类型	结构图	特点
扩口式管接头		利用管子端部扩口进行密封，不需要其他密封件。适用于薄壁管件和压力较低的场合
焊接式管接头		把接头与钢管焊接在一起，端部用 O 形密封圈密封。对管子尺寸精度要求不高，工作压力可达 32MPa
卡套式管接头		利用卡套的变形卡住管子并进行密封。轴向尺寸控制不严格，易于安装。工作压力可达 32MPa，但对管子外径及卡套制作精度要求较高
球形接头		利用球面进行密封，不需要其他密封件，但对球面和锥面加工精度有一定要求
扣压式管接头（软管）		管接头由接头外套和接头芯组成，软管装好后再用模具扣压，使软管得到一定的压缩量。这种结构具有较好的抗拔脱和密封性能
可拆管接头（软管）		在外套和接头芯上做成六角形，便于经常拆装软管，适于维修和小批量生产。这种结构装配比较费力，只用于小管径连接
伸缩管接头		接头由内管和外管组成，内管可在外管内自由滑动并用密封圈密封。内管外径必须进行精加工。它适于连接两元件有相对直线运动时的管道

（续）

类型	结构图	特点
快速管接头	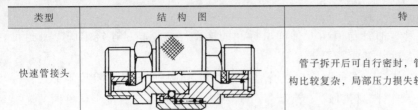	管子拆开后可自行密封，管道内的油液不会流失。其结构比较复杂，局部压力损失较大。适于经常拆卸的场合

第二节 密封装置

一、密封装置的功用和要求

密封装置的功用在于防止液压元件和液压系统中液压油的内漏和外漏，保证建立起必要的工作压力；此外还可以防止外漏油液污染工作环境，节省油料。因此，对液压系统中的密封装置必须引起高度重视。

对密封装置的要求如下：

1）在一定的压力、温度范围内具有良好的密封性能。

2）运动零件之间因密封装置而引起的摩擦力要小，摩擦因数要稳定。

3）抗腐蚀能力强，不易老化，寿命长，耐磨性好，磨损后在一定程度上能自动补偿。

4）结构简单，装卸方便，成本低。

二、密封装置的类型和特点

1. 间隙密封

间隙密封是靠相对运动零件配合表面之间的微小间隙来进行密封的。常用于柱塞、活塞或阀的圆柱配合副中。在图 5-1 所示的间隙密封中，活塞或阀芯的外圆表面上开有几个宽 0.3~0.5mm、深 0.5~1.0mm 的环形沟槽，称压力平衡槽。压力平衡槽的作用是增加油液流经此间隙时的阻力，有助于增加密封效果；有利于活塞或阀芯上的各向油压趋于平衡，自动对中，减少移动时的摩擦力（液压卡紧力），并以减小间隙的方法来减少泄漏。一般活塞的间隙 $\delta = 0.02 \sim 0.05$mm。间隙密封属于非接触式密封，结构简单、摩擦力小、寿命长，但对配合表面的加工精度和表面粗糙度要求较高，且不能完全消除泄漏，密封性能也不能随压力的升高而提高，故只

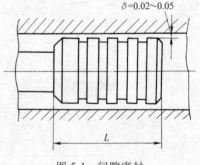

图 5-1 间隙密封

适用于低压、小直径、快速液压缸的动密封中。此外，在各种液压阀、泵和液压马达的动密封中也广泛应用。

2. 密封元件密封

（1）O形密封圈 O形密封圈的截面为圆形，如图 5-2a 所示，一般用耐油橡胶制成。O形密封圈安装时要有合理的预压缩量 δ_1 和 δ_2，如图 5-2b 所示。它在沟槽中受到油压作用而

变形，会紧贴槽侧及配合偶件的壁，所以其密封性能可随压力的增加而提高。但其预压缩量必须合适，过小不能密封，过大则会增大摩擦力，易损坏。因此，安装密封圈的沟槽尺寸和表面质量必须按有关手册给出的数据严格保证。在动密封中，当压力大于 10MPa 时，为防止压力油将密封圈挤入间隙而损坏（图 5-2c），需在 O 形密封圈的低压侧设置聚四氟乙烯挡圈（图 5-2d），其厚度为 1.2～1.5mm。双向受高压时，两侧都要加挡圈（图 5-2e）。O 形密封圈实物如图 5-2f 所示。

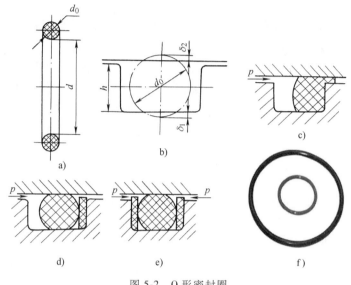

图 5-2 O 形密封圈

O 形密封圈的结构简单，密封性能好，安装尺寸小，摩擦因数小，制造容易，安装方便，成本低；但寿命较短，密封处的精度要求高，作动密封时，起动阻力大，适用于温度在 −40～+120℃ 范围内工作，其使用速度范围为 0.005～0.3m/s。

（2）Y 形密封圈　Y 形密封圈的截面形状为 Y 形，如图 5-3a 所示，用耐油橡胶制成。

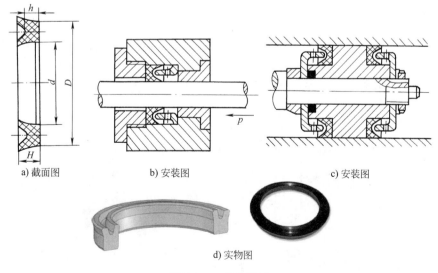

a) 截面图　　　b) 安装图　　　　　c) 安装图

d) 实物图

图 5-3 Y 形密封圈

工作时，利用油的压力使两唇边紧压在配合偶件的两结合面上实现密封。其密封能力可随压力的升高而提高，并且在磨损后有一定的自动补偿能力。因此，装配时其唇边应对着有压力的油腔。当压力变化较大、运动速度较高时，要采用支承环来定位，以防发生翻转现象，如图 5-3b、c 所示。Y 形密封圈实物如图 5-3d 所示。

Y 形密封圈因内、外唇边对称，既可用于轴用密封，也可用于孔用密封。它的密封性能良好，摩擦力小，稳定性好，适用于工作压力≤20MPa，工作温度为-30～+80℃，使用速度≤0.5m/s 的场合。

Yx 形密封圈是 Y 形密封圈的改进型，如图 5-4 所示。它的截面增加了底部的支承宽度，稳定性好，所以不用支承环也不会在沟槽中翻转和扭曲。其内、外唇边高度不等，短边为密封边，紧贴密封滑动表面，这样可降低滑动摩擦阻力，提高密封圈使用寿命；长边与非滑动表面相接触，增加了压缩量，使摩擦阻力增大，工作时不易窜动。此密封圈分轴用密封圈（图 5-4b）和孔用密封圈（图 5-4a）两种，两者不得互换。它用聚氨脂橡胶制成，强度高、耐磨性好、摩擦因数小、寿命长，适用于工作压力≤32MPa，使用温度为-30～+100℃的场合，应用较为广泛。

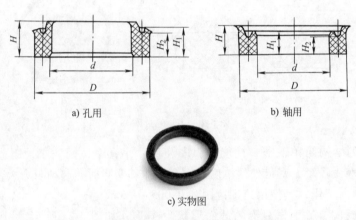

a) 孔用　　　　　　　　　　b) 轴用

c) 实物图

图 5-4　Yx 形密封圈

（3）V 形密封圈　V 形密封圈的截面形状为 V 形，其结构形式如图 5-5 所示。它由支承环（图 5-5a）、密封环（图 5-5b）和压环（图 5-5c）三个圈叠在一起使用。密封环用橡胶或夹织物橡胶制成，压环和支承环可用金属、夹布橡胶、合成树脂等制成。压环的 V 形槽角度和密封环完全吻合，而支承环的夹角略大于密封环。当压环压紧密封环时，支承环使密

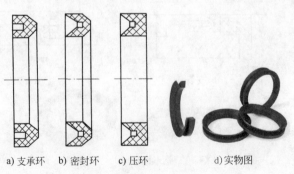

a) 支承环　　b) 密封环　　c) 压环　　　　d) 实物图

图 5-5　V 形密封圈

封环变形而起密封作用。安装时，V形环的唇口应面向压力高的一侧。当工作压力高于10MPa时，可增加密封环的数量，以提高密封效果。图5-5d为V形密封圈的实物图。

　　V形密封圈耐高压、密封性能良好、寿命长，但密封装置的摩擦力和结构尺寸较大，检修、拆换不便。它主要用于大直径、高压、高速柱塞或活塞和低速运动活塞杆的密封。其工作温度为-40~+80℃，工作压力可达50MPa。使用速度范围：密封圈用丁腈橡胶时为0.02~0.3m/s，用夹织物橡胶时为0.005~0.5m/s。

第三节　过　滤　器

一、液压油的污染及其控制

1. 液压油污染的原因及危害
液压油被污染的原因主要有以下几方面：

（1）残留物污染　液压系统的管道及元件内的型砂、切屑、磨料、焊渣、锈片、棉纱和灰尘等。虽经清洗，但仍有残留杂质。

（2）侵入物污染　外界的灰尘、沙粒等，在系统工作过程中，通过外露的往复运动液压元件、油箱的进油孔和注油孔等侵入系统，造成油液污染。

（3）生成物污染　液压系统在工作过程中产生的金属微粒、密封材料磨损颗粒、涂料剥离片、水分、气泡及油液变质后的胶状生成物等，造成油液污染。

液压油被污染后，直接影响液压系统的工作性能，使系统发生故障，缩短元件的使用寿命等。造成这些危害的主要原因是污垢中的颗粒状物体进入元件，加剧了元件的磨损，并可能堵塞液压元件中的节流孔、阻尼孔，或使阀芯卡死，从而造成液压系统的故障。进入液压油的水分会腐蚀金属，使油液变质、乳化等。

2. 对液压油污染的控制
为延长液压元件的寿命，保证液压系统正常工作，应将液压油的污染程度控制在某一限度以内，实际中常采用如下几方面措施来控制污染：

（1）力求减少外来污染　液压系统组装前后必须严格清洗，油箱通大气处要加空气过滤器，向油箱灌油应通过过滤器，维修拆卸元件应在无尘区进行。

（2）滤除系统产生的杂质　在系统的有关部位设置适当精度的过滤器，并且在系统使用时定期检查、清洗或更换滤芯。

（3）定期检查更换液压油　应根据液压设备使用说明书的要求和维护保养规程的规定，定期检查更换液压油。换油时要清洗油箱，冲洗系统管道及元件。

二、过滤器的功用及过滤精度

1. 过滤器的功用
过滤器的功用是过滤混在油液中的各种杂质，以免它们进入液压传动系统和液压元件内，影响系统的正常工作或造成故障。据统计，液压系统的故障有75%以上是由于油液不洁净造成的，因此，对油液进行过滤是十分必要的。

2. 过滤精度

过滤器的过滤精度是指其对各种不同尺寸杂质颗粒的滤除能力。对过滤器过滤精度的评定方法目前常用绝对过滤精度和过滤比两种。绝对过滤精度是指能通过滤芯的最大坚硬球形粒子的尺寸。过滤比是指过滤器上游油液单位容积中大于某一给定尺寸的颗粒数与下游油液单位容积中大于同一尺寸的颗粒数之比。目前过滤比已被国际标准化组织作为评定过滤器过滤精度的性能指标。但我国目前仍按绝对过滤精度将过滤器分为粗（$d \geqslant 100\mu m$）、普通（$d = 10 \sim 100\mu m$）、精（$d = 5 \sim 10\mu m$）和特精（$d = 1 \sim 5\mu m$）四个等级。

系统压力越高，相对运动表面的配合间隙越小，要求的过滤精度就越高。因此，液压系统的过滤精度主要取决于系统的工作压力。实践证明，采用高精度过滤器，液压泵和液压马达的寿命可延长 $4 \sim 10$ 倍，可基本消除油液污染、阀卡紧和堵塞故障，并可延长液压油和过滤器本身的寿命。不同的液压系统有不同的过滤精度要求，可参照表5-2选择。

表 5-2　各种液压系统的过滤精度

系统类型	润滑系统	传动系统			伺服系统
工作压力 p/MPa	$0 \sim 2.5$	<14	$14 \sim 32$	>32	$\leqslant 21$
精度 d/μm	$\leqslant 100$	$25 \sim 30$	$\leqslant 25$	$\leqslant 10$	$\leqslant 5$

三、过滤器的类型及安装使用

1. 过滤器的类型及其特点

过滤器按过滤精度不同，分为粗过滤器和精过滤器两类；按滤芯材料和结构形式的不同，可分为网式、线隙式、纸芯式、烧结式和磁性式过滤器等；按过滤的方式不同，可分为表面型、深度型和中间型过滤器三类，下面分别介绍。

（1）网式过滤器　其结构如图5-6a所示，铜丝网3包在四周开有很多窗口的塑料或金属圆筒上。过滤精度由网孔大小和层数决定。它结构简单，通油能力大，压力损失小，但过滤精度低（一般为 $80 \sim 180\mu m$），一般安装在液压泵吸油管口上对油液进行粗过滤，以保护液压泵。图5-6b、c为过滤器图形符号和滤芯实物图。

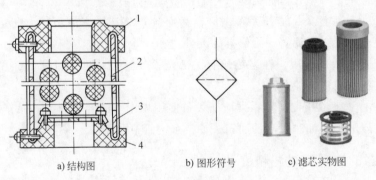

a) 结构图　　　　b) 图形符号　　　　c) 滤芯实物图

图 5-6　网式过滤器

1—上盖　2—筒形骨架　3—铜丝网　4—下盖

（2）线隙式过滤器　其结构如图5-7a所示，它是用铜丝（或铝丝）绕在筒形骨架4组成滤芯。过滤精度取决于铜丝间的间隙。常用线隙式过滤器的过滤精度为 $30 \sim 80\mu m$，特点是结构简单，通油能力大，压力损失较小，过滤效果较好，但不易清洗。滤芯强度低，常用于低压系统和泵的吸油口。当过滤器堵塞时，信号装置将发出信号，以便清洗更换滤芯。图5-7b为滤芯实物图。

（3）烧结式过滤器　其结构如图5-8a所示，它的滤芯一般由金属粉末压制后烧结而成，靠其颗粒间的孔隙过滤油液。这种过滤器的过滤精度为 10～100μm，滤芯强度高，抗腐蚀性能好，制造简单；缺点是压力损失大（0.03～0.2MPa），易堵塞，难清洗，若有颗粒脱落会影响过滤精度。多安装在回油路上。图5-8b为滤芯实物图。

（4）纸芯式过滤器　其结构如图5-9a所示，纸芯式过滤器的结构与线隙式过滤器相

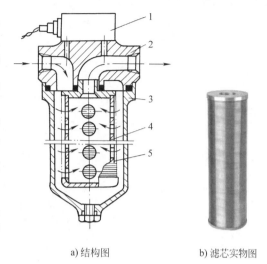

a) 结构图　　　　　b) 滤芯实物图

图 5-7　线隙式过滤器

1—发讯装置　2—端盖　3—壳体　4—骨架　5—铜丝

似，只是滤芯为纸质。一般滤芯由三层组成：外层 2 为粗眼钢板网，中层 3 为折叠成 W 形的滤纸，里层 4 由金属丝网与滤纸一并折叠而成。滤芯中央还装有支承弹簧 5。纸芯式过滤器的过滤精度为 5～30μm，结构紧凑，通油能力大，其缺点是易堵塞，无法清洗，需经常更换滤芯。多数纸芯式过滤器上方装有堵塞状态发讯装置 1，当滤芯堵塞时，它会发出堵塞信号——发亮或发声，提醒操作人员更换滤芯。纸芯式过滤器一般用于要求过滤精度高的液压系统中。图5-9b为滤芯实物图。

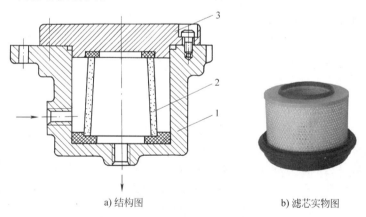

a) 结构图　　　　　　　　b) 滤芯实物图

图 5-8　烧结式过滤器

1—壳体　2—滤芯　3—端盖

（5）磁性过滤器　磁性过滤器的工作原理是利用磁铁吸附油液中的铁质微粒，但一般结构的磁性过滤器对其他污染物不起作用，所以常把它用作复式过滤器的一部分。

（6）复式过滤器　即上述几类过滤器的组合。如制成纸芯-磁性过滤器，磁性-烧结过滤器等。

2. 过滤器的安装与使用

过滤器的类型、型号和规格的选择，主要是根据过滤精度、工作压力、压力损失、通过

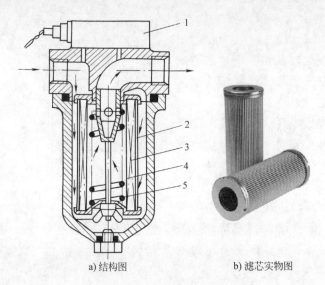

a) 结构图   b) 滤芯实物图

图 5-9   纸芯式过滤器
1—发讯装置   2—滤芯外层   3—滤芯中层
4—滤芯里层   5—支承弹簧

流量及经济性等综合考虑。其安装位置通常有以下几种，如图 5-10 所示。

1) 安装在液压泵的吸油管路上（图 5-10 中的过滤器 1），可保护泵和整个系统。要求有较大的通油能力（不得小于泵额定流量的两倍）和较小的压力损失（不超过 0.02MPa），以免影响液压泵的吸油性能。为此，一般多采用过滤精度较低的网式过滤器。

2) 安装在液压泵的压油管路上（图 5-10 中的过滤器 2），用于保护除泵和溢流阀以外的其他液压元件。要求过滤器具有足够的耐压性能，同时压力损失应不超过 0.35MPa。

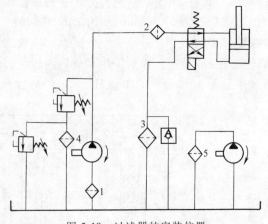

图 5-10   过滤器的安装位置

为防止过滤器堵塞引起泵过载或滤芯损坏，应将过滤器安装在与溢流阀并联的分支油路上，或与过滤器并联一个开启压力略低于过滤器最大允许压力的安全阀。

3) 安装在系统的回油管路上（图 5-10 中的过滤器 3），不能直接防止杂质进入液压系统，但能循环地滤除油液中的部分杂质。这种过滤器不承受系统工作压力，可以使用耐压性能低的过滤器。为防止过滤器堵塞引起事故，也需并联安全阀。

4) 安装在系统的旁油路上（图 5-10 中的过滤器 4）。过滤器装在溢流阀的回油路上，并与一安全阀并联。这种过滤器不承受系统工作压力，又不会给主油路造成压力损失，一般只通过泵的部分流量（20%～30%），可采用强度低、规格小的过滤器。但其过滤效果较差，不宜用在要求较高的液压系统中。

5) 单独过滤系统（图 5-10 中的过滤器 5）。它是用一个专用液压泵和过滤器单独组成一个独立于主液压系统之外的过滤回路。这种方式可以经常清除系统中的杂质，但需要增加设备，适用于大型机械的液压系统。

在液压系统中，为获得良好的过滤效果，几种安装方式可综合使用。特别是在一些重要元件（如伺服阀、调速阀）的入口处，可单独安装一个精过滤器来保证它们的正常工作。

过滤器应安装在易于检修的地方，便于清洗和更换。为保证安全，最好安装过滤器堵塞状态的指示装置或发讯装置。

第四节 蓄 能 器

蓄能器是液压系统的储能元件，它储存液体压力能，并在需要时释放出来供给液压系统。

一、蓄能器的功用

（1）作辅助动力源 当液压系统工作循环中所需的流量变化较大时，可采用一个蓄能器与一个较小流量（整个工作循环的平均流量）的液压泵配合使用。在短期需要大流量时，由蓄能器与泵同时供油，所需流量较小时，泵将多余的油液向蓄能器充油，这样，可节省能源，降低温升。另外，在有些特殊的场合为防止停电或驱动液压泵的原动力发生故障，蓄能器可作为应急能源短期使用。

（2）保压和补充泄漏 当液压系统要求较长时间内保持压力而无动作（如机床夹具夹紧工件），这时可使液压泵卸荷，采用蓄能器补偿系统泄漏，使系统压力保持在一定范围内。

（3）缓和冲击、吸收压力脉动 当阀门突然关闭或换向时，系统中产生的冲击压力，可由安装在易产生冲击处的蓄能器来吸收。使液压冲击的峰值降低，若将蓄能器安装在液压泵的出口处，可降低液压泵压力脉动的峰值。

二、蓄能器的类型和结构

蓄能器主要有重锤式蓄能器、弹簧式蓄能器和充气式蓄能器三种。常用的是充气式蓄能器，它又分为活塞式蓄能器、囊式蓄能器和隔膜式蓄能器三种。下面主要介绍活塞式蓄能器和囊式蓄能器两种。

1. 活塞式蓄能器

图 5-11a 所示为活塞式蓄能器结构图，它是利用在缸筒 2 中浮动的活塞 1 把缸中的气体与油液隔开。活塞上装有密封圈，活塞的凹部面向气体，以增加气室的容积。这种蓄能器结构简单，工作可靠，安装容易，维修方便，寿命长；但由于活塞惯性和摩擦阻力的影响，反应不灵敏，容量较小，最高工作压力为 17MPa，总容量为 1～39L，温度适应范围为 -4～+80℃。图 5-11b、c 所示分别为活塞式蓄能器的图形符号及实物图。

2. 囊式蓄能器

图 5-11d 为 NXQ 型皮囊折合式蓄能器结构图，它由壳体 4、皮囊 5、充气阀 3 和限位阀 6 等组成。工作压力为 3.5～35MPa，容量范围为 0.6～200L，温度适应范围为 -10～+65℃。工作前，从充气阀向皮囊内充进一定压力的气体，然后将充气阀关闭，使气体封闭在皮囊内。要储存的油液从壳体底部限位阀处引到皮囊外腔，使皮囊受压缩而储存液压能。其优点

是惯性小，反应灵敏，结构紧凑，质量小，充气后能长时间保存气体，且充气方便，所以被广泛应用于液压系统中。图5-11e、f所示分别为囊式蓄能器的图形符号及实物图。

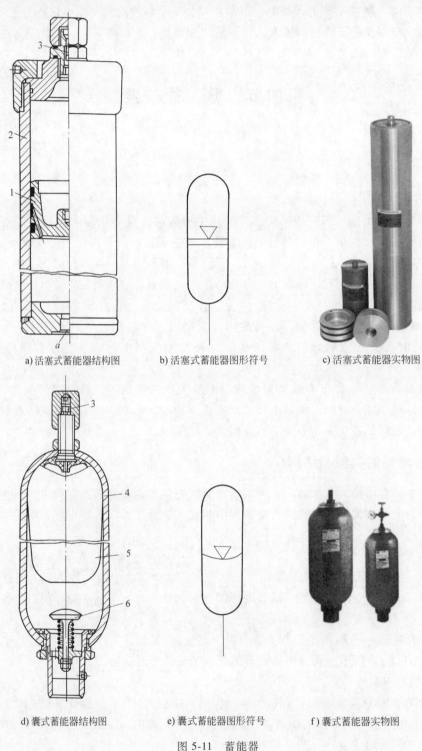

a) 活塞式蓄能器结构图　　　b) 活塞式蓄能器图形符号　　　c) 活塞式蓄能器实物图

d) 囊式蓄能器结构图　　　　e) 囊式蓄能器图形符号　　　　f) 囊式蓄能器实物图

图 5-11　蓄能器

1—活塞　2—缸筒　3—充气阀　4—壳体　5—皮囊　6—限位阀

三、蓄能器的安装及注意事项

蓄能器在液压系统中的安装位置随其功用而定，主要应注意以下几点：

1）蓄能器应将油口向下垂直安装，装在管路上的蓄能器必须用支承架固定。

2）蓄能器与泵之间应设置单向阀，以防止压力油向泵倒流，蓄能器与系统之间应设截止阀，供充气、调整和检修时使用。

3）用于吸收压力脉动和液压冲击的蓄能器，应尽量安装在振源附近。

4）蓄能器是压力容器，使用时必须注意安全，搬运和拆装时应先排出压缩气体。

第五节　油箱、热交换器及压力表

一、油箱

1. 油箱的功用和结构

油箱的主要功用是存储油液，另外还有散热、分离油中的空气和沉淀油中的杂质等作用。液压系统中的油箱有总体式和分离式两种。总体式是利用机器设备的机身内腔作为油箱（如注塑机、压铸机等），其结构紧凑，漏油易回收，但不便于维修和散热。分离式是设置一个单独的油箱，与主机分开，减少了油箱发热和液压源振动对主机工作精度的影响，因此得到了普遍的应用，特别是在组合机床、自动线和精密机械设备上被广泛采用。

油箱通常用钢板焊接而成，可采用不锈钢板、镀锌钢板或普通钢板内涂防锈的耐油涂料。图5-12a所示为油箱简图，图中1为吸油管，3为回油管，中间有两个隔板7和8，隔板7用于阻挡沉淀物进入吸油管，隔板8用于阻挡泡沫进入吸油管，脏物可从放油阀6放出，空气过滤器2设在回油管一侧的上部，兼有加油和通气的作用，5是油标，当彻底清洗油箱时可将上盖4卸开。图5-12b所示为油箱实物图。

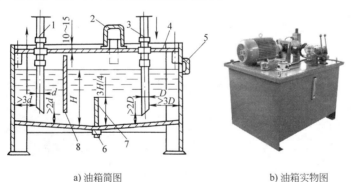

a) 油箱简图　　　　　　　　　　b) 油箱实物图

图 5-12　油箱

1—吸油管　2—空气过滤器　3—回油管　4—上盖　5—油标　6—放油阀　7、8—隔板

如果将压力为0.05MPa左右的压缩空气引入油箱中，使油箱内部压力大于外部压力，这时外部空气和灰尘不可能被吸入，提高了液压系统的抗污染能力，改善了吸入条件，这就是所谓压力油箱。

2. 油箱的容量

油箱的有效容积 V（指油面高度 H 为油箱高度的 0.8 倍时，油箱内所储油液的容积），通常可按液压泵的额定流量 q_n 估算，一般低压系统取 $V=(2\sim4)q_n$；中压系统取 $V=(5\sim7)q_n$；高压系统取 $V=(6\sim12)q_n$；在行走机械的液压系统中取 $V=(1.5\sim2)q_n$。对负载大，并长期连续工作的液压系统，油箱的有效容量需按液压系统的发热量来确定。

二、热交换器

油箱中油液的温度一般推荐为 $30\sim50$℃，最高不大于 65℃，最低不小于 15℃，对于高压系统，为了避免漏油，油温不应超过 50℃。温度过高使油液易变质，同时会使液压泵的容积效率下降；温度过低使油液黏度增大，系统不能正常起动。为了有效地控制油温，在油箱中常配有冷却器和加热器。冷却器和加热器统称为热交换器。

1. 冷却器

常用的冷却器有水冷式和风冷式两种。最简单的冷却器是蛇形管式冷却器，如图 5-13a 所示。它直接装在油箱内，冷却水从蛇形管内流过。这种冷却器结构简单，但冷却效率低，耗水量大，费用高。图 5-13b 为蛇形管式实物图。液压系统中采用较多的是多管式水冷却器，如图 5-13c 所示。油液从外壳右上端部油口 a 进入冷却器，经左端油口 b 流出。冷却水从右端盖 4 的中心孔 d 进入，经过多根铜管 3 的内孔，经左端盖 1 上的孔 c 流出。油液在水管外部流过，三块隔板 2 用来增加油液循环路线的长度，以改善热交换的效果，散热效率较高，但冷却器的体积和重量较大。图 5-13d 为多管式实物图。

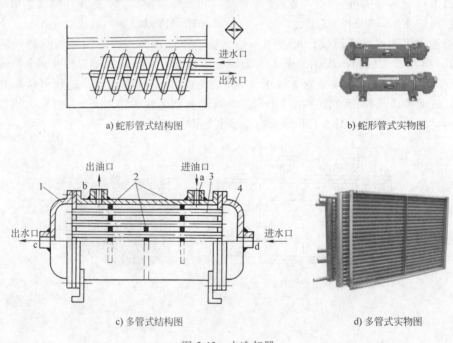

a) 蛇形管式结构图   b) 蛇形管式实物图

c) 多管式结构图   d) 多管式实物图

图 5-13　水冷却器

1—左端盖　2—隔板　3—铜管　4—右端盖

翅片式冷却器的每根管子有内外两层，内管中通水，外管中通油，外管上还有许多翅片，以增加散热面积。这种冷却器相对重量较轻。

风冷式冷却器由风扇和许多带散热片的管子组成。油液从管内流过，风扇迫使空气穿过管子和散热片表面，使油液冷却。它的冷却效率较水冷式低，但使用时不需水源，比较方便，特别适用于行走机械的液压系统。

冷却器一般安装在回路上，以避免承受高压。

2. 加热器

液压系统中油液的加热一般都采用电加热器，其安装方式如图 5-14a 所示。由于直接和加热器接触的油液温度可能很高，会加速油液老化，所以这种电加热器应慎用。如有必要，可在油箱内多装几个加热器，使加热均匀。图 5-14b、c 所示分别为加热器的图形符号与实物图。

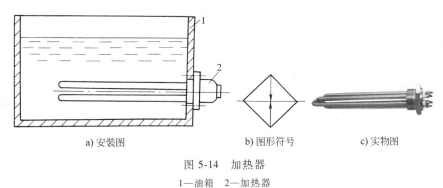

a) 安装图　　　　　　　b) 图形符号　　　　　　c) 实物图

图 5-14　加热器

1—油箱　2—加热器

三、压力表

（1）压力表　压力表用于观测系统的工作压力。压力表的种类较多，最常用的是图 5-15 所示弹簧弯管式压力表。压力油进入弹簧弯管 1，弯管弹性变形，曲率半径加大，其端部位移通过连杆 4 使扇形齿轮 5 摆动，扇形齿轮和小齿轮 6 啮合，于是小齿轮带动指针 2 转动，从刻度盘 3 上可读出压力值。

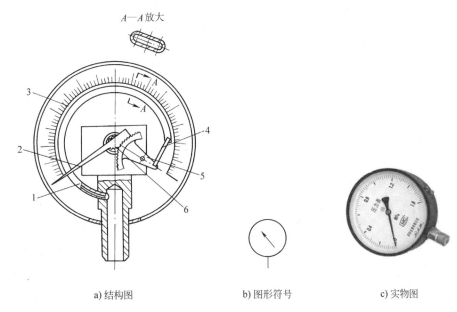

a) 结构图　　　　　　b) 图形符号　　　　　　c) 实物图

图 5-15　弹簧弯管式压力表

1—弹簧弯管　2—指针　3—刻度盘　4—连杆　5—扇形齿轮　6—小齿轮

选用压力表测量压力时，其量程应比系统压力稍大，一般取系统压力的 1.3~1.5 倍。压力表与压力管道连接时，应通过阻尼小孔，以防止被测压力突变而将压力表损坏。

（2）压力表开关　压力表开关用于切断或接通压力表与测压点的通路。图 5-16 为 K-6B 型压力表开关。压力表开关按其测压点数可分为一点、三点及六点等几种；按连接方式不同，可分为管式和板式两种。多点压力表开关，可与几个测压油路相通，用一个压力表可检测多点压力。

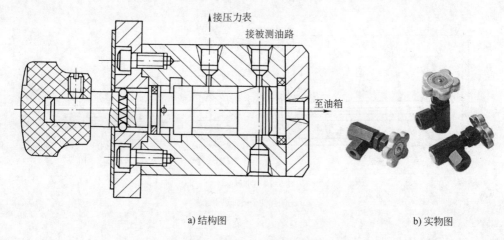

接压力表

接被测油路

至油箱

a) 结构图　　　　　　　　　　　　b) 实物图

图 5-16　K-6B 型压力表开关

思考题和习题

5-1　液压系统中常见的辅助装置有哪些？各起什么作用？

5-2　常用的油管有哪几种？各有何特点？它们的适用范围有何不同？

5-3　常用的管接头有哪几种？它们各适用于什么场合？

5-4　密封件应满足哪些基本要求？

5-5　安装 Y 形密封圈时应注意什么问题？

5-6　安装 O 形密封圈时，为什么要在其侧面安放一个或两个挡圈？

5-7　过滤器分为哪些种类？绘图说明过滤器一般安装在液压系统中的什么位置？

5-8　蓄能器有哪些用途？

5-9　常用的蓄能器有哪几种类型？

5-10　油箱的正常温度是多少？是否所有的油箱都要设置冷却器和加热器？

5-11　怎样确定油箱的有效容积？

第六章 液压传动系统实例

液压传动系统是根据机械设备的工作要求，选用适当的液压基本回路经有机组合而构成的，其工作原理一般用液压系统图来表示。液压系统图是用标准图形符号绘制的，原理图仅仅表示各个液压元件及它们之间的连接与控制方式，并不代表它们的实际尺寸大小和空间位置。

正确、快速地读懂和分析液压系统图，对于液压设备的设计、分析、调整、使用、维护和故障排除均具有重要的指导作用。

本章通过几台设备的液压系统实例，介绍液压技术在不同领域中的应用，加深理解各种液压元件在系统中的功用和各种基本回路的合理组成，进而学会阅读和分析液压系统的方法和步骤。

阅读和分析一个较复杂的液压系统图可按以下方法和步骤进行：

1）了解设备的功用及对液压系统动作和性能的要求。

2）初步分析液压系统图，并按执行元件数将其分解为若干个子系统。

3）对每个子系统进行分析，分析组成子系统的基本回路及各液压元件的作用，按执行元件的工作循环分析实现每步动作的进油和回油路线。

4）根据设备对系统中各子系统之间的顺序、同步、互锁、防干扰等要求，分析各子系统之间的联系，读懂整个液压系统的工作原理。

5）归纳总结液压系统的特点，以加深对整个液压系统的理解。

本章重点

1）读懂液压系统原理图。

2）分析液压系统的组成及各元件在系统中的作用。

3）学会分析液压系统的特点。

第一节 组合机床动力滑台的液压系统

一、概述

组合机床是由按系列化、标准化、通用化原则设计的通用部件以及按工件形状和加工工艺要求而设计的专用部件所组成的高效专用机床。液压动力滑台是组合机床上用以实现进给运动的一种通用部件，其运动是靠液压缸驱动的，滑台台面上可安装动力箱、多轴箱及各种专用主轴头，可实现钻、扩、铰、镗、铣、刮端面及攻螺纹等加工。它对液压系统性能的主要要求是速度换接平稳，进给速度稳定，功率利用合理，效率高，发热小。现以 YT4543 型液压动力滑台为例,分析其工作原理和特点。该滑台最大进给力为 45kN,快速速度约为 6.5m/min,进给速度范围为 6.6~600mm/min,它完成的典型工作循环为:快进→一工进→二工进→死挡铁停留→快退→原位停止。工作循环如图 6-1 所示。

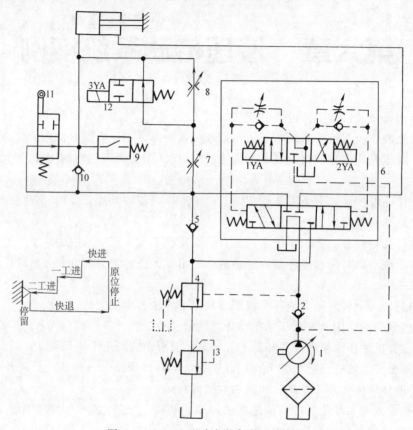

图 6-1 YT4543 型动力滑台液压系统图

二、YT4543 型动力滑台液压系统的工作原理

1. 快进

快进如图 6-1 所示,按下启动按钮,电磁铁 1YA 通电,电液换向阀 6 的先导阀左位工作,由泵 1 输出的压力油经先导阀进入液动换向阀的左侧,使其也处于左位工作,这时的主油路为:

进油路:泵 1→单向阀 2→换向阀 6→行程阀 11→液压缸左腔。

回油路:液压缸右腔→换向阀 6→单向阀 5→行程阀 11→液压缸左腔。

由此形成液压缸两腔连通,实现差动快进。由于快进负载小,系统压力低,变量泵输出最大流量。

2. 第一次工作进给

当滑台快进到预定位置时,挡块压下行程阀 11,切断了该通路,电磁铁 1YA 继续通电,液动换向阀仍处于左位工作,这时,压力油只能经调速阀 7、电磁换向阀 12 进入液压缸左腔,由于工进时系统压力升高,变量泵 1 的输油量便自动减小,且与一工进调速阀 7 开口相适应，此时液控顺序阀 4 打开，单向阀 5 关闭，切断了液压缸的差动连接油路。液压缸右腔的回油经背压阀 3 流回油箱，这样就使滑台由快进转为第一工作进给运动，进给量大小由调速阀 7 调节。其主油路为：

进油路：泵 1→单向阀 2→换向阀 6→调速阀 7→换向阀 12→液压缸左腔。

回油路：液压缸右腔→换向阀 6→液控顺序阀 4→背压阀 3→油箱。

3. 第二次工作进给

第一次工作进给终了时，挡块压下行程开关使 3YA 通电，二位二通换向阀将通路切断，这时进油必须经调速阀 7 和 8 才能进入液压缸左腔，回油路和第一工作进给完全相同，此时，变量泵输出的流量自动与二工进调速阀 8 的开口相适应。故进给量大小由调速阀 8 调节。

4. 死挡铁停留

当滑台完成第二次工作进给碰到死挡铁时，滑台即停留在死挡铁处，此时液压缸左腔的压力升高，使压力继电器 9 发出信号给时间继电器，滑台停留时间由时间继电器调定。

5. 快退

滑台停留时间结束后，时间继电器发出信号，使电磁铁 1YA、3YA 断电，2YA 通电，这时，电液换向阀 6 的先导阀右位工作，液动换向阀在其控制压力油作用下也处于右位工作。因滑台返回时负载小，系统压力下降，变量泵输出的流量又自动恢复到最大，滑台快速退回。其主油路为：

进油路：泵 1→单向阀 2→换向阀 6→液压缸右腔。

回油路：液压缸左腔→单向阀 10→换向阀 6→油箱。

6. 原位停止

当滑台退回到原位时，挡块压下原位行程开关，发出信号，使 2YA 断电，换向阀处于中位，液压缸两腔油路封闭，滑台停止运动。这时液压泵输出的油液经换向阀 6 直接回油箱，泵在低压下卸荷。

表 6-1 是该系统的电磁铁和行程阀的动作顺序表。表中 "+" 号表示电磁铁通电或行程阀压下；"–" 号表示电磁铁断电或行程阀复位。

表 6-1　电磁铁和行程阀的动作顺序表

工　况	1YA	2YA	3YA	行程阀
快进	+	–	–	–
一工进	+	–	–	+
二工进	+	–	+	+
死挡铁停留	+	–	+	+
快退	–	+	–	±
原位停止	–	–	–	–

三、YT4543 动力滑台液压系统的特点

1）采用了限压式变量叶片泵和调速阀组成的容积节流调速回路，无溢流功率损失，系统效率较高。且能获得稳定的低速和较好的速度负载特性以及较大的调速范围。

2）进油调速在回油路上设置了背压阀，改善了运动的平稳性。

3）采用了限压式变量泵和液压缸差动连接，实现快进，功率利用合理。

4）采用了行程阀和液控顺序阀，实现快进与工进的转换，使速度换接平稳、可靠、且位置准确。

5）采用电液换向阀的换向回路，换向平稳，无冲击。

┈┈┈ **讨论练习题** ┈┈┈

根据图 6-1 的 YT4543 型动力滑台液压系统图，分析回答下列问题：

1）图中阀 4 和阀 5 在系统中起什么作用？

2）当滑台进入工进状态，但切削刀具尚未接触被加工工件时，是什么原因使系统压力升高并将液控顺序阀 4 打开？

第二节　数控机床的液压系统

随着机电技术的不断发展，特别是数控技术的飞速发展，机电设备的自动化程度和精度越来越高。液压与气动技术在数控机床、数控加工中心及柔性制造系统中得到了充分利用。下面以数控车床为例说明液压技术在数控机床上的应用。

MJ-50 数控车床卡盘夹紧与松开、卡盘夹紧力的高低压转换、回转刀架的松开与夹紧、刀架刀盘的正转与反转、尾座套筒的伸出与退回都是由液压系统驱动的。液压系统中各电磁铁的动作是由数控系统的 PLC 控制实现的。

图 6-2 所示为 MJ-50 数控车床液压系统原理图。液压系统采用变量泵供油，系统压力调至 4MPa，其工作原理分析见表 6-2。

表 6-2　电磁铁动作顺序表

动作			1YA	2YA	3YA	4YA	5YA	6YA	7YA	8YA
卡盘正卡	高压	夹紧	+	−	−					
		松开	−	+	−					
	低压	夹紧	+	−	+					
		松开	−	+	+					
卡盘反卡	高压	夹紧	−	+	−					
		松开	+	−	−					
	低压	夹紧	−	+	+					
		松开	+	−	+					
回转刀架	刀架正转								−	+
	刀架反转								+	−
	刀盘松开					+				
	刀盘夹紧					−				
尾座	套筒伸出						−	+		
	套筒退回						+	−		

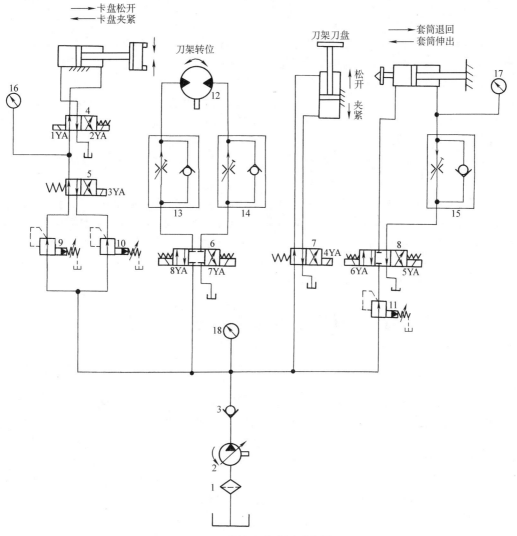

图 6-2　数控车床液压系统图

一、卡盘的夹紧与松开

主轴卡盘的夹紧与松开，由二位四通电磁阀 4 控制。卡盘的高压夹紧与低压夹紧转换，由二位四通电磁阀 5 控制。

当卡盘处于正卡（也称外卡）且在高压夹紧状态下，夹紧力的大小由减压阀 9 来调节。当 3YA 断电、1YA 通电时，系统压力油经阀 9→阀 5→阀 4→液压缸右腔；液压缸左腔的油液经阀 4 直接回油箱，活塞杆左移，卡盘夹紧。反之，当 2YA 通电时，系统压力油经阀 9→阀 5→阀 4→液压缸左腔；液压缸右腔的油液经阀 4 直接回油箱，活塞杆右移，卡盘松开。

当卡盘处于外卡且在低压夹紧状态下，夹紧力的大小由减压阀 10 来调节。当 1YA、3YA 通电时，系统压力油经阀 10→阀 5→阀 4→液压缸右腔；液压缸左腔的油液→阀 4→油箱，活塞杆向左移动，卡盘夹紧。反之，当 2YA、3YA 通电时，系统压力油经阀 10→阀 5→阀 4→液压缸左腔；液压缸右腔的油液→阀 4→油箱，卡盘松开。

二、回转刀架动作

回转刀架换刀时，首先是刀盘松开，之后刀盘就转到指定的刀位，最后刀盘夹紧。刀盘的夹紧与松开，由一个二位四通电磁阀 7 控制。刀盘的旋转可正反转，由三位四通电磁阀 6 控制，其转速分别由单向调速阀 13 和 14 调节控制。

当 4YA 通电时，刀盘松开；当 8YA 通电时，系统压力油经阀 6→调速阀 13→液压马达 12，刀架正转。当 7YA 通电时，系统压力油经阀 6→调速阀 14→液压马达 12，刀架反转；当 4YA 断电时，刀盘夹紧。

三、尾座套筒伸缩动作

尾座套筒伸出与退回由三位四通电磁阀 8 控制。当 6YA 通电时，系统压力油经减压阀 11→阀 8→液压缸左腔；液压缸右腔油液→单向调速阀 15→阀 8→油箱，套筒伸出。套筒伸出时的预紧力大小由减压阀 11 来调节，伸出速度由调速阀 15 控制。反之，当 5YA 通电时，系统压力油经减压阀 11→电磁阀 8→阀 15→液压缸右腔，这时液压缸左腔的油液经电磁阀 8 直接回油箱，套筒退回。电磁铁动作顺序见表 6-2。

第三节　装卸堆码机液压系统

一、概述

装卸堆码机是一种仓储机械，在现代化的仓库里利用它可以实现纺织品包、油桶、木箱等货物的装卸、堆码的机械化作业，把装卸工人从传统的人背肩扛的繁重劳动中解放出来。堆码机主要由两大部分组成，即液压马达驱动的行走底盘部分和一个具有六个自由度的圆柱坐标式机械手。机械手可以完成升降、俯仰、臂伸缩、回转、手腕偏转和手指夹紧等动作。图 6-3 所示为装卸堆码机液压系统。该系统由一台定量泵供油，构成一个单泵供油的并联开式系统。此外，该系统采用蓄电池供电，直流电动机驱动的工作方式，因此，在仓库中工作时没有污染。由于该机采用了液压驱动的机械手，所以比常用的叉车更为方便、灵活，堆码的高度及深度都大大高于叉车。

二、装卸堆码机液压系统工作原理

1. 底盘行走

直流电动机驱动液压泵转动，当控制脚踏换向阀 5 左位接入系统时，底盘行走液压马达开始工作，驱动底盘行走，其油路为：

进油路：泵 3→阀 6→脚踏换向阀 5（左位）→液压马达 18 左腔。

回油路：液压马达 18 右腔→脚踏换向阀 5（左位）→过滤器 11→油箱。

单向阀 17 和安全阀 15 用以防止液压马达过载；当底盘行走困难时，可按增力按钮，使二位二通电磁换向阀 9 通电，将溢流阀 8 的远控口封死，调节阀 8 使系统压力升高，使行走机构行走顺利。

底盘后退时的油路可类推，即让脚踏换向阀 5 右位接入系统。

2. 立柱升降

液压马达驱动行走机构运行到预定位置，阀 5 复位，此时操纵多路换向阀 12 中阀 c 的

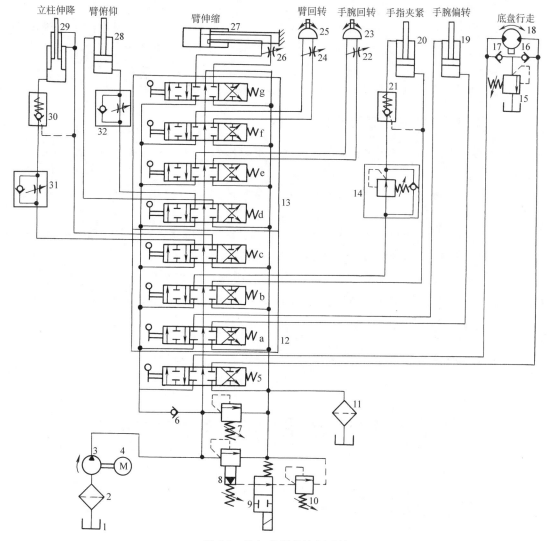

图 6-3 装卸堆码机液压系统

手动操纵杆，使阀 c 的左位接入系统，立柱上升，此时的油路为：

进油路：泵 3→阀 6→阀 12 中 c（左位）→阀 31→阀 30→伸缩缸下腔；

回油路：伸缩缸上腔→阀 12 中 c（左位）→过滤器 11→油箱。

立柱升降采用了伸缩式液压缸驱动，主要是为了降低该机的非工作状态的高度，使它伸出时有较大的高度，而缩回时的体积又比较紧凑。当升降到所需要的高度时，阀 12 中 c 复位，此时由液控单向阀 30 锁紧。当阀 12 中 c 由操纵杆操纵至右位时，立柱下降，其油路为：

进油路：泵 3→阀 6→阀 12 中 c（右位）→伸缩缸上腔。

回油路：伸缩缸下腔→阀 30→阀 31→阀 12 中 c（右位）→过滤器 11→油箱。

回路中的单向节流阀 31 可以调节立柱的下降速度，提高稳定性。

3. 臂回转

臂回转动作由手臂回转缸来实现，当控制多路换向阀 13 中 f，使其左位接入系统时，回转缸带动机械手手臂转动，转动速度由节流阀 24 调节。

4. 手指夹紧

手指夹紧缸负责夹紧货物的工作，手指的夹紧、松开由多路换向阀 12 中的 b 控制，夹紧力的大小可用单向减压阀 14 来调节，不同的货物要求不同的夹紧力，可根据需要调整，为使货物被夹紧后能保持一定的时间，故在回路中设置了液控单向阀 21。

其余动作，如臂伸缩、臂俯仰、手腕回转和手腕偏转动作在此不再细述。

三、装卸堆码机液压系统的特点

1）本系统采用了并联式多路换向阀，使该机操作集中、方便和直观，同时体积小、重量轻。

2）采用了二级调压回路，以满足不同工况下使用不同的压力，减小了系统的功率损失。

3）在需要保压（立柱升降和手指夹紧）的地方都设置了液控单向阀，使工作可靠，确保安全；采用手动式换向阀，使动作可靠，且操作方便。

4）按不同的工作要求，在系统中配置了多种类型的液压执行元件，如活塞式液压缸（缸体固定式和活塞杆固定式两种）、伸缩式液压缸、液压马达和摆动式液压缸等。

> **讨论练习题**
>
> 分析写出臂伸缩，臂俯仰，手腕回转和手腕偏转的进、回油路。

技能实训 9　液压传动系统的安装与调试

1. 实训目的

1）掌握液压传动系统的安装、调试步骤和方法。

2）学会系统中各调节元件的调节方法。

3）逐步学会对液压传动系统设计及工作性能分析。

2. 实训系统图

实训系统图如图 6-4 所示。

3. 实训步骤

专用铣床工作台液压系统如图 6-4 所示，该系统可完成"快进→工进→快退→停止"工作循环。该系统采用液压缸差动连接实现执行元件快速进给，停机时液压泵卸荷，并且可以保证机床调整时可以停在任意位置上。

1）识读液压系统图，搞清该铣床工作台要求完成的工艺过程。

2）依照液压系统图选择合适的液压元件及辅件，并将其安装在实训台的适当位置上。

3）根据系统图进行油路和电路连接，并检查油路

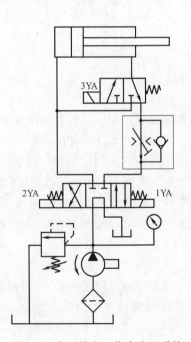

图 6-4　专用铣床工作台液压系统

和电路连接是否正确，经指导教师审查无误后方可开机。

4）打开电源，启动液压泵，控制电磁铁通、断电，并对调节元件做适当调节。观察液压系统运行情况。

5）经指导教师检查评价后，关闭电源，拆下管路及元件并放回原来位置。

4．实训思考题

1）填写实训记录表 6-3。

表 6-3　实训记录表

工况	电磁铁			油液流动路线	
	1YA	2YA	3YA		
快进				进油路：	
				回油路：	
工进				进油路：	
				回油路：	
快退				进油路：	
				回油路：	
停止				回油路：	

2）铣床工作台液压系统采用的是哪种调速方式？为什么？

思考题和习题

6-1　某一系统如图 6-5 所示，试解答下列问题：

1）填写电磁铁动作顺序表（表 6-4），并写出各工况的进、回油路。

2）若溢流阀调整压力为 $20 \times 10^5 \mathrm{Pa}$，液压缸有效面积 $A_1 = 80 \mathrm{cm}^2$，$A_2 = 40 \mathrm{cm}^2$，工进时，当负载 F 突然变为零时，求节流阀进口压力是多少？

3）工进时，当负载 F 变化，分析活塞速度有无变化，并说明理由。

表 6-4　电磁铁动作顺序表（一）

工　况	1YA	2YA	3YA	4YA
快　　进				
一　工　进				
二　工　进				
快　　退				
停　　止				

6-2　图 6-6 所示系统，已知液压缸直径 $D = 40 \mathrm{mm}$，活塞杆直径 $d = 25 \mathrm{mm}$，节流阀的最小稳定流量为 $50 \mathrm{mL/min}$，若工进速度 $v = 5.6 \mathrm{cm/min}$，问系统是否可以满足要求？若不能满足要求应作何改进？并填写电磁铁动作顺序表（表 6-5）。

表 6-5　电磁铁动作顺序表（二）

工　况	1YA	2YA	3YA	4YA
快　　进				
工　　进				
快　　退				
停　　止				

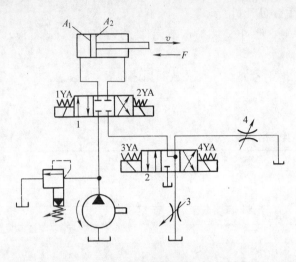

图 6-5 题 6-1 图

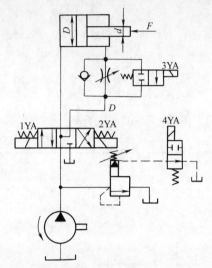

图 6-6 题 6-2 图

6-3 在图 6-7 中，已知液压缸活塞直径 $D = 70mm$，活塞杆直径 $d = 50mm$，工作负载 $F = 15kN$，一切摩擦忽略不计，快进速度 $v_1 = 5m/min$，工进速度 $v_2 = 0.05m/min$，调速阀压差 $\Delta p = 0.5MPa$，系统总的压力损失 $\sum \Delta p = 0.5MPa$，试绘出其工作循环图、绘制并填写电磁铁动作顺序表、计算并选择系统所需要的元件型号；指明该系统是由哪些基本回路组成的。

6-4 图 6-8 为一组合机床液压系统原理图。该系统中有进给和夹紧两个液压缸，要求完成的动作循环见图示。试读懂该系统并完成下列几项工作：

1）写出图中所标序号的液压元件的名称。

2）根据动作循环绘制并填写电磁铁和压力继电器动作顺序表。

3）指出序号 9、11、13、元件在系统中所起的作用。

4）分析系统中包含哪些液压基本回路。

6-5 图 6-9 所示液压系统，活塞及运动部件的重量分别为 $G_1 = 3000N$，$G_2 = 5000N$；活塞及活塞杆的直径分别为 $D = 250mm$，$d = 200mm$；液压泵 1 和 2 的最大工作压力分别为 $p_1 = 70 \times 10^5 Pa$，$p_2 = 320 \times 10^5 Pa$；忽略其他损失。试问：

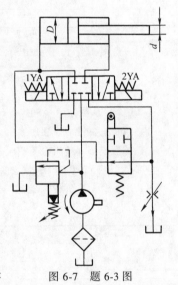

图 6-7 题 6-3 图

1）阀 a、b、c、d 各是什么阀？在系统中各起什么作用？

2）阀 a、b、c、d 的压力各应调整为多少？

6-6 图 6-10 所示为组合机床液压系统，用来实现"快进→工进→快退→原位停止、泵卸荷"工作循环，试问：图中有哪些错误？说明其理由，并画出正确的液压系统图。

6-7 试设计一液压系统，要求执行元件为单出杆液压缸，并在任意位置能停车，快进、快退速度相等，采用进油调速方式；其工作循环为："快进→工进→死挡铁停留→快退→原位停止"。

设计内容：画出执行元件动作循环图；画出液压系统原理图；列出电磁铁、压力继电器动作顺序表。

6-8 试设计一有顺序动作要求的一泵双缸液压系统，即夹紧、进给液压系统。

要求：两执行元件均选用单出杆液压缸；夹紧油路需要稳定的低压油；进给缸在任意位置能停车；工作循环为："夹紧→快进→工进→快退→松开→原位停止"。

设计内容：绘制液压系统原理图；编制电磁铁、压力继电器动作顺序表。

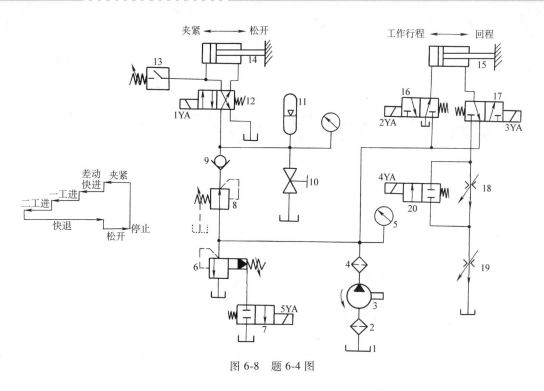

图 6-8 题 6-4 图

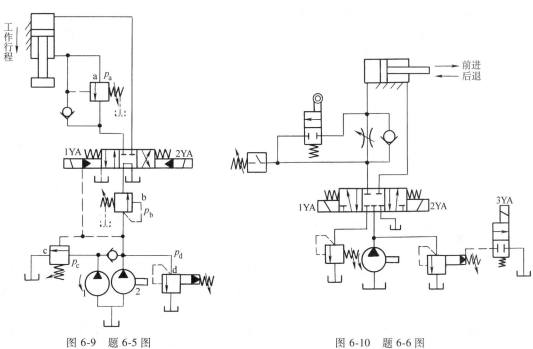

图 6-9 题 6-5 图

图 6-10 题 6-6 图

第七章　液压系统的设计与计算

液压传动系统的设计是整机设计的一部分，设计时，必须在满足主机功能要求的前提下，力求做到结构简单合理，工作安全可靠，效率高，寿命长，经济性好，使用维修方便。

本章重点

1）能根据工作要求，拟定液压系统图。

2）能计算系统的工作参数。

3）会合理选择液压元件。

4）液压 CAD 系统的组成及应用。

第一节　液压系统的设计步骤和方法

液压系统设计的主要步骤如下：

1）明确液压系统的设计要求。

2）选择执行元件，进行工况分析。

3）确定系统的主要参数。

4）拟定液压系统原理图。

5）液压元件的计算和选择。

6）液压系统性能的验算。

7）绘制正式工作图和编制技术文件。

设计时，根据具体条件的不同，上述步骤有的可以省略或合并。对某些较复杂的系统设计问题，各设计步骤是相互联系、相互影响的，往往要穿插、交替进行，并经过多次反复修改后才能完成设计工作。

一、明确设计要求

明确主机对液压系统的动作和性能要求，例如，执行元件的运动方式、行程和速度范围、负载条件、运动的平稳性和精度、工作循环和动作周期、同步或连锁要求、工作可靠性要求等。

另外，还要明确液压系统的工作条件和环境。例如，环境温度、湿度尘埃，通风情况、是否具有腐蚀性、是否易燃、外界冲击振动的情况及安装空间的大小等，并了解液压系统的重量、外形尺寸、经济性等要求。

二、工况分析

工况分析是对液压执行元件进行运动分析和负载分析，就是分析每个液压执行元件在各自工作过程中速度和负载的变化规律。通常是用一个工作循环内各阶段的速度和负载值列表表示，必要时还应绘制速度、负载随时间（或位移）变化的曲线图，称速度循环图和负载循环图。它们是设计液压系统的基本依据。若液压执行元件动作较简单，则可不画图，只需确定最大速度和最大负载值。

1. 运动分析

按设备的工作要求和执行元件的运动规律，把执行元件在一个工作循环内各阶段的速度用图表示出来，一般用速度—时间（v-t）或速度—位移（v-s）曲线表示，称速度循环图。现以图 7-1 某组合机床动力滑台为例说明。图 7-1a 为动力滑台动作循环图，图 7-1b 为速度循环图。它表示了动力滑台在一个工作循环内各阶段运动速度的大小及变化情况。

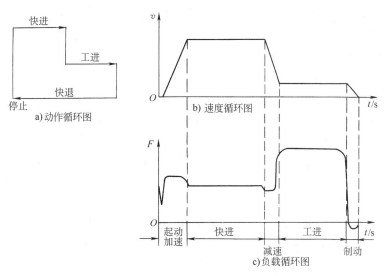

图 7-1　组合机床动力滑台速度、负载循环图

2. 负载分析

根据工作要求将执行元件在各工作阶段所需克服的负载用图表示出来，常用负载—时间（F-t）或负载—位移（F-s）曲线表示，称负载循环图。一般情况下，液压缸承受的负载由六部分组成，即工作负载、导轨摩擦负载、惯性负载、重力负载、密封摩擦负载和背压负载等。

（1）工作负载 F_w　不同的机械，其工作负载的形式各不相同。金属切削机床沿液压缸轴线方向的切削力称为工作负载；工作负载与液压缸运动方向相反时为正值，方向相同时为负值。工作负载可以是恒定的，也可以是变化的，其大小要根据具体情况进行计算，或由样机实测确定。

（2）导轨摩擦负载 F_f　是指执行元件驱动运动部件时所需克服的导轨或支承面上的摩擦阻力。它与导轨的类型、支承面的形状、放置形式、润滑状况及运动状态等有关。

平面导轨：
$$F_f = f(G + F_N) \tag{7-1}$$

V 形导轨：
$$F_f = f \frac{G + F_N}{\sin \dfrac{\alpha}{2}} \tag{7-2}$$

式中，G 是运动部件的重力；F_N 是垂直于导轨的工作负载；α 是 V 形导轨面的夹角，一般 $\alpha = 90°$；f 是摩擦因数；起动时按静摩擦因数，其余按动摩擦因数计算，可参考表 7-1。

表 7-1　导轨摩擦因数 f

导轨种类	导轨材料	工作状态	摩擦因数 f
滑动导轨	铸铁对铸铁	起动时	0.16~0.20
		低速：$v<0.16\text{m/s}$ 时	0.10~0.12
		快速：$v>0.16\text{m/s}$ 时	0.05~0.08
滚动导轨	铸铁导轨对滚柱（珠）	起动或运动时	0.005~0.020
	淬火钢导轨对滚柱（珠）		0.003~0.006
静压导轨	铸铁对铸铁	起动或运动时	0.0005

（3）惯性负载 F_a　是指运动部件在启动加速或制动减速以及在运动速度发生变化的过程中产生的惯性力，加速时取正值，减速时取负值。可按牛顿第二定律计算：

$$F_a = ma = \frac{G}{g}\frac{\Delta v}{\Delta t} \tag{7-3}$$

式中，a 是运动部件加速度；G 是运动部件重力；g 是重力加速度；Δv 是 Δt 时间内速度变化值；Δt 是启动、制动或速度变化所需的时间。可取 $\Delta t = 0.01 \sim 0.5\text{s}$，轻载低速时取较小值。

（4）重力负载 F_g　垂直或倾斜放置的运动部件，在没有平衡的情况下，其自重也成为一种负载。倾斜放置时，只计算重力在运动方向上的分力。液压缸上行时重力取正值，反之取负值。

（5）密封摩擦负载 F_s　指装有密封装置的零件在相对运动中产生的摩擦力，其值与密封装置的类型和尺寸、液压缸的制造精度、油液的工作压力等有关。在未完成液压系统设计之前，不知道密封装置的参数，F_s 无法计算。一般按经验取 $F_s = (0.05 \sim 0.1) F$（F 为总负载），若将 F_s 计入液压缸的机械效率 η_{mc} 中，常取 $\eta_{mc} = 0.90 \sim 0.97$。

（6）背压负载 F_b　指液压缸回油腔背压所产生的阻力。在液压系统方案及液压缸结构尚未确定之前，F_b 无法计算，在负载计算时，可暂不考虑，或按表 7-2 估算 F_b。

液压缸各工作阶段的负载 F 可按下列公式计算：

1）起动加速阶段：　　　　$F = (F_f + F_a \pm F_g)/\eta_{mc}$ 　　　（7-4）

2）快速阶段：　　　　　　$F = (F_f \pm F_g)/\eta_{mc}$ 　　　（7-5）

3）工进阶段：　　　　　　$F = (F_f \pm F_w \pm F_g)/\eta_{mc}$ 　　　（7-6）

表 7-2　执行元件背压负载的估计值

系　统　类　型		背　压/MPa
中、低压系统 0~8MPa	简单的系统和一般轻载节流调速系统	0.2~0.5
	回油路带调速阀的调速系统	0.5~0.8
	回油路带背压阀	0.5~1.5
	采用带补油泵的闭式回路	0.8~1.5
中高压系统>8~16MPa	同上	比中、低系统高50%~100%
高压系统>16~32MPa	如锻压机械等	初算时背压可忽略不计

4）制动减速阶段：$\qquad F = (F_f \pm F_w - F_a \pm F_g)/\eta_{mc}$ (7-7)

计算出工作循环中各阶段的外负载后，即可做出图 7-1c 所示的负载循环图。

三、确定主要参数

液压系统的参数主要是压力和流量。而这些参数主要由执行元件的工作需要来决定，因此，确定液压系统的主要参数实际上就是确定执行元件的工作压力、流量及其结构尺寸。

1. 初选执行元件的工作压力

系统工作压力的选择直接关系到整个系统的合理性和经济性。系统工作压力选得低，对液压系统工作平稳性、可靠性和降低噪声等都有利，但执行元件及整个系统的尺寸、重量相应增大，使结构变得庞大。反之压力选得高，执行元件和系统的结构紧凑，但对元件的强度、刚度及密封要求高。所以要根据具体情况选取适当的工作压力。工作压力可根据执行元件负载图中的最大负载参照表 3-2 选取，也可根据液压设备的类型参照表 3-2 选取。

液压缸工作压力选定后，就可计算出液压缸的有效工作面积和缸的主要结构尺寸，从满足负载力的要求计算液压缸的有效工作面积 A

$$A = \frac{F_{max}}{p\eta_{mc}}$$ (7-8)

式中，F_{max} 是液压缸的最大外负载；p 是液压缸的工作压力；η_{mc} 是液压缸的机械效率。

在按缸的负载条件来计算出有效工作面积后，应验算一下缸的最低工作速度能否达到要求：

$$A \geqslant \frac{q_{min}}{v_{min}}$$ (7-9)

式中，q_{min} 是节流阀的最小稳定流量。由产品样本查出；v_{min} 是液压缸最低应达到的稳定工作速度。

如果不能满足要求，则必须加大液压缸的有效工作面积 A，再复算液压缸内径 D、活塞杆径 d 及工作压力 p。

2. 液压缸的工作流量

液压缸的最大工作流量为

$$q_{max} = Av_{max}$$ (7-10)

式中，A 是液压缸的有效工作面积；v_{max} 是液压缸的最大速度。

3. 绘制执行元件的工况图

液压执行元件的工况图包括压力循环图、流量循环图和功率循环图。在执行元件主要结构参数确定后，就可根据速度、负载循环图算出它在不同阶段中的实际工作压力、流量和功率，绘制执行元件工况图，即压力循环图（$p-t$）、流量循环图（$q-t$）和功率循环图（$P-t$）。工况图显示液压系统在实现整个工作循环时这三个参数的变化情况。当系统中有多个执行元件时，其工况图是各个执行元件工况图的综合。图 7-2 是图 7-1 所示典型工作循环的液压缸所对应的工况图，其中，图 7-2a 为压力循环图，图 7-2b 为流量循环图，图 7-2c 为功率循环图。

对于单执行元件系统或某些简单系统，其工况图的绘制可以省略，而将计算出的各阶段压力、流量和功率值列表表示。

工况图的用途：

1）通过工况图可以反映整个工作循环中的系统压力、流量和功率的最大值及其分布情况，为选择液压泵、液压控制阀和电动机等提供了理论的依据。

2）对合理选择系统的主要回路有指导意义。各种液压回路及其油源形式主要是根据工况图中不同阶段内的压力和流量变化情况进行选择，然后再进行对比确定。如图 7-2 中的 $q-t$ 循环图内，在一个循环里流量变化很大，且相应的持续时间相差也大。对于这种系统显然不宜用定量泵供油，而应采用双联泵或限压式变量泵供油的方式。

3）可评定出各工作阶段所确定参数的合理性。例如，当功率循环图上各阶段的功率相差太大时，可在工艺条件允许的情况下，适当调整有关阶段的速度，以使系统所需的功率趋向均匀，从而提高系统效率。当系统有多个液压缸工作时，应把各液压缸的功率图叠加后进行分析，若最大功率点互相重合、功率分布很不均衡，则应在工艺条件允许的情况下，适当调整参数，避开或降低功率"高峰"，增加功率利用合理性，以提高系统的效率。

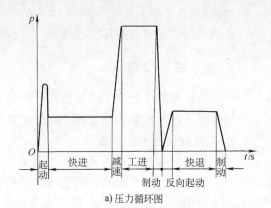

a) 压力循环图

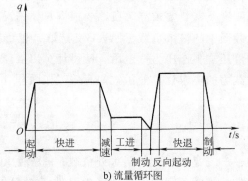

b) 流量循环图

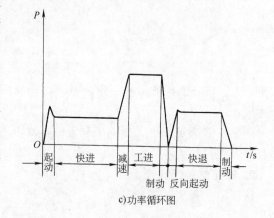

c) 功率循环图

图 7-2　液压缸工况图

四、液压系统原理图的拟定

拟定液压系统原理图是液压系统设计工作中的重要步骤，它对系统的工作性能及设计方案的合理性、经济性等具有决定性的影响，其主要任务是根据主机的动作和性能要求来选择和拟定基本回路，然后再将各基本回路组合成一个完整的液压系统。

1. 液压回路的选择

选择液压回路时，要抓住该液压系统的主要功能。如多数机械设备是以调速为主要要求，则调速和速度换接回路是设计的主要内容。

（1）调速回路选择　调速回路主要根据速度调节范围，功率大小，速度稳定性，系统允许温升以及经济性等诸因素考虑选择。表 7-3 为调速方法选择。

表 7-3　调速方法选择

调速方法	节流调速		容积调速	联合调速
	进油路	回油路		
适用	中小功率速度不高		功率较大 调速范围大 工作平稳性好	中等功率 温升小、效率高 速度刚性好
	压力控制方便	承受负值负载		
应用	组合机床 机床类:车、镗、钻、磨		组合机床 刨、拉床、液压机、 注塑机	组合机床 粉末冶金压机

（2）快速回路和速度换接回路选择　在工况图上，常有快进、快退和工进多种速度，常用快速回路可参考表 7-4 选择。这些回路也可组合使用，如差动和双泵供油回路组合。速度换接回路的形式常用行程阀和电磁阀来实现。表 7-5 为采用行程阀和电磁阀回路的比较。根据执行元件对换向性能的要求，选择换向阀的控制方式，参考表 7-6。

表 7-4　快速回路方法选择

快速回路方法	特　　点
差动连接回路	回路简单,经济,快慢转换不平衡
双泵供油	功率损耗小,效率高,系统复杂
增速缸	功率利用合理,缸结构复杂
蓄能器	可利用小流量泵使执行元件获得高速度,充液时适用于间歇运动式低速场合

表 7-5　行程阀和电磁阀回路比较

阀　类	行　程　阀	电　磁　阀
特点	换接平稳,工作可靠,换接位置精度较高	结构简单,控制灵活,调整方便

表 7-6　换向阀控制方式比较

控制方式	电磁阀	电液阀	行程阀	手动阀
特点	操作方便,便于布置,低速换向	部件重,流量大,换向速度可调	换向平稳,换向精度高	换向动作频繁,工作持续时间短,操作安全

在选择速度换接回路时，要考虑换接的位置精度与换接时的平稳性要求。

（3）选择其他回路　确定调速、快速和速度换接回路后，就可构成液压系统的主干回路，也就基本上决定了该系统的主要性能。在此主干回路的基础上再选择必要的辅助回路，如起停、卸荷、调压回路等，以使系统的性能更加完善。对于多执行元件工作系统，还必须选择同步或互不干扰等回路，以协调各执行元件的工作。

2. 液压系统的合成

根据选定的基本回路，加上某些辅助回路及各种辅助元件，即可绘制液压系统原理图。进行此项工作时，要注意以下几点：

1）在保证液压系统性能要求的前提下，尽可能去掉多余的液压元件，力求系统结构简单，尽量选用标准件。元件数量和品种规格要少。

2）应避免各回路间的干扰，保证工作循环中每个动作安全可靠。例如，在用单液压泵驱动两个执行元件的系统中，一个执行元件需保压，而另一个执行元件运动时的负载变化会使系统压力变化，对保压有干扰的系统，这就需要在系统中增设单向阀、蓄能器等元件。

3）合理布置测压点，便于维护和检测。合理布置测压点对于调试系统和寻找系统故障是很重要的。一般在液压泵的出口、液压缸的前后腔、减压阀出口、顺序阀的控制油路上和需保压的回路上等处，均应布置测压点。若系统有多个测压点，可采用多点压力表开关，以减少台面上压力表的数目。

4）确保系统安全可靠。液压系统中的不安全因素是随机的，所以在系统的相关部位上要有相应的安全回路及相关措施，如为防止由于操作者的误动作或由于液压元件失灵而使机器产生误动作，应有误动作防止回路和相应的反馈回路。

5）尽可能使系统经济合理，提高系统的效率，减少发热。

五、液压元件的计算和选择

液压元件的计算就是要计算该元件的工作压力和通过的流量，以便确定元件的型号规格。

1. 液压泵的选择

（1）计算液压泵的最大工作压力 p_p 液压泵的最大工作压力是执行元件最大工作压力 p_1 和进油路上总的压力损失 $\Sigma \Delta p$ 之和，即

$$p_p = p_1 + \Sigma \Delta p \tag{7-11}$$

式中，p_1 是液压执行元件的最大工作压力，可从工况图中找到；$\Sigma \Delta p$ 是进油路上总的压力损失，即为进油路上的压力损失与回油路上的压力损失、合流路上的压力损失折算值之和。

在液压系统没有确定之前，$\Sigma \Delta p$ 可参考表 7-7 进行估算。

表 7-7 进油路总压力损失估算表

系统结构情况	进油路总压力损失 $\Sigma \Delta p$ /MPa
简单系统（一般节流调速及管路）	0.2～0.5
复杂系统（进油路有调速阀及管路）	0.5～1.5

（2）计算液压泵的流量 q_p 液压泵的供油量是执行元件的最大工作流量与各种泄漏量之和，可用下式计算：

$$q_p = K(\Sigma q_i)_{max} \tag{7-12}$$

式中，$(\Sigma q_i)_{max}$ 是同时工作的执行元件所需流量之和的最大值，可在流量循环图上找出；K 是系统的泄漏系数，一般取 $K = 1.1～1.3$，大流量取小值，小流量取大值。对于节流调速回路，如果最大流量点处于调速状态，则泵的流量还需加上溢流阀的最小溢流量，一般取 3L/min。

若系统中设有蓄能器，则泵的流量按一个工作循环中的平均流量选取，即

$$q_p = \frac{K}{T} \sum_{i=1}^{n} q_i \Delta t_i \tag{7-13}$$

式中，q_i 是整个工作循环中第 i 阶段所需流量；Δt_i 是第 i 阶段持续的时间；T 是整个工作循环的周期；n 是整个工作循环的阶段数。

（3）选择液压泵的规格　前面计算的液压泵工作压力 p_p 是系统的稳态工作压力，而系统在工作中会出现瞬时超载或动态超调等，使得动态压力峰值远高于 p_p，所以选泵的规格时，为使液压泵工作安全可靠，液压泵应有一定的压力储备量，其额定压力应比计算值 p_p高 25%～60%，泵的额定流量应与系统所需的最大流量相适应。各类液压泵的性能比较及应用可参考表 2-3。

2. 选择驱动液压泵的电动机

驱动液压泵的电动机根据驱动功率和泵的转速来选择。

1）在整个工作循环中，泵的压力和流量在较多时间内均达到最大工作数值时，驱动泵的电动机的功率 P_i 为

$$P_i = \frac{p_p q_p}{\eta_p} \tag{7-14}$$

式中，p_p 是液压泵的最大工作压力；q_p 是液压泵输出的流量；

η_p 是液压泵的总效率。

各种液压泵的总效率可参见表 2-3。液压泵的规格大时取大值，规格小时取小值。

2）限压式变量叶片泵的驱动功率，可按泵的实际压力流量特性曲线拐点处的功率来计算。

3）当在一个工作循环中泵的功率变化较大，且最高功率点持续时间很短时，按式（7-14）计算出的功率去选择电动机规格，其功率会偏大，显得不经济。在这种情况下，可根据电动机的允许发热（温升）来选取电动机功率。先算出各阶段的功率，然后取其平均，即

$$P_i = \sqrt{\frac{\sum\limits_{i=1}^{n} P_i^2 t_i}{\sum\limits_{i=1}^{n} t_i}} \tag{7-15}$$

式中，P_i 是整个工作循环中各阶段所需的功率；t_i 是工作循环中各阶段所需的时间。

按式（7-15）算得平均功率，再结合液压泵要求的工作转速，就可选取标准的电动机。但必须检查每个阶段电动机的超载量是否都在允许范围内，一般电动机可短时超载，但不得大于 25%。否则，应按最大功率来选取电动机。

3. 选择阀类元件

选择液压控制阀的规格是根据系统中的最高工作压力和通过该阀的实际流量来选择。同时还要结合使用要求确定阀的操纵方式、安装方式、压力损失大小以及工作寿命等各项性能，在标准元件的产品样本中选取。

在选择液压阀时，应注意以下几点：

1）应尽量选择标准定型产品，非标准件尽量少用。

2）溢流阀应按泵的最大流量选取，能使泵的全部流量溢回油箱。

3）流量阀应按系统中速度调节范围来选取，其最小稳定流量要能满足机器性能的要求。

4）控制阀的额定流量一般应比管路实际通过的流量稍大些，以避免压力损失过大，从

而引起油液发热、噪声和其他性能降低。必要时也允许使通过阀的实际流量略大于额定流量，但一般不超过20%。

5）应注意差动液压缸由于面积差形成的不同回油量对控制阀的影响。

6）压力继电器要注意调节范围，当调整压力比额定压力低得太多时，压力继电器的作用精度较差。

4. 选择液压辅助元件

在第五章已介绍了管接头、蓄能器、过滤器等元件的选择原则。下面只简单介绍油管尺寸计算和油箱容积的确定。

（1）油管尺寸的计算　油管尺寸一般可根据选定液压元件的连接尺寸来确定。如需要计算，则先按通过油管最大流量和管内允许的流速来确定油管内径 d，然后按工作压力来确定其壁厚或外径。

1）油管内径 d 的计算：

$$d = 2\sqrt{\frac{q}{\pi v}} \qquad (7\text{-}16)$$

式中，q 是通过油管的最大流量；v 是管内允许流速，参考表 7-8 选取。

2）油管壁厚 δ 的计算：

$$\delta \geqslant \frac{pd}{2[\sigma]} \qquad (7\text{-}17)$$

式中，p 是管内工作压力；$[\sigma]$ 是油管材料的许用应力。

表7-8　允许流速推荐值

油液流经的管路		允许流速（m/s）
装有过滤器的吸油管		0.5~1.5
无过滤器的吸油管		1.5~3
回油管		2~3
压油管	25×10^5 Pa	3
	50×10^5 Pa	4
	100×10^5 Pa	5

油管的壁厚也可以根据选用的管材和管内径查液压手册。

计算出油管的内径和壁厚，必须按油管的规格标准进行圆整。

（2）油箱容积的确定　油箱既要能储油又要有散热作用，因此必须有足够的容积和散热面积。当油箱的长、宽、高的尺寸比例在一定范围内时，其容积与散热面积之比变化不大，所以只要有足够的容积 V 就能满足散热的要求，带有散热装置的油箱，其容积可适当减小。

油箱的容积可按第五章经验公式计算。

六、液压系统性能的验算

液压系统性能验算的目的在于检验设计质量，以便调整设计参数及方案，确定最佳设计方案。液压系统的性能验算是一个复杂的问题，验算项目因主机的工作要求而异，常见的有系统压力损失验算和发热温升验算。

1. 系统压力损失验算

系统压力损失验算目的在于比较与前面初估的系统压力损失确定值是否相符，较准确的确定液压泵的工作压力，为调节有关液压元件提供依据，以保证系统的工作性能。

压力损失的计算方法是基于能量叠加原则，即系统的总压力损失包括管道中的沿程压力损失和局部压力损失以及阀类元件的局部损失三项，用公式表示为：

$$\Delta p = \Sigma \Delta p_\lambda + \Sigma \Delta p_\xi + \Sigma \Delta p_v \tag{7-18}$$

式中，$\Sigma \Delta p_\lambda$ 是系统进、回油管路沿程压力损失之和；$\Sigma \Delta p_\xi$ 是系统中各种局部压力损失之和；$\Sigma \Delta p_v$ 是系统中阀类元件的局部压力损失之和。

它们的计算方法在第一章中已作介绍，可按第一章中有关公式和数据进行计算。

在计算液压阀的压力损失时要注意以下几种情况：

1）进油路和回油路上的压力损失应分别计算，并且应将回油路上的压力损失折算到进油路上去。

2）流经节流阀、调速阀时应保证的最小压力降，流经背压阀时的压力损失与通过流量基本无关，不需折算。

3）执行元件在快、慢速工况时，流量不同，压力损失也不同，快速时压力损失大，慢速时压力损失小，应分别计算。当液压缸两腔的工作面积不相等时，进油路和回油路的流量不同，故压力损失也应分别计算。

若压力损过大，影响系统工作，则应对设计作必要修改。重新调整有关阀类元件的规格和管道尺寸，以降低系统的压力损失。

需要指出，对于较简单的液压系统，压力损失验算可以省略，系统的供油压力由现场调试确定。

2. 系统发热温升验算

液压系统工作时有压力损失、流量损失和机械损失，这些损失最终都将转化为热能，致使系统发热油温升高，油温升高会使油液黏度减小，泄漏增加，容积效率下降，油液变质，运动件动作失灵，影响正常工作，因此，必须将油温控制在允许范围内。表7-9为各种常用机械油液温升许可范围。

液压系统产生热量的元件，主要有液压泵、各种液压阀等，散热的元件主要是油箱。系统工作一段时间后，发热量与散热量相等，即达到热平衡，不同的液压设备在不同的工作条件下，达到热平衡的温度也不一样，所以必须进行验算。

表 7-9　常用机械油液温升许可范围

种　类	普通机床	工程机械	精密机床
油液温升 ΔT	$<25 \sim 30℃$	$\leqslant 35 \sim 40℃$	$\leqslant 10 \sim 50℃$

（1）发热量计算　液压系统总发热量 H 产生于系统的功率损失，其值为

$$H = P_i - P_0 = P_i(1 - \eta) \tag{7-19}$$

式中，P_i 是液压系统实际输入功率（即液压泵的输入功率）（kW）；P_0 是液压执行元件输出功率（kW）；η 是液压系统的总效率。

（2）通过油箱散到空气中的热量为

$$H_0 = KA\Delta T \times 10^{-3} \tag{7-20}$$

式中，K 是散热系数（W/m^2·℃）；A 是油箱散热面积（m^2）；ΔT 是液压系统的温升（℃），即油温与环境温度之差。

通风差时取 $K = 8 \sim 10$；通风良好时取 $K = 14 \sim 20$；风扇冷却时取 $K = 20 \sim 25$，循环水冷时取 $K = 110 \sim 175$。

当油箱三个边的边长之比在 $1:1:1 \sim 1:2:3$ 范围内，且油面高度为油箱高度的80%

时，其散热面积 A 可近似地用下式计算：

$$A = 0.065 \sqrt[3]{V^2} \qquad (7\text{-}21)$$

式中，V 是油箱的有效容积（L）。

当系统达到热平衡时，即 $H = H_0$，系统的温升为

$$\Delta T = \frac{H}{KA} \qquad (7\text{-}22)$$

若计算出的温升加上环境温度高于允许的最高工作温度，则必须采取进一步散热措施。

七、绘制正式工作图和编制技术文件

1. 绘制工作图

1）液压系统原理图应附有液压元件明细表，表中标明各液压元件的规格型号和压力阀、流量阀的调整值，执行元件工作循环图，列出相应电磁铁和压力继电器的动作顺序表。

2）液压系统装配图。液压系统装配图是液压系统的安装施工图，包括泵站装配图、集成油路装配图、管路安装图等。

3）非标准件的装配图和零件图。

2. 编写技术文件

技术文件一般包括液压系统设计计算说明书，液压系统原理图，液压系统的使用及维护技术说明书，零部件目录表，标准件、通用件及外购件汇总表等。

第二节 液压系统设计计算实例

设计一台专用铣床液压系统。

一、明确液压系统设计要求

专用铣床工作台重量为3000N，工件及夹具最大重量为1000N，切削力最大达9000N，工作台的快进速度为4.5m/min，进给速度为0.06~1m/min，行程为0.4m，工作台往复运动的加速、减速时间为0.05s，假定工作台采用平面导轨，其摩擦因数 $f_{静} = 0.2$、$f_{动} = 0.1$，试设计、计算该液压系统。

二、液压系统的工况分析

由题意知，工作台作往复直线运动，要求完成的工艺过程是快进→工进→快速退回。

1. 速度分析

快进速度 $v_1 = 4.5$ m/min，工进速度 $v_2 = 0.06 \sim$ 1m/min。设计中取快速退回速度 v_3 与快进速度相同，即 $v_3 = 4.5$ m/min。

2. 负载分析

工作负载：$F_w = 9000$N；惯性负载：$F_a = ma = \dfrac{3000+1000}{9.8} \times \dfrac{4.5}{0.05 \times 60}$ N $= 612$N；摩擦阻力负载：

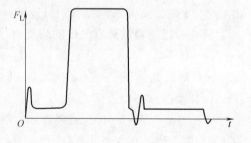

图 7-3 液压缸负载循环图

$F_{静} = 4000 \times 0.2N = 800N$，　$F_{动} = 4000 \times 0.1N = 400N$。

液压缸工作压力在主要参数确定完毕后，按不同工况分别计算，其结果列于表 7-10 中。绘制液压缸负载循环图如图 7-3 所示 。

表 7-10　液压缸工作压力

工作阶段		$F_L = F + F_a + F_f/N$	液压缸工作压力/MPa
快进	启动	$F = F_a + F_{静} = 612 + 800 = 1412$	0.965
	平稳运行	$F = F_{动} = 400$	0.2734
工进	平稳运行	$F = F_w + F_{动} = 9000 + 400 = 9400$	3.84
	制动	$F = F_a + F_{动} = -612 + 400 = -212$	0.4585
回程	启动	$F = F_w + F_{静} = 612 + 800 = 1412$	1
	平稳运行	$F = F_{动} = 400$	0.285
	制动	$F = F_a + F_{动} = -612 + 400 = -212$	-0.15

三、确定主要参数

1. 选择工作压力 p_1

参考表 3-1 及表 3-2 选取液压缸工作压力 $p_1 = 4MPa$。

2. 确定液压缸内径 D 和活塞杆直径 d

铣床工作台要求体积小、结构简单、工作可靠，且负载功率不大，故决定采用单泵供油（定量泵），单活塞杆式液压缸差动连接实现快进。由于工作台在制动阶段承受负值负载，故采用回油节流调速，可获得良好的工作平稳性。

由活塞受力平衡关系知：$p_1 \dfrac{\pi}{4} D^2 - p_2 \dfrac{\pi}{4}(D^2 - d^2) = \dfrac{F_{Lmax}}{\eta_{mc}}$

式中：$p_1 = 4MPa$ 为液压缸工作压力；p_2 为背压，由表 7-2 取 $1MPa$；D 为液压缸内径；d 为活塞杆直径，由于快进采用差动连接，且取快进速度与快退速度相同，故 $d = 0.707D$；η_{mc} 取 0.92。

于是有：$4 \times \dfrac{\pi}{4} D^2 - \dfrac{\pi}{4}(D^2 - 0.707^2 D^2) = \dfrac{9400}{0.92}$

解得：$D = 60.96mm$

按液压缸内径尺寸系列圆整为：$D = 63mm$。$d = 0.707D = 0.707 \times 63mm = 44.54mm$

按液压缸活塞杆外径尺寸系列圆整为：$d = 45mm$。

3. 计算执行元件所需流量

快进时，采用差动回路，其流量为：

$$q_1 = \frac{\pi}{4} d^2 v_1 = \frac{\pi}{4} \times 0.045^2 \times \frac{4.5}{60} m^3/s = 1.192 \times 10^{-4} m^3/s = 7.153L/min$$

工进时，采用回油节流调速回路，流量为：

$$q_2 = \frac{\pi}{4} D^2 v_2 = \frac{\pi}{4} \times 0.63^2 \times (0.6 \sim 10)L/min = (0.187 \sim 3.116)L/min$$

快速退回时，流量为：

$$q_3 = \frac{\pi}{4}(D^2 - d^2) \, v_3 = \frac{\pi}{4} \times (0.63^2 - 0.45^2) \times 45 \text{L/min} = 6.867 \text{L/min}$$

由此算得： $\qquad\qquad q_{max} = q_1 = 7.153 \text{L/min}$

根据上述三部分计算，可得工作台液压驱动系统的压力循环图（图 7-4）和流量循环图（图 7-5）。

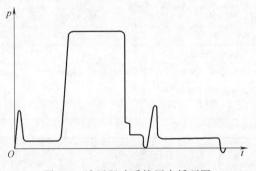

图 7-4　液压驱动系统压力循环图　　　　　图 7-5　液压驱动系统流量循环图

四、拟定系统原理图，选择液压元件

由前述分析已知，采用单个定量泵供油，单活塞杆式液压缸差动连接实现执行元件快速进给；选择流量较小的泵，减少系统能量损失，且使液压系统较为简单；采用二位三通电磁换向阀实现快进与工进速度的切换，回油节流调速回路实现工进速度调节；用三位四通 M 型中位机能的电磁换向阀实现进给与快退的换向。停机时，换向阀处于中位，液压泵卸荷，并且可以保证机床调整时可以停在任意位置上。

初步拟定的液压系统图如图 7-6 所示。系统动作顺序见表 7-11。系统中各液压元件的计算、选择分述如下。

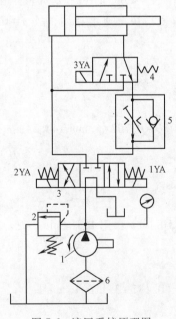

图 7-6　液压系统原理图

表 7-11　电磁铁动作顺序表

工况	电磁铁		
	1YA	2YA	3YA
快进	+	−	+
工进	+	−	−
快退	−	+	−
停止	−	−	−

1. 确定液压泵的规格,选择驱动电机

1）泵的工作压力为：$p_P \geqslant p_1 + \sum \Delta p = (4 + 0.7)\,\mathrm{MPa} = 4.7\,\mathrm{MPa}$

式中：初步估算总压力损失 $\sum \Delta p = 0.7\,\mathrm{MPa}$。

2）液压泵的流量为：$q_p \geqslant K(A_1 - A_2)v_1 = Kq_1 = (1.1 \times 7.153)\,\mathrm{L/min} = 7.8683\,\mathrm{L/min}$

式中：K 为泄漏系数，取 1.1。

根据计算求得的 p_P 和 q_p，选择结构简单、压力脉动小、工作可靠的 $\mathrm{YB_1}$—6 型叶片泵。其额定压力为 6.3MPa，排量为 6mL/r，转速为 1450r/min，驱动功率为 1.5kW。考虑到泵的容积效率等因素，此泵的额定流量与计算 q_p 相当，满足使用要求。

3）确定电动机功率。由于其他条件不足，故按工作循环最高功率点确定电动机功率。

$$P = \frac{(p_P q_p)_{\max}}{\eta_P} = \frac{(3.84 + 0.7) \times 10^6 \times 8.7 \times 10^{-3}}{60 \times 0.8}\,\mathrm{W} = 0.823\,\mathrm{kW}$$

根据以上计算选额定功率为 1.1kW 的标准型号电动机。

2. 确定各类控制阀

根据控制元件的选择原则，选定各类元件（见表 7-12）。

校核调速阀的最小流量，工进时液压缸回油量为：

$$q' = \frac{\pi}{4}(D^2 - d^2)v_{\min} = \frac{\pi}{4}(0.63^2 - 0.45^2) \times 0.6\,\mathrm{L/min} = 0.0916\,(\mathrm{L/min}) > q_{\min} = 0.035\,\mathrm{L/min}$$

3. 确定其他液压辅件

系统中一般管道的通径按所连接元件的通径选取。油箱容积为：

$$V = Kq = 6 \times 8.7\,\mathrm{L} = 52.2\,\mathrm{L} = 0.0522\,\mathrm{m}^3$$

式中，K 为系数，取 $K = 6$。

表 7-12　主要元件明细表

序号	元 件 名 称	型 号	压力/MPa	流量/（L/min）
1	液压泵	$\mathrm{YB_1}$-6	6.3	8.7
2	溢流阀	DT-02-B-22	0.5~7	16
3	三位四通电磁换向阀	34D-10BM	6.3	10
4	二位三通电磁换向阀	23D-10B	6.3	10
5	单向调速阀	$\mathrm{AQF_3}$-6bB	6.3	10 $q_{\min} = 0.035$
6	滤油器	XU-16×80J		16

五、验算系统性能

1. 压力损失验算

由于本系统较为简单，控制阀类较少，故压力损失验算略。

2. 系统温升验算

液压泵的总输入功率为 1.1kW，$\eta_p \geqslant 0.8$，故液压泵的功率损失为：

$$\Delta P_p = 1.1 \times (1 - 0.8)\,\mathrm{kW} = 0.22\,\mathrm{kW}$$

溢流功率损失为：$\Delta P_Y = p' \Delta q = (3.84 + 0.7) \times (8.7 - 0.187)/60\,\mathrm{kW} = 0.644\,\mathrm{kW}$。

节流功率损失验算略。

系统的温升为：
$$\Delta T = \frac{H}{KA} = \frac{0.8642}{15 \times 10^{-3} \times 6.66\sqrt[3]{0.052^2}} \text{℃} = 62.1 \text{℃}$$

式中，通风良好时取 $K = 15 \times 10^{-3}$。

ΔT 加上环境温度高于最高允许温度，故应加大油箱容量（或在系统中增设冷却装置）。在油箱尺寸的高、宽、长之比为 $1:1:1 \sim 1:2:3$，油面高度达到油箱高度的 0.8 时：

$$V_{min} \approx 10^{-3} \sqrt{\left(\frac{H}{\Delta T}\right)^3} = 10^{-3} \sqrt{\left(\frac{864.2}{30}\right)^3} \text{m}^3 = 0.155 \text{m}^3$$

油箱的散热面积为：
$$A_{min} = \frac{H}{K\Delta T} = \frac{0.8642}{15 \times 10^{-3} \times 30} \text{m}^2 = 1.92 \text{m}^2$$

第三节　液压 CAD 技术简介

随着计算机和计算机绘图技术的发展，CAD 技术在各个领域的应用越来越普遍，从而使设计人员从繁重的、甚至是重复性的设计计算及绘图工作中解脱出来，提高设计效率，保证设计质量，缩短设计周期。液压系统计算机辅助设计（液压 CAD）在液压技术领域的应用正在日益发展，从液压产品的设计、制造、测试和性能仿真，到液压设备的计算机控制等，所应用的范围越来越广。下面对液压系统计算机辅助设计（液压 CAD）作一简单介绍。

一、液压 CAD 的内容

液压 CAD 主要应用于以下几方面：

（1）设计液压系统图　根据原始设计要求设计液压系统，计算和选择元件，得出液压系统图和元件明细表及相关数据。

（2）设计专用液压件　如液压缸、液压阀、集成块、油箱等元件和装置的设计计算、工作图的绘制。

（3）设计液压系统管路安装图　根据液压系统图和元件明细表，绘制二维或三维的液压系统管路安装图。

（4）分析液压系统静态特性　根据设计参数对系统负载特性、系统效率、发热温升等技术特性进行分析，并可反复修改设计参数，进行优化设计。

（5）分析或预测液压系统的动态特性　根据设计好的液压系统建立数学模型，进行稳定性分析或动态响应数字仿真，通过数据或图形曲线显示其结果，反复修改系统参数，直至获得满意的结果为止。

二、液压 CAD 系统的构成

液压 CAD 系统由液压 CAD 硬件和 CAD 软件构成，图7-7为液压 CAD 系统构成示意图。

1. 液压 CAD 硬件

液压 CAD 硬件实际上就是一套具有足够的存储空间和较强的图形处理与显示输出能力

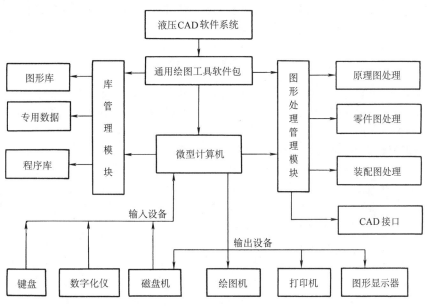

图 7-7　液压 CAD 系统构成示意图

的普通微型计算机。它包括执行运算和图形处理的中央处理器（CPU）、存储器、软盘驱动器、彩色显示器、绘图机等。

2. 液压 CAD 软件

软件包括除计算机系统软件（操作系统等）外，还应有专用的液压系统设计软件包（液压 CAD）。它是在通用绘图工具软件包二次应用开发的基础上构成的。

目前国内一般的液压 CAD 软件主要由以下几部分组成：

（1）图形库　图形库是参考国家标准和国内主要液压元件生产厂家的标准，通过对液压原理图、装配图的结构分析，在液压 CAD 软件系统中建立的一套完整的图形库支撑软件，以解决液压 CAD 中对图形输入输出的要求。

图形库中包含各种液压元件的图形符号、常用的液压回路块、各种通用液压集成块符号、各种通用叠加阀符号、各种通用液压元件外形图和通用油箱外形图等。

（2）数据库　进行液压系统的计算机辅助设计，需要利用数据库技术，将设计时所需要的各种数据、标准以及其它设计资料、信息和中间设计结果等，存入数据库中，以供设计人员使用。数据库包含各种图形的有关数据，如基准点及所占位置尺寸、各类通用元件的结构和性能参数、设计计算所需的各种数据等。

（3）程序库　程序库包含各类设计计算公式和完成液压系统 CAD 各项功能的程序等。

近年来，我国液压 CAD/CAM 的研究与开发迅速而深入。如用来进行板式元件集成式液压系统设计的软件包 YCADJ 系统，《集成式液压系统 CAD-YCADJ 用户手册》帮助用户从绘制液压集成式液压系统原理图到自行设计、绘制块体零件图和阀组装图。软件操作简便，还具有良好的开放性，可开发、扩充、修改和重建，为集成式液压系统的设计提供了一种先进的辅助设计手段。MBCADAM 软件包是面向液压集成块从产品零件图设计到工艺设计，数控编程，到加工制造全过程的集成化软件包，实现了液压集成块 CAD/CAPP/CAM 一体化。随着计算机技术的发展，液压 CAD 技术已成为专业技术人员强有力的工具，在生产设计中发挥着越来越大的作用。软件系统的不断开发和完善，使得 CAD 在液压技术中的应用必将越来越广泛和深入。

思考题和习题

7-1　何谓速度循环图、负载循环图、压力循环图、流量循环图和功率循环图？它们之间有无关系？根据速度循环图和负载循环图可以做出功率循环图，根据压力循环图和流量循环图也可做出功率循环图，两者之间有什么区别？

7-2　已知某液压系统的总效率 $\eta = 0.6$，该系统液压泵的流量 $q_P = 70 L/min$，压力 $p_P = 49 \times 10^5 Pa$，泵的总效率 $\eta_P = 0.7$，假定油液最高允许温度 $T_{max} = 65℃$，周围环境温度 $T = 20℃$，且通风良好，试确定其油箱的有效容积及其边长（1:1:1 型）。

7-3　图 7-8 所示油压机系统，其工作循环为快速下降→压制→快速退回→原位停止。已知：液压缸无杆腔面积 $A_1 = 100 cm^2$，有杆腔面积 $A_2 = 50 cm^2$，移动部件自重 $G = 5000 N$；快速下降时的外负载 $F = 10000 N$，速度 $v_1 = 6 m/min$；压制时的外负载 $F = 50000 N$，速度 $v_2 = 0.2 m/min$；快速回程时的外负载 $F = 10000 N$，速度 $v_3 = 12 m/min$。管路压力损失、泄漏损失、液压缸的密封摩擦力以及惯性力等均忽略不计。试求：

1）液压泵 1 和 2 的最大工作压力及流量。

2）阀 3、4、6 各起什么作用？它们的调整压力各为多少？

7-4　设计一台卧式钻、镗组合机床液压系统。

该机床用于加工铸铁箱体零件的孔系，运动部件总重 $G = 10000 N$，液压缸机械效率为 0.9，加工时最大切削力为 12000 N，工作循环为："快进→工进→死挡铁停留→快退→原位停止"。快进行程长度为 0.4 m，工进行程为 0.1 m。快进和快退速度为 0.1 m/s，工进速度范围为 $3 \times 10^{-4} \sim 5 \times 10^{-3} m/s$，采用平面导轨，启动时间为 0.2 s，要求动力部件可以手动调整，快进转工进平稳、可靠。

7-5　液压系统计算机辅助设计（液压 CAD）主要包括哪几方面的内容？

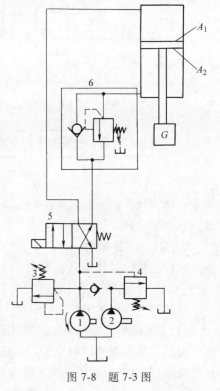

图 7-8　题 7-3 图

第八章 液压伺服系统

液压伺服系统是以液压为动力，控制位移、速度和力等机械量的自动控制系统。在这个系统中，执行机构以一定的精度自动地按照输入信号的变化规律而动作，因而也称液压随动系统或跟踪系统。

液压伺服系统除了具有液压传动的各种优点外，还有响应快、惯性小、系统刚度大、伺服精度高等特点，因此得到广泛应用。

本章对液压伺服系统的基本原理、组成、特点和应用作一简略介绍。

本章重点

1）液压伺服系统的工作原理。

2）液压伺服系统的组成、基本类型和特点。

第一节 概 述

一、液压伺服系统的工作原理

图 8-1 所示为某机液位置伺服系统的原理。它是一具有机械反馈的节流型阀控缸伺服系统。它的输入量（输入位移）为伺服滑阀阀芯 1 的位移 x_i，输出量（输出位移）为液压缸的位移 x_0，阀口 a、b 的开口量为 x_v。图中液压泵 3 和溢流阀 4 构成恒压油源。滑阀的阀体与液压缸 2 刚性固联，构成机械反馈液压伺服拖动装置。

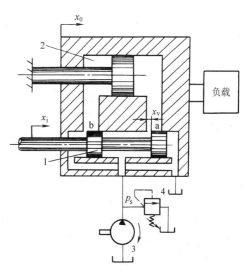

图 8-1 机液位置伺服系统原理

1—阀芯 2—液压缸（阀体） 3—液压泵 4—溢流阀

当伺服滑阀处于中间位置（$x_v = 0$）时，各阀口均关闭，阀没有流量输出，液压缸不动，系统处于静止状态。若给伺服滑阀阀芯一个输入信号使之产生一个位移 x_i，阀口 a、b 便有一个相应的开口量 x_v，使压力油经阀口 a 进入液压缸的右腔，其左腔油液经阀口 b 回油箱，液压缸在液压力的作用下右移 x_0，由于滑阀阀体与液压缸体固连在一起，因而阀体也右移 x_0，则阀口 a、b 的开口量减小（$x_v = x_i - x_0$），直至 $x_0 = x_i$ 时，$x_v = 0$，阀口关闭，液压缸停止运动，处于一个新的平衡位置上。如果阀芯不断地向右移动，则液压缸就拖动负载不停地向右移动。从而完成液压缸输出位移对伺服滑阀输入位移的跟随运动。若伺服滑阀反向运动，液压缸也作反向跟随运动。由此可见，只要给伺服滑阀以某一规律的输入信号，则执行元件就自动地、准确地跟随滑阀按照这个规律运动。这就是液压伺服系统的工作原理。该原理可以用图8-2的方块图表示。

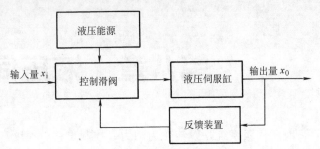

图 8-2　液压伺服系统工作原理方块图

二、液压伺服系统的组成

液压伺服系统不管具体结构如何，也都是由一些具体元件组成。根据元件的功能，系统的组成可由图8-3表示。

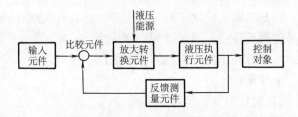

图 8-3　液压伺服控制系统的组成

（1）输入元件　主要用来产生控制信号，它给出输入信号（指令信号）加于系统的输入端。可以是机械式，也可是电气元件。上例图8-1中没有直接给出。

（2）反馈测量元件　测量系统的输出量，并转换成反馈信号。如上例图8-1是通过把伺服阀体与液压缸刚性固联在一起形成的。

（3）比较元件　将反馈信号与输入信号进行比较，给出偏差信号。反馈信号与输入信号应是相同的物理量，以便进行比较。比较元件有时不单独存在，而是与输入元件、反馈测量元件或放大元件一起组合为同一结构元件。如上例图8-1中伺服阀同时具有输入比较和放大两种功能。

（4）放大转换元件　将偏差信号放大并进行能量形式的转换。如伺服阀可把位移信号转换成流量输出并实现功率放大。放大转换元件的输出级是液压的，前置级可以是机械、电气、液压、气动或它们的组合形式。

（5）执行元件　直接对控制对象起控制作用的元件，如液压缸、液压马达等。

（6）控制对象　即运动部件，如仿形刀架的刀台、机床的工作台等。

三、液压伺服系统的特点

通过对液压伺服系统工作原理及组成的讨论，可看出液压伺服系统与一般的液压系统相比，有如下特点：

1）液压伺服系统是一个位置跟踪系统。输出量能自动地跟随输入量的变化而变化。如液压缸的位置（输出）完全跟随伺服滑阀的位置（输入）而运动。

2）液压伺服系统是一个力的放大系统。移动滑阀所需信号功率很小而液压缸产生的力则很大，输出力比输入力大几百倍甚至数千倍。

3）液压伺服系统是一个反馈系统。输出位移之所以能够精确地跟随输入位移的变化，是因为控制滑阀的阀体和液压缸固连在一起，液压缸输出位移 x_0 通过反馈通路回输给伺服阀体，与输入位移 x_i 比较，从而减少和消除输出输入信号之间的偏差。这是一种刚性负反馈，没有这个反馈，伺服系统就无法工作。

4）液压伺服系统是一个误差系统。当液压缸位移 x_0 和阀芯位移 x_i 之间不存在误差时，即当伺服滑阀处于零位时，系统的控制对象处于静止状态。欲使系统有输出信号，首先必须保证伺服滑阀具有一个开口量即 $x_v = x_i - x_0 \neq 0$，系统的输出信号和输入信号之间的误差是液压伺服系统工作的必要条件，也就是说液压伺服系统是靠误差信号进行工作的。如果没有误差存在，伺服系统就不能工作。

四、液压伺服系统的分类

液压伺服控制系统可以从不同的角度进行分类，每一种分类方法都代表系统一定的特点。

1）按输入信号的变化规律分为：定值控制系统、程序控制系统和伺服系统。

2）按系统输出物理量分为：位置控制系统、速度控制系统、加速度控制系统和力控制系统等。

3）按信号传递介质的形式分为：机液控制系统、电液控制系统和气液控制系统。

4）按驱动装置的控制方式和元件的类型分为：节流式控制（阀控式）和容积式控制（变量泵控制或变量马达控制）系统。

第二节　液压伺服系统的基本类型及其应用

液压伺服系统按控制元件分，有伺服阀系统和伺服泵系统两类。伺服阀系统多用于控制功率较小（20kW 以下）而响应速度要求较高之处，其缺点是效率较低。伺服泵系统则用于大功率控制而要求系统效率较高之处，缺点是系统的响应速度较慢。在伺服阀系统中，常用的有机液伺服阀和电液伺服阀。在机械设备中，以阀控系统应用较多，故本节对阀控系统作一简单介绍。

一、机液伺服阀系统

机液伺服阀是以机械运动来控制液体压力和流量的伺服元件，从结构上可分滑阀、射流管阀和喷嘴挡板阀三类。

1. 滑阀式液压伺服系统

滑阀式伺服阀结构与液压换向滑阀很相似，但其加工精度比换向阀要高得多。

根据滑阀上的控制边数（起控制作用的阀口数）的不同，这种系统又分为单边、双边和四边控制式三种，如图 8-4 所示。

图 8-4a 为单边滑阀控制式系统，只有一个边起控制液流的作用。压力油进入液压缸的有杆腔，通过活塞上的固定节流孔 a 进入无杆腔，压力由 p_p 降为 p_1，再通过滑阀唯一的控制边流回油箱。在液压缸不受外负载作用的条件下，$p_1 A_1 = p_p A_2$，液压缸不动。当阀芯根据输入信号向左移动时，开口量 x_v 增大，液压缸无腔的压力 p_1 减小，于是 $p_1 A_1 < p_p A_2$，缸体也向左移动。因为缸体和阀体刚性连接成一个整体，故阀体也左移，又使 x_v 减小（负反馈），直至平衡。单边滑阀只能与单活塞杆液压缸配合使用。

图 8-4b 为双边滑阀控制式系统，它有两个控制边。压力油一路直接进入液压缸有杆腔，其压力 $p_2 = p_p$；另一路经滑阀左控制边的开口 x_{v1} 进入液压缸无杆腔，并经滑阀右控制边的开口 x_{v2} 流回油箱。显然，$p_1 < p_p$。当 $p_1 A_1 = p_2 A_2$ 时，缸体受力平衡，静止不动。当阀芯左移时，x_{v1} 减小，x_{v2} 增大，液压缸无杆腔压力 p_1 减小，$p_1 A_1 < p_2 A_2$，缸体也向左移动；反之，当滑阀右移时，缸体也向右移动。双边滑阀比单边滑阀的灵敏度高，工作精度高。双边滑阀多与单杆液压缸配合使用。

图 8-4c 为四边滑阀控制式系统，滑阀有四个控制边。开口 x_{v1}、x_{v2} 分别控制进入液压缸两腔的压力油，开口 x_{v3}、x_{v4} 分别控制液压缸两腔的回油。当阀芯左移时，液压缸左腔的进油口 x_{v1} 减小，回油口 x_{v3} 增大，p_1 减小；与此同时，液压缸右腔的进油口 x_{v2} 增大，回油口 x_{v3} 减小，p_2 增大，使活塞也向左移动。与双边滑阀相比，四边滑阀同时控制液压缸两腔的压力和流量，所以调节灵敏度更高，工作精度也更高。四边滑阀均可与单杆、双杆液压缸及液压马达等配合使用。

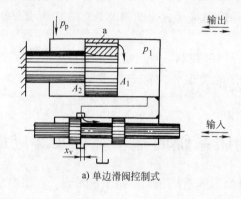

a) 单边滑阀控制式

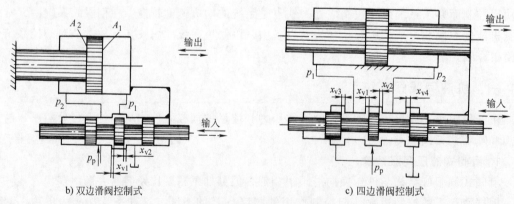

b) 双边滑阀控制式　　　　　　　　　　　c) 四边滑阀控制式

图 8-4　滑阀式液压伺服系统

由上述可知，单边、双边和四边滑阀的控制作用是相同的，均起到换向和节流作用；控制边数越多，控制性能越好，但其结构工艺性也越复杂。通常情况下，四边滑阀多用于精度要求较高的系统；单边和双边滑阀用于要求一般精度的系统。

根据滑阀在平衡状态时阀口初始开口量的不同，可分为正开口、零开口和负开口三种形式，如图 8-5 所示。图 8-5a 为正开口，阀芯台肩的宽度 b 小于阀体沉槽的宽度 B，即 $b < B$。当阀芯处于中间位置时，存在较大泄漏，压力油有无功损耗，所以一般不宜用于大功率控制

的场合。图 8-5b 为零开口，即 $b=B$。当阀芯处于中间位置时，没有压力油泄漏回油箱，因此无功率损耗，不存在死区。其工作精度最高，所以常用于高精度伺服系统中。但完全的零开口在工艺上是难以达到的，故实际的零开口允许微小的开口量偏差。图 8-5c 为负开口，即 $b>B$，负开口有较大的不灵敏区，且位移—流量特性不好，故很少采用。

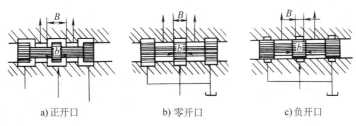

a)正开口　　　　　　b)零开口　　　　　　c)负开口

图 8-5　滑阀的开口形式

滑阀式液压伺服系统的优点是具有很高的功率放大倍数，良好的控制性能。在液压伺服系统中应用最广泛，缺点是滑阀加工精度要求高，阀芯质量大，阀芯与阀套不可避免地存在摩擦力，灵敏度低，对油液污染较敏感。

2. 射流管式液压伺服系统

如图 8-6 所示，该系统由射流管 3、接受板 2 和液压缸 1 组成。射流管 3 在输入信号的作用下，可绕中心轴左右摆动不大的角度；接受板 2 上有两个并列的接受孔 a 和 b，把射流管端部锥形喷嘴中射出的压力油分别通向液压缸左、右两腔。当射流管处于两个接受孔道的中间对称位置时，两个接受孔道内的油压相等，液压缸不动。如有输入信号作用在射流管上使它偏转时，例如逆时针偏转一个很小的角度时，a 孔道和 b 孔道内的压力就不相等了，这时液压缸左腔的压力就会大于右腔的压力，液压缸便向射流管偏转的同方向（向左）移动，直至跟着液压缸移动的接受板到达射流孔又处于两孔道中间对称位置时为止。由此可见，在这种伺服系统中，液压缸的运动方向取决于输入信号的方向，运动速度取决于输入信号的大小。

这种伺服系统的优点是结构简单，工作可靠；元件加工精度要求低，射流管出口处面积大，抗污染能力强，能在恶劣的工作条件下工作。其缺点是射流管运动部件的惯量较大，工作性能较差，无功损耗大，效率较低，供油压力高时易引起振动，故该系统只适用于低压和功率较小的场合。例如某些液压仿形机床的伺服系统。

3. 喷嘴挡板式伺服系统

喷嘴挡板阀有单喷嘴式和双喷嘴式两种，它们的工作原理基本相同。图 8-7 所示为双喷嘴挡板阀的工作原理。该阀主要由挡板 1、喷嘴 2 和 3、固定节流小孔 4 和 5 等元件组成。挡板和两个喷嘴之间形成两个可变截面的节流缝隙 δ_1 和 δ_2。当挡板处于中间位置时，δ_1 和 δ_2 所形成的节流阻力相等，两喷嘴腔内的油液压力相等，即 $p_1=p_2$，液压缸不动；压力油经孔道 4 和 5、缝隙 δ_1 和 δ_2 流回油箱。当输入信号使挡板向左偏摆时，δ_1 关小，δ_2 开大，p_1 上升，p_2 下降，液压缸体向左移动。因负反馈作用，当喷嘴跟随缸体移动到挡板两边对称位置时，液压缸停止运动。

喷嘴挡板阀的优点是结构简单，加工要求低，运动部件惯性小，反应快，精度和灵敏度高；其缺点是无功损耗大，抗污染能力较差，输出功率小；故该阀常用作多级放大伺服控制元件中的前置级。

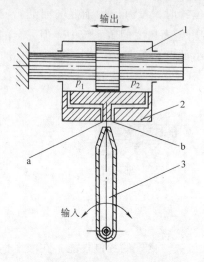

图 8-6　射流管式液压伺服系统
1—液压缸　2—接受板　3—射流管

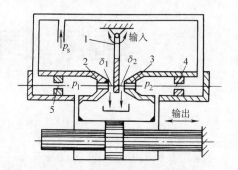

图 8-7　双喷嘴挡板阀的工作原理
1—挡板　2、3—喷嘴　4、5—节流小孔

二、电液伺服控制系统

在电液伺服系统中，用电气作为输入信号就有传递快，线路连接方便，适于远距离控制，易于测量、比较和校正等优点；用液压能作为动力就有输出力大，惯性小，反应快等优点。因此，电液结合而成的电液伺服系统是一种控制灵活、精度高、快速性好、输出功率大的系统。在这种系统中，必须要有一个将电气信号转变为液压信号的转换装置，即电液伺服阀。

在电液伺服阀系统中，电液伺服阀既是电液转换元件，又是功率放大元件，它将小功率的电信号输入转换为大功率的液压能（压力和流量）输出，实现对执行元件的位移、速度、加速度及力的控制。其工作原理如图 8-8 所示。它由电磁和液压两部分组成。

电磁部分是一个力矩马达，由一对永久磁铁 1、导磁体 2、4、衔铁 3、线圈 12 和弹簧管 11 等组成。其工作原理为：永久磁铁将两块导磁体磁化为 N 极和 S 极，形成一个固定磁场。当线圈 12 无控制电流通过时，衔铁由弹簧管支承在上、下导磁体的中间位置，力矩马达无力矩输出，挡板处于两喷嘴中间位置。当有控制电流通过线圈 12 时，衔铁 3 被磁化。若通入的电流使衔铁左端为 N 极，右端为 S 极，根据磁极间同性相斥、异性相吸的原理，衔铁向逆时针方向偏转 θ 角。于是弹簧管弯曲

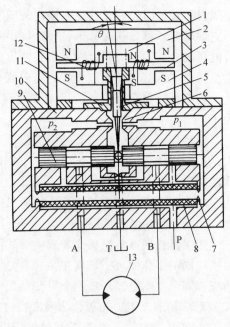

图 8-8　力反馈电液伺服阀工作原理
1—永久磁铁　2、4—导磁体　3—衔铁　5—挡板
6—喷嘴　7—固定节流口　8—过滤器　9—滑阀
10—阀体　11—弹簧管　12—线圈　13—液压马达

变形，产生相应的反力矩，直至电磁力矩与弹簧管反力矩相平衡为止。由于电磁力与输入电流成正比，弹簧管的弹性力矩又与其转角成正比，因此，衔铁的转角与输入电流的大小成正比。电流越大，衔铁偏转的角度 θ 也越大。电流反向输入时，衔铁也反向偏转。

液压部分是一个两级液压放大器，由于力矩马达产生的力矩很小，不能直接用来驱动四边控制滑阀，须先进行放大。第一级采用双喷嘴挡板，称前置放大级。由挡板 5（与衔铁固连在一起）、喷嘴 6、固定节流口 7 和过滤器 8 组成。第二级采用四边控制滑阀，称功率放大级。由滑阀 9 和阀体 10 组成。其工作原理为：当没有控制电流时，衔铁处于中位，挡板也处于中位，$p_1=p_2$，滑阀不动，四个阀口均关闭，因此，无液压信号输出。当有控制电流时，力矩马达使衔铁偏转，挡板 5 也一起偏转，挡板偏离中间位置后，喷嘴内腔的油液压力 p_1、p_2 发生变化。若衔铁带动挡板逆时针偏转时，挡板的节流小孔间隙右侧减小，左侧增大，于是，压力 p_1 增大，p_2 减小，滑阀 9 在压力差的作用下向左移动。这时油源的压力油从滑阀左侧通道 A 进入液压马达，回油经滑阀右侧通道及中间空腔流回油箱，使液压马达旋转。与此同时，随着滑阀向左移动，使挡板在两喷嘴的偏移量减小，这就是反馈作用。反馈作用的结果，使挡板向中位移动，从而使滑阀两端压力差相应地减小。当滑阀上的液压作用力与挡板弹性反力平衡时，滑阀便保持在某一开度上不再移动，并有相应的流量输出。

输入的控制电流越大，滑阀的偏移量也越大，输出的流量越多，因而执行元件的运动速度就越高。当控制电流反向时，则衔铁顺时针方向偏转，滑阀右移，输出的压力油也反向流动，这就使执行元件反向运动。因此，输入控制电流的方向和大小决定了执行元件的运动方向和速度。

从上述原理可知，滑阀的位置是由反馈杆组件的弹性变形力反馈到衔铁上与电磁力平衡而决定的，故称此阀为力反馈式电液伺服阀。

随着计算机的推广使用，液压数字阀和数字控制伺服阀机构也越来越受到重视。数字阀是用数字信息直接控制的电液数字控制阀，可直接与计算机接口相连，不需要 D-A 转换器，因此在微机实时控制的电液伺服阀系统中，已部分取代了电液伺服阀。可见，数字阀的出现，为计算机在液压伺服系统中的应用开拓了一个新领域。

电液伺服阀常用于自动控制系统中的位置控制、速度控制和压力控制，图 8-9 所示为电液位置控制伺服系统的工作原理及组成。

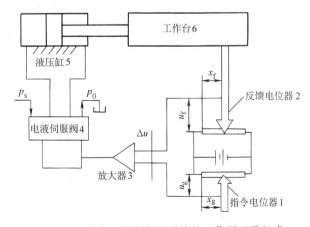

图 8-9　电液位置控制伺服系统的工作原理及组成

　　指令电位器1将滑臂的位置指令 x_g 转换成电压 u_g；被控制的工作台位置 x_f 由反馈电位器2检测，转换成电压 u_f；两个相同的线性电位器接成桥式电路，该电桥输出电压 $\Delta u = u_g - u_f$。当工作台位置 x_f 与指令位置 x_g 一致时，电桥输出偏差电压 $\Delta u = 0$，此时放大器输出电压为零，电液伺服阀处于零位，没有流量输出，工作台不移动，系统处在一个平衡状态。当指令电位器滑臂位置发生变化，如向右移动某一位移 x_g，而工作台位置还没有发生变化时，即 $x_f = 0$，$u_f = 0$，则电桥输出的偏差电压 $\Delta u = u_g - u_f = u_g$，经放大器放大后变为电流信号去控制电液伺服阀，电液伺服阀输出压力油，推动工作台右移。工作台位移 x_f 由反馈电位器检测，转换为电压 u_f，使电桥输出偏差电压逐渐减小，当工作台位移 x_f 等于指令电位器滑臂位移 x_g 时，电桥输出偏差电压 $\Delta u = 0$，工作台停止运动，系统处在一个新的平衡状态。如果指令电位器滑臂反向运动，则工作台也做反向运动。在这种系统中，工作台位置能准确地跟随指令电位器滑臂的变化规律，实现电液位置伺服控制。

三、液压伺服系统实例

1. 车床液压仿形刀架

　　液压仿形刀架是机液伺服位置控制系统的典型实例，广泛应用于自动仿形机床中，图8-10所示为车床液压仿形刀架工作原理。

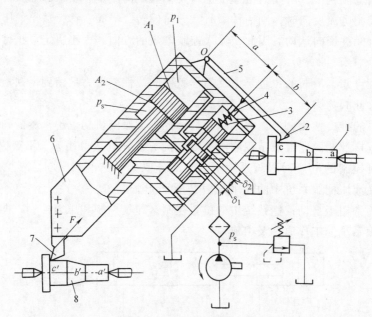

图 8-10　车床液压仿形刀架原理

1—样件　2—触头　3—弹簧　4—阀杆　5—杠杆　6—刀架　7—车刀　8—工件

　　仿形刀架安装在车床横溜板后方，可以保留原来的方刀架，不影响车床原有的性能。样件支承在床身后侧面，仿形刀架在工作过程中随纵溜板作纵向进给运动。利用仿形刀架可以仿照样件的形状自动加工出多台肩的轴类零件或曲线轮廓的旋转表面，从而大大提高劳动生产率和减轻劳动强度。

　　仿形刀架主要由伺服阀、液压缸和反馈机构三部分组成。阀体和缸体刚性连接，与杠杆构成反馈机构。活塞杆固定在刀架的底座上，缸体带动车刀可在刀架底座的导轨上移动。控制阀一端因有弹簧3的作用，使杠杆5上的触头压紧在样件1上。此刀架采用差动液压缸，且 $A_1 = 2A_2$。液压泵供油直接进入有杆腔，其油压始终等于液压泵的供油压力 p_s，p_s 由溢流阀调定；而无杆腔一方面通过阀口 δ_1 与进油相通，另一方面通过阀口 δ_2 与油箱相通。因此，无杆腔内的压力受双边控制阀的开口 δ_1 和 δ_2 的控制。当阀芯处于中间位置时，即 $\delta_1 = \delta_2$ 时，缸无杆腔压力 p_1 为进油压力的一半，即 $p_1 = p_s/2$ 时，液压缸处于相对平衡状态，缸静止不动。

（1）引刀 拉下操纵杆，使凸轮（图中未示出）离开杠杆5，于是触头2及阀芯在弹簧3作用下一起下移，使阀口 δ_1 关小，δ_2 开大，则缸无杆腔的油压 p_1 减小，$p_1 A_1 < p_s A_2$，使触头2及车刀7分别向样件1和工件8快速趋近。当触头碰到样件后，阀芯停止下移，但阀体还在下移，结果使 δ_1 逐渐开大，δ_2 逐渐关小，于是使缸无杆腔的压力 p_1 升高；直至 $p_1 A_1 = p_s A_2$ 时，缸体停止运动。

（2）车圆柱面 当触头2沿样件1上的圆柱面滑动时，无输入信号，阀芯不动，但缸体在切削力 F 作用下要产生一个位移，使阀口 δ_1 关小，δ_2 开大，造成缸无杆腔压力 p_1 减小。其值由 δ_1 和 δ_2 的比例关系决定，以便与切削力相平衡，有 $p_1 A_1 + F = p_s A_2$，这时刀架又重新处于平衡状态。由溜板带动仿形刀架纵向进给，车出圆柱面，如图 8-10 的 a 点到 b 点。

（3）车正锥和台肩 当触头2碰到样件 b 处和 c 处时，就绕支点 O 抬起，并经阀杆4拉动阀芯上移，δ_1 开大，δ_2 关小，使压力 p_1 升高，系统平衡被破坏，$p_1 A_1 > p_s A_2 + F$ 则缸体带着车刀后移，开始车正锥面或直角台肩。在此期间，由于缸体后移又使 δ_1 关小，δ_2 开大，系统又建立新的平衡。溜板连续地以速度 v_z 作纵向移动，这样触头就不断上移，缸体带着车刀就不停地以速度 v_f 后移，则上面的反馈过程就不断地发生，液压缸的运动将完全跟随触头而运动。v_z 和 v_f 的合成运动 v_h 使车刀车出圆锥面或直角台肩，其他曲面也都是这样合成的结果，如图 8-11 所示。为了能车削出直角台肩，仿形刀架的液压缸轴线与主轴中心线斜置安装。

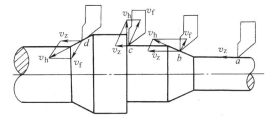

图 8-11 进给运动合成示意图

（4）车反锥面 其仿形原理与车正锥面相似。

（5）快退 仿形结束后，抬起操纵杆，使凸轮顶起杠杆5，阀芯被提起，使 δ_1 开大，δ_2 关闭。这时，$p_1 A_1 > p_s A_2$，液压缸成差动连接，缸体快速退回到原位。

仿形刀架与主轴线的斜置安装角度 α，对零件的表面加工质量及生产率均有一定的影响。

工件外形角 β：工件的外形切线和轴线的夹角。

1）加工正锥面和直角台肩，一般 $\alpha = 55°$。

2）加工 $\beta = -15° \sim 90°$ 的工件时，$\alpha = 45°$。

3）加工 $\beta = -60° \sim 60°$ 的工件时，$\alpha = 90°$。

2. 汽车转向液压助力器

大型载重卡车广泛采用液压助力器，用以减轻司机的体力劳动，提高汽车转向灵活性。这种液压助力器也是一种机液伺服位置控制系统。图 8-12 是转向液压助力器的原理图，它主要由液压缸和控制滑阀两部分组成。液压缸活塞1的右端通过铰销固定在汽车底盘上，液压缸缸体 2 和控制滑阀阀体连在一起形成负反馈，由方向盘 5 通过摆杆 4 控制滑阀阀芯 3 的移动。当缸体 2 前后移动时，通过转向连杆机构 6 等控制车轮偏转，从而操纵汽车转向。当阀芯 3 处于图示位置时，各阀口均关闭，缸体 2 固定不动，汽车保持直线运动。由于控制滑阀采用负开口的形式，则可以防止引起不必要的扰动。当旋转方向盘，假设使阀芯 3 向右移动时，液压缸中压力 p_1 减小，p_2 增大，缸体也向右移动，带动转向连杆 6 向逆时针方向摆动，使车轮向左偏转，实现左转弯；反之，缸体若向左移就可实现右转弯。

实际操作时，驾驶方向盘的旋转方向和汽车转弯的方向是一致的。为使驾驶员在操纵方向盘时能感觉到转向的阻力，所以在控制滑阀端部增加两个油腔 A、B，分别与液压缸左、右腔相通；这时移动控制阀阀芯时所需的力就和液压缸的两腔压力差（$\Delta p = p_1 - p_2$）成正比，因而具有真实感。

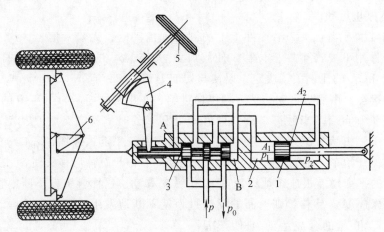

图 8-12　转向液压助力器

1—活塞　2—缸体　3—阀芯　4—摆杆　5—方向盘　6—转向连杆机构

3. 机械手手臂伸缩装置

图 8-13 所示为机械手手臂伸缩电液伺服系统工作原理。它由电液伺服阀 1、液压缸 2、活塞杆带动的机械手手臂 3、电位器 4、步进电动机 5、齿轮齿条机构 6 和放大器 7 等元件组成。齿条固定在机械手手臂上，电位器固定在齿轮上，所以当手臂带动齿轮转动时，电位器和齿轮一起转动，形成负反馈。

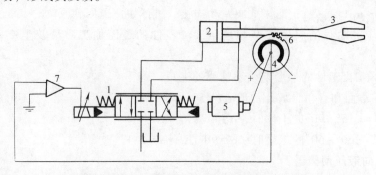

图 8-13　机械手手臂伸缩电液伺服系统工作原理

1—电液伺服阀　2—液压缸　3—机械手手臂　4—电位器

5—步进电动机　6—齿轮齿条机构　7—放大器

当数字装置发出一定数量的脉冲信号时，步进电动机带动电位器 4 的动触头转过一定的角度，使动触头偏移电位器中位，产生微弱电压信号，该信号经放大器 7 放大后输入电液伺服阀 1 的控制线圈，使伺服阀产生一定的开口量。这时，压力油经伺服阀的开口进入液压缸的左腔，推动活塞连同机械手手臂一起向右移动，液压缸右腔的回油经伺服阀流回油箱。由于电位器的齿轮和机械手手臂上齿条相啮合，手臂向右移动时，电位器跟着作顺时针方向转动。当电位器的中位和动触头重合时，动触头输出电压为零，电液伺服阀失去信号，阀口关闭，手臂停止移动。手臂移动的行程决定于脉冲的数量，手臂移动的速度决定于脉冲的频率。当数字装置发出反向脉冲时，步进电动机逆时针方向转动，手臂缩回。

由于机械手手臂移动的距离与输入电位器的转角成比例，机械手手臂完全跟随输入电位器的转动而产生相应的位移，所以它是一个带有反馈的位置控制电液伺服系统。

思考题和习题

8-1　何谓液压伺服系统？

8-2　液压伺服系统与液压传动系统有什么区别？使用场合有何不同？

8-3　在液压仿形刀架上，若将控制阀和液压缸分成两部分，仿形刀架能工作吗？为什么？

8-4　为什么仿形刀架液压缸的轴线与主轴中心线之间安装成一定角度？

8-5　双喷嘴挡板式液压伺服系统中，若一个喷嘴被堵塞，会发生什么现象？

8-6　滑阀式伺服阀在初始平衡状态下有几种开口形式？各有何特点？

第九章　液压传动系统的安装调试和故障分析

本章主要介绍液压系统的安装、调试和使用工作过程中应注意的问题；液压传动系统常见故障的诊断和排除方法。

本章重点

1）了解液压系统安装与调试的一般规范、步骤和方法。

2）通过实训逐步学会液压系统的安装与调试及液压系统故障的分析和排除方法。

第一节　液压传动系统的安装与调试

液压系统的安装与调试是液压设备能否正常可靠运行的一个重要环节。液压系统安装工艺不合理，或出现安装错误，以及液压系统中有关参数调整得不合理，将会造成液压系统无法运行，给生产带来巨大的经济损失，甚至造成重大事故。因此必须重视液压系统安装与调试这一环节。

一、液压装置的配置形式

一个能完成一定功能的液压系统是由若干个液压阀有机地组合而成的。液压阀的安装连接形式与液压系统的结构形式和元件的配置形式有关。液压装置的结构形式有集中式和分散式两种。

集中式是将液压系统的动力源、阀类元件集中安装在主机外的液压泵站上，其优点是安装与维修方便，并能消除动力源振动和油温对主机工作的影响。

分散式是将液压系统的动力源、阀类元件分散在设备各处，如以机床床身或底座作油箱，把控制调节元件设置在便于操作的地方。这种结构形式的优点是结构紧凑，占地面积小；其缺点是动力源的振动、发热等都对设备的工作精度产生不利影响。生产线液压装置的结构形式属于分散式，生产线设备较多以及液压系统较庞大的情况，一般不设置集中泵站，而是以工位为基本单元自带油源装置，阀类元件通过连接板配置在本工位的设备上。这样便于安装、调试及维修。

二、液压阀的连接

液压阀的连接方式有管式连接、板式连接、集成块式及叠加阀式等。

1. 管式连接

管式连接是将管式液压阀用管接头及油管将各阀连接起来，流量大的则用法兰连接。管式连接不需要其他专门的连接元件，其优点是系统中各阀间油液走向一目了然；缺点是结构分散，所占空间较大，管路交错，不便于装拆、维修，管接头处易漏油和空气侵入，而且易产生振动和噪声，目前很少采用。

2. 板式连接

板式连接是将板式液压阀统一安装在连接板上，采用的连接板有以下几种形式。

（1）单层连接板　如图 9-1 所示，阀类元件装在竖立的连接板的前面，阀间油路在板后用油管连接。这种连接板简单，检查油路方便，但板上管路多，装拆不方便，占用空间也大。

（2）双层连接板　在两板间加工出连接阀的油路，两块板再用黏结剂或螺钉固定在一起，工艺简单，结构紧凑，但系统压力高时易出现漏油串腔问题。

（3）整体连接板　如图 9-2 所示，在板中钻孔或铸孔作为连接油路，工作可靠，但钻孔工作量大，工艺较复杂，如用铸孔则清砂又较困难。

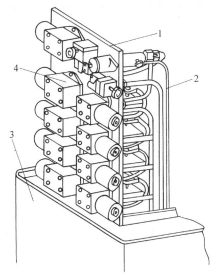

图 9-1　液压元件单层板式配置
1—连接板　2—油管　3—油箱　4—阀

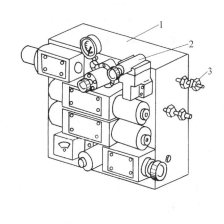

图 9-2　液压元件整体式配置
1—油路板　2—阀　3—管接头

3. 集成块式

图 9-3 为集成块式液压装置示意图。将板式液压元件安装在集成块周围的三个面上，另外一面则安装管接头，通过油管连接到液压执行元件。在集成块内根据各控制油路设计加工出所需要的油路通道，而取代了油管连接。集成块的上下面是块与块的结合面，在结合面加工有相同位置的进油孔、回油孔、泄漏油孔、测压油路孔以及安装螺栓孔。集成块与装在其周围的元件构成一个集成块组，可以完成一定典型回路的功能，如调压回路块、调速回路块等。将所需的几种集成块叠加在一起，就可构成整个集成块式的液压传动系统。其优点是结构紧凑，占地面积小，便于装卸和维修，抗外界干扰性好，节省大量油管，并具有标准化、系列化产品，可以选用并组合成各种液压系统。它被广泛应用于各种中高压和中低压液压系统中。

4. 叠加阀式

叠加阀式是液压装置集成化的另一种方式，是由叠加阀直接连接而成，不需要另外连接体，而是以它自身的阀体作为连接体直接叠加而组成所需的液压系统。叠加阀已有系列产品，每一种通径系列的叠加阀的主油路通道的位置、直径，安装螺钉孔的大小、位置、数量都与相应通径的主换向阀相同。因此，每一通径系列的叠加阀都可以进行叠加。在叠加阀式液压系统中，一个主换向阀及相关的其他控制阀所组成的子系统可以叠加成一阀组，阀组与阀组之间可以用底板或油管连接形成总液压系统，如图9-4所示。叠加阀式液压装置一般最下边为底板，在底板上有进油口、回油口以及通向液压执行元件的孔口，向上依次叠加各种压力阀和流量阀，最上层为换向阀，一个叠加阀组一般控制一个液压执行元件。若系统中有几个液压执行元件需要集中控制，可将几个竖向叠加阀组并排安装在多联底板块上。用叠加阀组成的液压系统，可实现液压元件间无管化集成连接，使液压系统连接方式大为简化，结构紧凑，体积小，功耗减少。设计安装周期缩短。

在液压系统设计时，仅需按工艺要求绘制出叠加阀式液压系统原理图即可进行组装，为便于设计和选用，目前所生产的叠加阀都给出其型谱符号，有关部门已颁布了国产普通叠加阀的典型系列型谱。

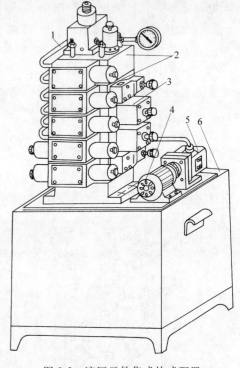

图9-3　液压元件集成块式配置
1—油管　2—回路块　3—阀
4—电动机　5—液压泵　6—油箱

三、液压系统的安装

液压系统是由各种液压元件、辅助元件组成，各元件之间由管路、管接头、连接体等零件有机地连接起来，组成一个完整的液压系统。液压系统安装得正确与否，直接影响设备的工作性能和可靠性。

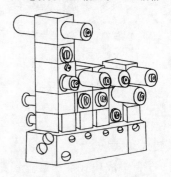

图9-4　液压元件叠加阀式配置

1. 安装前的准备工作与要求

1）认真分析液压系统工作原理图、管道连接图以及有关液压元件使用说明书。

2）按图样准备好所需的液压元件、部件、辅件，并认真检查是否完好无损。

3）用煤油清洗液压元件，专用件应进行必要的密封和耐压试验。

2. 液压元件的安装与要求

1）安装各种泵、阀时，必须注意各油口的位置，不能接错；各油口要紧固，密封可靠，不得漏气和漏油。

2）液压泵轴与电动机轴的同轴度偏差不应大于 $\phi 0.1\mathrm{mm}$，两轴中心线的倾角不应大于 $1°$。

3）液压缸的安装应符合活塞（柱塞）的轴线与运动部件导轨面平行度的要求。

4）方向阀一般应水平安装，蓄能器应沿轴线垂直安装。

3. 管路的安装与要求

1）系统管道先试装，之后用 20% 的硫酸或盐酸溶液进行酸洗，再用 10% 的苏打水中和 10min，最后用温水冲洗，待干燥涂油后进行二次安装。

2）管道布置要整齐，短而平直，弯管的最小弯曲半径应不小于管外径的 3 倍。

3）泵的吸油高度要小于 0.5m，保证管路密封良好。

4）吸油管与回油管不能离得太近，以免将温度较高的油液吸入系统。

5）各元件的泄油管最好单设回油管路。

6）吸油管路上应设过滤精度为 0.1~0.2mm 的过滤器，并有足够的通油能力。

7）回油管应插入油面以下足够的深度，以免油液飞溅形成气泡。

四、液压系统的调试

1. 空载调试

空载调试的目的是全面检查液压系统各回路、各元件工作是否正常，工作循环或各种动作的自动转换是否符合要求。

1）将溢流阀的调压旋钮放松，使其控制压力为能维持油液循环时的最低值，系统中如有节流阀、减压阀，则应将其调整到最大开度。

2）启动液压泵。先点动确定泵的旋向，而后检查泵在卸荷状态下的运转。

3）调整系统压力。在调整溢流阀时，压力从零开始逐步调高，直至达到规定的压力值。

4）调整流量阀。先逐步关小流量阀，检查执行元件能否达到规定的最低速度及平稳性，然后按其工作要求的速度调整。

5）调整自动工作循环和顺序动作等，检查各动作的协调性和正确性。

6）在空载工况下，各工作部件按预定的工作循环连续运转 2~4h 后，检查油温是否在 30~60℃ 规定范围内，检查系统所要求的各项精度。一切正常后，方可进行负载调试。

2. 负载调试

负载调试是在规定负载工况下运转，进一步检查系统能否满足各种参数和性能要求。如有无噪声、振动和外泄漏现象，系统的功率损耗和油液温升等。

负载调试时，一般应先在低于最大负载和速度的工况下试车，如果轻载试车一切正常，才逐渐将压力阀和流量阀调节到规定值。溢流阀的调整压力一般要大于执行元件所需的工作压力的 10%~25%；向快速运动供油的液压泵的压力阀其调整压力一般大于所需压力的 10%~20%；当以卸荷压力供给控制油路和润滑油路时，压力应保持在 0.3~0.6MPa；压力继电器调整压力一般应比供油压力低 0.3~0.6MPa，进行最大负载试车，若系统工作正常便可交付使用。

五、液压系统的使用与维护

1. 液压系统的使用

1）保持油液清洁。油箱在灌油前要进行清洗，加油时油液要用 120 目的滤网过滤，油箱应加以密封并设置空气过滤器。对油液进行定期检查，一般半年至一年更换一次。

2）随时清除液压系统中的气体，以防系统产生爬行和引起油液变质。

3）油箱油温一般控制在 30~60℃，温升过高时，可采取冷却措施。

4）设备若长期不用，应将各调节旋钮全部放松，防止弹簧产生永久变形而影响元件的性能。

2. 液压系统的维护保养

维护保养分日常维护、定期检查和综合检查三个阶段进行。

（1）日常维护　通常采用目视、耳听及手触感觉等较简单的方法。在泵启动前、后和停止运转前，检查油量、油温、压力、漏油、噪声及振动等情况，并随之进行维护和保养，对重要的设备应填写"日常维护卡"。

（2）定期检查　包括调查日常维护中发现异常现象的原因并进行排除。对需要维修的部位，必要时进行分解检修。一般与过滤器的检修期相同，通常为 2~3 个月。

（3）综合检查　大约一年一次。其主要内容是检查液压装置的各元件和部件，判断其性能和寿命，并对产生故障的部位进行检修，对经常发生故障的部位提出改进意见。定期检查和综合检查均应做好记录，作为设备出现故障时查找原因或设备大修的依据。

第二节　液压传动系统的故障分析与排除

一、液压系统常见故障的排除方法

液压系统发生故障的概率随着时间而变化，大致可分为三个阶段，即初期故障阶段、正常工作阶段和寿命故障阶段。初期故障阶段时间较短，但发生故障的概率较高。此阶段发生故障的主要原因，一是新系统设计可能存在一定问题，这时要根据系统的性能要求改进设计；二是系统安装工艺不合理及系统调试不当。对于此类故障，一般由泵站到执行元件依次进行诊断。保证安装精度，进行合理调试后，故障会逐渐减少，从而转入正常工作阶段。在正常工作阶段中，系统故障只有偶然发生。对于此类故障，可根据发生故障的现象寻找造成故障的元件，给予修复或更换，不一定非得从液压泵开始依次查找。由于液压元件的磨损和疲劳等原因，使系统进入一个新的故障阶段，即寿命故障阶段。随着时间的延长发生故障的概率越来越高。

总之，设备在运行中出现的故障大致有五类，即漏油、发热、振动、压力不稳定和噪声。当液压系统发生故障时，应认真仔细地分析，这不仅要了解液压系统的工作原理，而且还要了解每个元件的结构原理及其作用。诊断方法有耳听、目测、手感等方式，必要时可用专用仪器和试验设备进行检测。通过理论知识的学习和不断实践积累实践经验，便可逐渐学会液压系统故障的分析和排除方法。液压系统故障诊断流程图如图 9-5 所示。液压系统常见故障及排除方法可见表 9-1。

液压系统故障的诊断必须遵循一定的程序进行，即根据液压系统的基本工作原理进行逻辑分析，减少怀疑对象，逐渐逼近，找出故障发生的部位和元件。

1）液压系统出现故障大致可归纳为五大问题，即动作失灵、振动和噪声、系统压力不稳定、发热及油液污染严重。

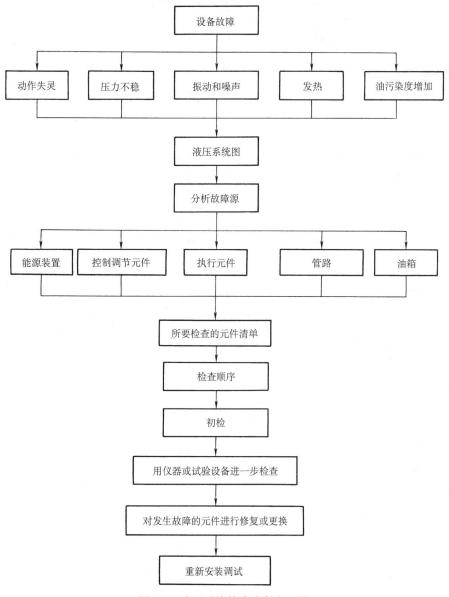

图 9-5　液压系统故障诊断流程图

2）审核液压系统图。对于新系统在调试中出现的故障，首先要认真分析液压系统设计是否合理，各压力阀及流量阀调节是否合理；对于运行中的系统，要结合液压系统图检查各元件，确认其性能和作用，评定其质量状况。

3）分析故障源。大致有五大部分，即能源装置、控制调节元件、执行元件、管路和油箱。分析故障可用"四觉"诊断法，即指检修人员运用触觉、视觉、听觉和嗅觉来分析判断液压系统故障。

① 触觉：即检修人员通过手感判断油温的高低，元件及管道的振动大小。

② 视觉：如执行元件无力，运动不稳定，泄漏和油液变色等现象，检修人员凭经验通过目测可做出一定的判断。

表 9-1　液压系统常见故障及排除方法

故障	原　　　因	排　除　方　法
无压力或压力提不高	1. 液压泵	
	（1）液压泵转向错误	改变转向
	（2）泵体或配流盘缺陷,吸压油腔互通	更换零件
	（3）零件磨损,间隙过大,泄漏严重	修复或更换零件
	（4）油面太低,液压泵吸空	补加油液
	（5）吸油管路不严,造成吸空,进油吸气	拧紧接头,检查管路,加强密封
	（6）压油管路密封不严,造成泄漏	拧紧接头,检查管路,加强密封
	2. 溢流阀	
	（1）弹簧疲劳变形或折断	更换弹簧
	（2）滑阀在开口位置卡住,无法建立压力	修研滑阀使其移动灵活
	（3）锥阀或钢球与阀座密封不严	更换锥阀或钢球,配研阀座
	（4）阻尼孔堵塞	清洗阻尼孔
	（5）遥控口误接回油箱	截断通油箱的油路
	3. 液压缸高低压腔相通	修配活塞,更换密封件
	4. 系统中某些阀卸荷	查明卸荷原因,采取相应措施
	5. 系统严重泄漏	加强密封,防止泄漏
	6. 压力表损坏失灵造成无压现象	更换压力表
	7. 油液黏度过低,加剧系统泄漏	提高油液黏度
	8. 温度过高,降低了油液黏度	查明发热原因,采取相应措施或散热
爬行	1. 系统负载刚度太低	改进回路设计
	2. 节流阀或调速阀流量不稳定	选用流量稳定性好的流量控制阀
	3. 液压缸	
	（1）液压缸零件加工装配精度超差,摩擦力大	更换不符合精度要求的零件,重新装配
	（2）液压缸内外泄漏严重	修研缸内孔,重配活塞,更换密封圈
	（3）液压缸刚度低	提高刚度
	（4）液压缸安装不当,精度超差,与导轨轴线不平行	重新安装,调平行度
	4. 混入空气	
	（1）油面过低,吸油不畅	补加油液
	（2）过滤器堵塞	清洗过滤器
	（3）吸、排油管相距太近	将吸、排油管远离设置
	（4）回油管没插入油面以下	将回油管插入油液中
	（5）密封不严,混入空气	加强密封
	（6）运动部件停止运动时,液压缸油液流失	增设背压阀或单向阀,防止停机时油液流失
	5. 油液不洁	
	（1）污物卡住执行元件,增加摩擦阻力	清洗执行元件,更换油液或加强滤油
	（2）污物堵塞节流口,引起流量变化	清洗节流阀,更换油液或加强滤油

（续）

故障	原　因	排　除　方　法
爬行	6. 油液黏度不适当	换用指定黏度的液压油
	7. 外部摩擦力	
	（1）拖板楔铁或压板调得过紧	重新调整
	（2）导轨等导向机构精度不高,接触不良	按规定刮研导轨,保证接触精度
	（3）润滑不良,油膜破坏	改善润滑条件
液压冲击	1. 液压缸	
	（1）运动速度过快,没设置缓冲装置	设置缓冲装置
	（2）缓冲装置中单向阀失灵	检修单向阀
	（3）液压缸与运动部件连接不牢固	紧固连接螺栓
	（4）液压缸缓冲柱塞锥度太小,间隙太小	按要求修理缓冲柱塞
	（5）缓冲柱塞严重磨损,间隙过大	配制缓冲柱塞或活塞
	2. 节流阀开口过大	调整节流阀
	3. 换向阀	
	（1）电液换向阀中的节流螺钉松动	调整节流螺钉
	（2）电液换向阀中的单向阀卡住或密封不良	修研单向阀
	（3）滑阀运动不灵活	修配滑阀
	4. 压力阀	
	（1）工作压力调得太高	调整压力阀,适当降低工作压力
	（2）溢流阀发生故障,压力突然升高	排除溢流阀故障
	（3）背压阀压力过低	适当提高背压力
	5. 没有设置背压阀	设置背压阀或节流阀使回油产生背压
	6. 垂直运动的液压缸下腔没采取平衡措施	设置平衡阀,平衡重力作用产生的冲击
	7. 混入空气	
	（1）系统密封不严,吸入空气	加强密封
	（2）停机时执行元件油液流失	回油管路设置单向阀或背压阀,防止元件油液流失
	（3）液压泵吸空	加强吸油管路密封,补足油液
	8. 运动部件惯性力引起换向冲击	设置制动阀
	9. 油液黏度太低	更换油液
振动和噪声	1. 液压泵	
	（1）油液不足,造成吸空	补足油液
	（2）液压泵位置太高	调整液压泵吸油高度
	（3）吸油管道密封不严,吸入空气	加强吸油管道的密封
	（4）油液黏度太大,吸油困难	更换液压油
	（5）工作温度太低	提高工作温度,油箱加热
	（6）吸油管截面太小	增大吸油管直径或将吸油管口斜切 45°,以增加吸油面积
	（7）过滤器堵塞,吸油不畅	清洗过滤器

（续）

故障	原　　因	排　除　方　法
	（8）吸油管浸入油面太浅	将吸油管浸入油箱2/3处
	（9）液压泵转速太高	选择适当的转速
	（10）泵轴与电动机轴不同轴	重新安装调整或更换弹性联轴器
	（11）联轴器松动	拧紧联轴器
	（12）液压泵制造装配精度太低	更换精度差的零件，重新安装
	（13）液压泵零件磨损	更换磨损件
	（14）液压泵脉动太大	更换脉动小的液压泵
	2. 溢流阀	
	（1）阀座磨损	修复阀座
	（2）阻尼孔堵塞	清洗阻尼孔
	（3）阀芯与阀体间隙过大	更换阀芯，重配间隙
	（4）弹簧疲劳或损坏，使阀移动不灵活	更换弹簧
振动和噪声	（5）阀体拉毛或污物卡住阀芯	去除毛刺，清洗污物，使阀芯移动灵活
	（6）实际流量超过额定值	选用流量较大的溢流阀
	（7）与其他元件发生共振	调整压力，避免共振，或改变振动系统的固有振动频率
	3. 换向阀	
	（1）电磁铁吸不紧	修理电磁铁
	（2）阀芯卡住	清洗或修整阀体和阀芯
	（3）电磁铁焊接不良	重新焊接
	（4）弹簧损坏或过硬	更换弹簧
	4. 管路	
	（1）管路直径太小	加大管路直径
	（2）管路过长或弯曲过多	改变管路布局
	（3）管路与阀产生共振	改变管路长度
	5. 由冲击引起振动和噪声	见"液压冲击"一栏
	6. 由外界振动引起液压系统振动	采取隔振措施
	7. 电动机、液压泵转动引起振动和噪声	采取缓振措施
	8. 液压缸密封过紧或加工装配误差运动阻力大	适当调整密封松紧，更换不合格零件，重新装配
油温过高	1. 液压系统设计不合理，压力损失大，效率低	改进设计，采用变量泵或卸荷措施
	2. 压力调整不当，压力偏高	合理调整系统压力
	3. 泄漏严重造成容积损失	加强密封
	4. 管路细长且弯曲，造成压力损失	加粗管径，缩短管路，使油液流动通畅
	5. 相对运动零件的摩擦力过大	提高零件加工装配精度，减小摩擦力
	6. 油液黏度大	选用黏度低的液压油
	7. 油箱容积小，散热条件差	增大油箱容积，改善散热条件
	8. 由外界热源引起温升	隔绝热源

（续）

故障	原　　因	排　除　方　法
泄 漏	1. 密封件损坏或装反	更换密封件,改正安装方向
	2. 管接头松动	拧紧管接头
	3. 单向阀钢球不圆,阀座损坏	更换钢球,配研阀座
	4. 相互运动表面间隙过大	更换某些零件,减小配合间隙
	5. 某些零件磨损	更换磨损的零件
	6. 某些铸件有气孔、砂眼等缺陷	更换铸件或修补缺陷
	7. 压力调整过高	降低工作压力
	8. 油液黏度太低	选用黏度较高的油液
	9. 工作温度太高	降低工作温度或采取冷却措施

③ 听觉：检修人员通过耳听，根据液压泵和液压马达的异常声响，溢流阀的尖叫声及油管的振动等来判断噪声和振动大小。

④ 嗅觉：指检修人员通过嗅觉，判断油液变质和液压泵发热、烧结等故障。

4）列出与故障有关的元件清单。通过以上分析判断，将需要检修或更换的元件清单列出，但要**注意**：不要漏掉任何一个对故障有重要影响的元件。

5）将清单列出的元件，按其引起故障的主次进行排队。

6）初步检查。判断元件的选用和装配是否合理，元件的外部信号是否合适，对外部的输入信号是否有反应等。并注意观察出现故障的先兆，如噪声、振动、高温和泄漏等现象。

7）未检查出引起故障的元件，则应用仪器设备反复检查，以鉴定其性能参数是否合格。

8）对发生故障的元件进行修复或更换，应注意在安装前要认真清洗。

9）重新安装调试。经过检修后的系统进行重新启动调试，并认真总结系统出现故障的原因及排除的方法，为今后分析、判断和维修液压系统故障积累实践经验。

二、液压系统故障实例分析

以加工薄壳零件的专用机床液压控制系统为例，分析液压系统故障和排除方法。

该液压系统是为减小薄壳零件加工变形而设计的。系统的工作压力由溢流阀调定，为减小加工变形又不破坏定位，设置了辅助支承。辅助支承的向上推力由减压阀1保证，夹紧力由减压阀2保证。液压系统控制原理如图9-6所示。

1. 液压主系统的故障维修

故障现象：液压系统有时无压力或有时压力达不到调定值。

分析及处理过程：通过对系统原理图分析，产生这类故障的主要原因有：①系统的压力油路和溢流油路（回油路）短接或有较严重的泄露；②可能是油箱中的油液根本没有进入液压系统；③电动机功率不足。

第一步检查液压泵是否有油液输出。如无油输出，则可能是液压泵转向不对或零件磨损或损坏，吸油阻力过大或漏气；也可能是电动机功率不足，使液压泵的输油压力达不到工作压力。

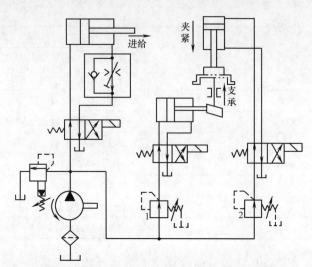

图 9-6　加工薄壳零件机床液压系统控制原理图

经过观察和手感，电动机和液压泵均工作正常，有油液输出，故初步判断故障不出自液压泵。

第二步检查各回油管，观察哪个部件有溢油。如溢流阀回油管溢油，但拧紧溢流阀的弹簧后，压力还是无变化，则其原因可能是溢流阀的阀芯有污物存在或因锈蚀而卡死在开口位置，或弹簧折断失效，或阻尼孔被污物堵塞，这样液压泵打出的油液立即在低压下经溢流阀溢回油箱。由分析可知，故障可能出自溢流阀。关掉电动机，卸下并拆开溢流阀，经检查，弹簧完好，滑阀移动灵活。在进一步检查主阀阻尼孔时，发现阻尼孔不通。说明油液中有污物，阻尼孔被堵塞了。

处理方法：过滤或更换液压油，清洗溢流阀，疏通阻尼孔，恢复其工作性能。

2. **进给回路的故障维修**

故障现象：机床进给速度不稳定。

分析及处理过程：由系统原理图可知，问题肯定出自单向调速阀：①可能是单向阀密封性不好；②阀与阀座处有污物；③调速阀中的弹簧失效变形或卡住。经检查发现弹簧完好，而发现单向阀与阀座处有污物。

处理方法：过滤或更换液压油，清洗单向调速阀。

3. **夹紧回路的故障维修**

故障现象：在加工过程中，发现有些零件加工变形超出了允许范围。

分析及处理过程：从夹紧回路原理图分析，一可能是辅助支承有时未起作用；二可能是夹紧力过大。其原因就出现在两个减压阀处。首先打开压力表开关，分别检测减压阀 1 和减压阀 2 的出口压力是否稳定在预先的调定值上。经观察发现减压阀 1 的出口压力波动较大。由此可见，辅助支承有时失去作用而造成一些零件加工变形。

减压阀 1 处故障原因有：①弹簧变形或卡住；②滑阀移动不灵活或弹簧太软；③导阀与阀座孔配合不好或锥阀安装不正确。经拆开减压阀后发现，问题不是出现在滑阀处，而是锥阀安装偏斜。

处理方法：调整锥阀，重新安装。

最后将发生故障的元件进行修复或更换，并进行认真清洗，重新安装。对检修后的系统进行重新启动调试，并认真总结系统出现故障的原因及排除的方法，为今后分析、判断和维修液压系统故障积累实践经验。

技能实训 10　液压传动系统故障的分析与排除

1. 实训目的

1）读懂液压系统，掌握系统中各调节元件的调节方法。

2）熟练掌握液压系统回路的连接步骤和方法。

3）学会分析和排除液压系统在工作过程中出现的常见故障。

2. 实训内容

组合机床液压系统图如图 9-7 所示。

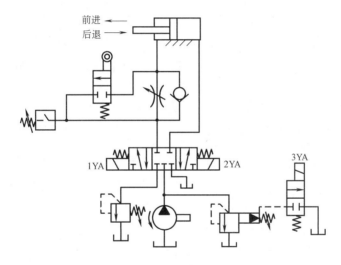

图 9-7　组合机床液压系统

该系统可实现"快进→工进→快退→原位停止、泵卸荷"工作循环。

要求在实训台上安装该系统，分析系统是否有故障，并排除故障。

3. 实训步骤

1）依照液压系统图选择好液压元件及辅件，并将其安装在实训台的适当位置上。

2）根据系统图进行油路和电路连接，并检查油路和电路连接是否正确，经指导教师审查无误后方可开机。

3）打开电源，启动液压泵，控制电磁铁通、断电，并对调节元件做适当调节。观察液压系统是否按要求的工作循环进行运行的，对运行过程中出现的问题进行分析。

4）重新阅读液压系统图，分析系统图有无错误？如有错误，修改画出正确的液压系统图，经指导教师审阅无误后方可进行下一步。

5）按改好的系统图重新连接油路和电路，经指导教师查阅无误后，重新启动液压泵，控制电磁铁通、断电，并对流量阀和压力阀进行调节，改变行程阀的安装位置，观察液压缸活塞的变化情况。

6）经指导教师检查评价后，关闭电源，拆下管路及元件放回原来位置。

4. 实训思考题

1）根据实训内容填写表 9-2。

表 9-2　实训记录表

工况	电磁铁、行程阀、压力继电器					油 液 流 动 路 线
	1YA	2YA	3YA	行程阀	压力继电器	
快进						进油路：
						回油路：
工进						进油路：
						回油路：
快退						进油路：
						回油路：
停止、泵卸荷						回油路：

2）液压系统在第一次安装后，系统在运行过程中出现了什么问题？是什么原因引起的？

3）绘制正确的液压系统图。

4）压力继电器在系统中起什么作用？将其安装在回油路上可以吗？为什么？

思考题和习题

9-1　液压阀常用的连接方式有哪些？

9-2　使用液压系统时应注意哪些事项？

9-3　液压系统的常见故障有哪些？

9-4　试分析液压系统压力不稳定、压力波动大的原因是什么？

9-5　试分析液压系统压力提不高的原因是什么？

9-6　液压系统中流量不足的原因是什么？如何解决？

9-7　液压系统调试应如何进行？

第十章 气源装置及辅助元件

气源装置是为气压传动系统提供动力的部分，这部分元件性能的好坏直接关系到气压传动系统能否正常工作，辅助元件是保证气压传动系统正常工作必不可少的组成部分。本章主要介绍气源装置中各元件的工作原理、结构及作用。

本章重点

1）空气压缩机的原理、结构与选用。

2）压缩空气净化装置的原理、结构与作用。

3）辅助元件的结构与作用。

第一节 气 源 装 置

一、气源装置的作用和工作原理

气源装置是气动系统的一个重要组成部分，它为气动系统提供具有一定压力和流量的压缩空气，同时要求提供的气体清洁、干燥。若不能完全满足以上条件，就会加速系统的中期老化过程。图 10-1 所示为气源装置实物图。

图 10-1 气源装置实物

一般气源装置通常由以下几个部分组成：

1）空气压缩机。

2）储存、净化压缩空气的装置和设备。

3）传输压缩空气的管路系统。

图 10-2 为气源装置组成示意图。空气压缩机 1 用以产生压缩空气，一般由电动机带动。

其吸气口装有空气过滤器，以减少进入空气压缩机中气体的杂质。后冷却器2用以降温冷却压缩空气，使汽化的水、油凝结出来。油水分离器3用以分离并排出降温冷却凝结的水滴、油滴、杂质等。储气罐4用以储存压缩空气，稳定压缩空气的压力，并除去部分油分和水分。干燥器5用以进一步吸收或排除压缩空气中的水分及油分，使之变成干燥空气。空气过滤器6用以进一步过滤压缩空气中的灰尘、杂质颗粒。储气罐4输出的压缩空气可用于一般要求的气压传动系统，储气罐7输出的压缩空气可用于要求较高的气动系统（如气动化仪表及射流元件组成的控制回路等）。

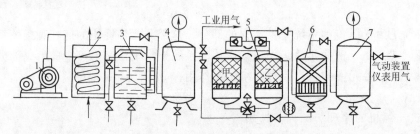

图 10-2　气源装置组成示意图

1—空气压缩机　2—后冷却器　3—油水分离器　4、7—储气罐　5—干燥器　6—空气过滤器

二、空气压缩机

1. 空气压缩机的分类

空气压缩机是产生和输送压缩空气的装置，它将机械能转化为气体的压力能。

按其工作原理的不同可分为：容积式空气压缩机和动力式空气压缩机两类。在气压传动系统中，一般都采用容积式空气压缩机。容积式空气压缩机是通过机件的运动，使气缸容积的大小发生周期性变化，从而完成对空气的吸入和压缩过程。这种压缩机又分为不同的几种结构形式，其中活塞式空气压缩机是最常用的一种。图10-3为容积式空气压缩机实物图。

图 10-3　容积式空气压缩机实物

按其输出压力可分为中压空气压缩机，额定排气压力 1MPa；高压空气压缩机，额定排气压力 10MPa；超高压空气压缩机，额定排气压力 100MPa。

按其流量可分为微型空气压缩机（流量小于 $1m^3/min$）、小型空气压缩机（流量在 $1\sim10m^3/min$）、中型空气压缩机（流量在 $10\sim100m^3/min$）和大型空气压缩机（流量大于 $100m^3/min$）。

2. 空气压缩机的工作原理

常用的活塞式空气压缩机有卧式和立式两种结构。卧式空气压缩机的工作原理如图10-4所示，它是利用曲柄滑块机构，将电动机的回转运动转变为活塞的往复直线运动。当活塞3向右运动时，气缸2的容积增大，压力降低，排气阀1关闭，外界空气在大气压的作用下，

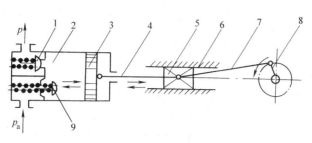

图 10-4 卧式空气压缩机工作原理

1—排气阀 2—气缸 3—活塞 4—活塞杆 5—滑块

6—滑道 7—连杆 8—曲柄 9—吸气阀

打开吸气阀 9 进入气缸内, 此过程称为吸气过程。当活塞 3 向左运动时, 气缸 2 的容积减小, 空气受到压缩, 压力逐渐升高而使吸气阀 9 关闭, 排气阀 1 被打开, 压缩空气经排气口进入储气罐, 这一过程称为压缩过程。单级单缸压缩机就是这样循环往复运动, 不断产生压缩空气。大多数空气压缩机是多缸多活塞的组合。

3. 空气压缩机的选用

空气压缩机的选用应以气压传动系统所需要的工作压力和流量两个参数为依据。一般气动系统需要的工作压力为 0.5~0.8MPa, 因此选用额定排气压力为 0.7~1MPa 的低压空气压缩机。输出流量要根据整个气动系统对压缩空气的需要, 再加一定的备用余量, 作为选择空气压缩机流量的依据。

三、压缩空气的净化装置

由空气压缩机输出的压缩空气, 虽然能够满足一定的压力和流量的要求, 但不能直接被气动装置使用。因为一般气动设备所使用的空气压缩机都是属于工作压力较低 (小于 1MPa)、用油润滑的活塞式空气压缩机。它从大气中吸入含有水分和灰尘的空气, 经压缩后空气温度升高到 140~170℃, 这时压缩机气缸里的润滑油也部分地成为气态。这样油分、水分以及灰尘便形成混合的胶体微雾, 与杂质混合在压缩空气中一同排出。如果将此压缩空气直接送给气动装置使用, 将会影响设备的寿命, 严重时使整个气动系统工作不稳定甚至失灵, 如: ①油汽聚集在储气罐内, 形成易燃物, 同时油分被高温气化后, 形成有机酸, 对金属设备有腐蚀作用; ②水、油、灰尘的混合物沉积在管道内, 使管道面积减小, 增大了气流阻力造成堵塞; ③在冰冻季节, 水汽凝结和辅件因冻结而损坏; ④灰尘等杂质对运动部件产生研磨作用, 泄漏增加, 影响它们的使用寿命。因此, 必须设置一些除油、除水、除尘并使压缩空气干燥的气源净化处理辅助设备, 提高压缩空气质量。**净化设备一般包括: 后冷却器、油水分离器、干燥器、空气过滤器、储气罐。**

1. 后冷却器

后冷却器安装在空气压缩机出口管道上, 空气压缩机排出温度为 140~170℃ 的压缩空气经过后冷却器温度降至 40~50℃。这样, 就可使压缩空气中的油雾和水汽迅速达到饱和而使其大部分凝结析出。冷却器一般都是水冷式的换热器, 其结构如图 10-5 所示, 图 10-5a 为蛇管式后冷却器; 图 10-5b 为列管式后冷却器。热的压缩空气由管内流过, 冷却水在管外的水套中流动进行冷却。为了提高降温效果, **在安装使用时要特别注意冷却水与压缩空气的流动**

方向（各图中箭头所示方向）。图 10-5c、d 为后冷却器的图形符号和实物图。

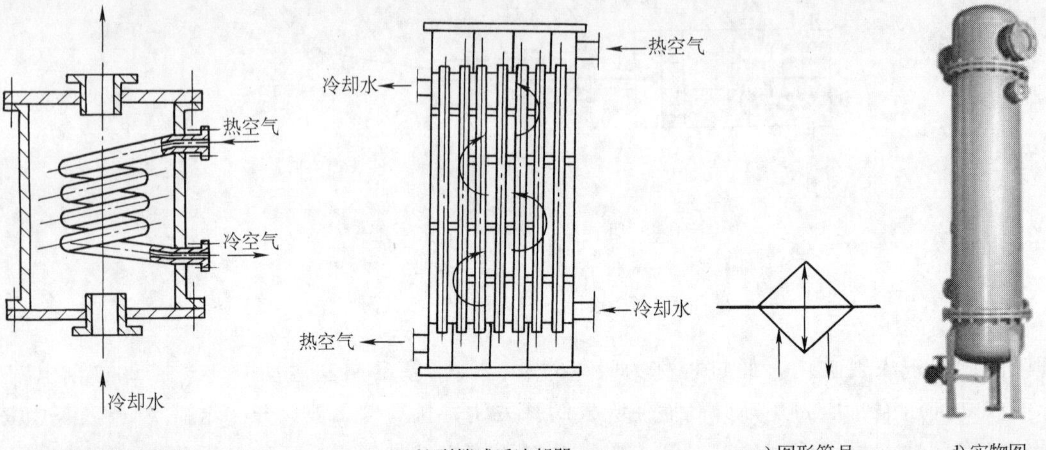

a) 蛇管式后冷却器　b) 列管式后冷却器　c) 图形符号　d) 实物图

图 10-5　后冷却器

2. 油水分离器

油水分离器的作用是分离压缩空气中凝聚的水分、油分和灰尘等杂质，使压缩空气得到初步净化。其结构型式有环形回转式、撞击折回式、离心旋转式、水浴式及以上形式的组合使用等。

（1）撞击折回式油水分离器（图 10-6）　当压缩空气由进气管 4 进入分离器壳体以后，气流先受到隔板 2 的阻挡，被撞击而折回向下（图中箭头所示方向）；之后又上升并产生环形回转，最后从输出管 3 排出。与此同时，在压缩空气中凝聚的水滴、油滴等杂质，受惯性力的作用而分离析出，沉降于壳体底部，由放油水阀 6 定期排出。

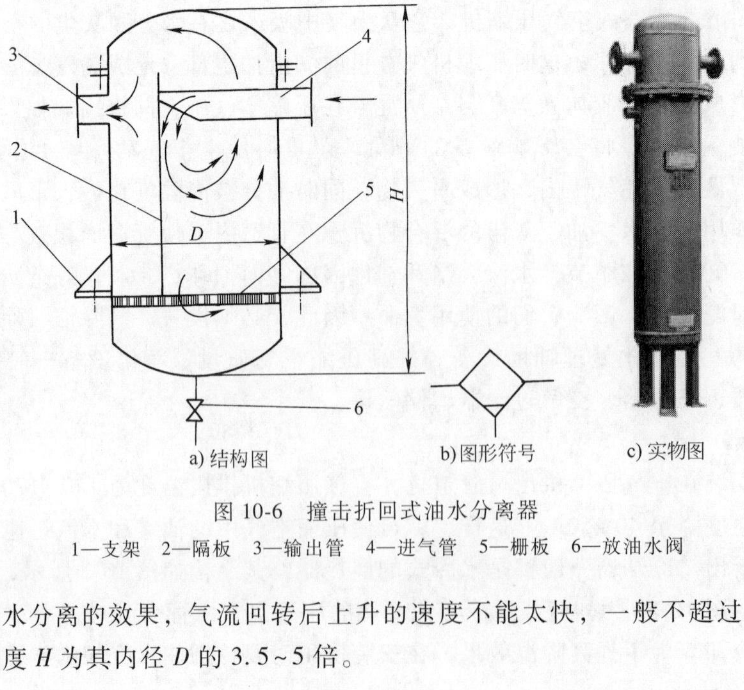

a) 结构图　b) 图形符号　c) 实物图

图 10-6　撞击折回式油水分离器

1—支架　2—隔板　3—输出管　4—进气管　5—栅板　6—放油水阀

为提高油水分离的效果，气流回转后上升的速度不能太快，一般不超过 1m/s。通常油水分离器的高度 H 为其内径 D 的 3.5~5 倍。

（2）水浴式油水分离器（图 10-7a） 压缩空气从管道进入分离器底部以后，经水洗和过滤后从出口输出。其优点是可清除压缩空气中大量的油分等杂质；其缺点是当工作时间稍长时，液面会漂浮一层油污，需经常清洗和排除。

（3）旋转离心式油水分离器（图 10-7b） 压缩空气从切向进入分离器后，产生强烈旋转，使压缩空气中的水滴、油滴等杂质，在惯性力作用下被分离出来而沉降到容器底部，再由排污阀定期排出。

在要求净化程度高的气动系统中，可将水浴式与旋转离心式油水分离器串联组合使用，其结构如图 10-7 所示。这样可以显著增强净化效果。

图 10-8 所示为旋转离心式油水分离器实物图。

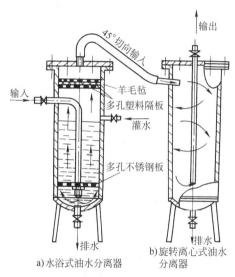

a)水浴式油水分离器
b)旋转离心式油水
分离器

图 10-7 水浴式和旋转离心式
油水分离器串联结构

图 10-8 旋转离心式
油水分离器实物图

3. 干燥器

干燥器的作用是进一步除去压缩空气中含有的少量的油分、水分、粉尘等杂质，使压缩空气干燥，提供给要求气源质量较高的系统及精密气动装置使用。

压缩空气的干燥方法主要有机械法、离心法、冷冻法和吸附法等。目前使用最广泛的是吸附法和冷冻法。冷冻法是利用制冷设备使空气冷却到一定的露点温度，析出空气中的多余水分，从而达到所需要的干燥程度。这种方法适用于处理低压、大流量并对干燥程度要求不高的压缩空气。压缩空气的冷却，除用制冷设备外，也可采用制冷剂直接蒸发或用冷却液间接冷却的方法。

吸附法是利用硅胶、活性氧化铝、焦炭或分子筛等具有吸附性能的干燥剂来吸附压缩空气中的水分，而使其达到干燥的目的，吸附法的除水效果最好。

图 10-9 所示为吸附式干燥器。它的外壳为一金属圆筒，里面分层设置有栅板、吸附剂、滤网等。其工作原理为：湿空气从管道 1 进入干燥器内，通过上吸附层、铜丝过滤网 20、上栅板 19、下吸附层之后，湿空气中的水分被吸附剂吸收而干燥，然后再经过铜丝过滤网 15、下栅板 14、毛毡层 13、铜丝过滤网 12 过滤气流中的灰尘和其他固体杂质，最后干燥、

洁净的压缩空气从输出管 8 输出。当干燥器使用一段时间之后，吸附剂吸水达到饱和状态而失去继续吸湿能力，因此需设法除去吸附剂中的水分，使其恢复干燥状态，以便继续使用，这就是吸附剂的再生。由于水分和干燥剂之间没有化学反应，所以不需要更换干燥剂，但必须定期再生干燥。其过程是：先将干燥器的进、出气管关闭，使之脱离工作状态，然后从再生空气进气管 7 输入干燥的热空气（温度一般为 180~200℃）。热空气通过吸附层时将其所含水分蒸发成水蒸气并一起由再生空气排气管 4、6 排出。经过一定的再生时间后，吸附剂被干燥并恢复了吸湿能力。这时，将再生空气的进、排气管关闭，将压缩空气的进、出气管打开，干燥器便继续进入工作状态。因此，为保证供气的连续性，一般气源系统设置两套干燥器，一套用于空气干燥，另一套用于吸附剂再生，两套交替工作。

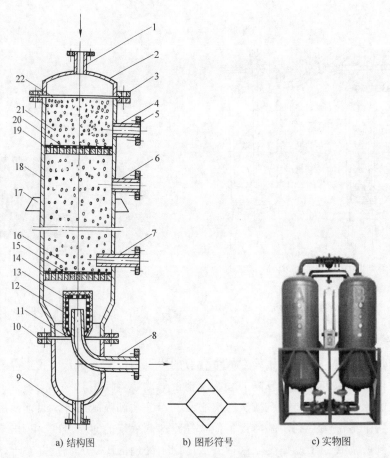

a) 结构图　　　　　b) 图形符号　　　　　c) 实物图

图 10-9　吸附式干燥器

1—湿空气进气管　2—顶盖　3、5、10—法兰　4、6—再生空气排气管　7—再生空气进气管
8—干燥空气输出管　9—排水管　11、22—密封垫　12、15、20—铜丝过滤网　13—毛毡层
14—下栅板　16、21—吸附剂　17—支撑板　18—外壳　19—上栅板

4. 空气过滤器

空气的过滤是气动系统中的重要环节。不同的场合，对压缩空气的过滤要求也不同。过滤器的作用是进一步滤除压缩空气中的杂质。有些过滤器常与干燥器、油水分离器等做成一体。过滤器的形式很多，常用的过滤器有一次过滤器和二次过滤器。

（1）一次过滤器　一次过滤器也称简易过滤器，其滤灰效率为 50%~70%。图 10-10 所示为一种一次过滤器。气流由切线方向进入筒内，在惯性的作用下分离出液滴，然后气体由下向上通过多孔钢板、毛毡、硅胶、焦炭、滤网等过滤吸附材料，干燥清洁的压缩空气便从筒顶输出。

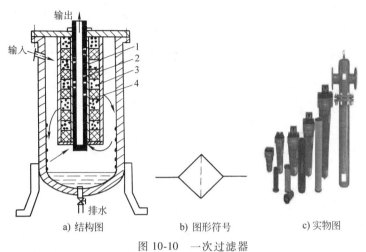

a) 结构图　　　　b) 图形符号　　　　c)实物图

图 10-10　一次过滤器

1—10mm 密孔管　2—280 目细铜丝网　3—焦炭　4—硅胶

（2）二次过滤器　二次过滤器的滤灰效率为 70%~99%。**它和减压阀、油雾器被称为气动三联件**，是气动设备之前必不可少的辅助装置。二次过滤器的结构如图 10-11a 所示。其工作原理：压缩空气从输入口进入后，被引入旋风叶子 1，旋风叶子上有很多成一定角度的缺口，迫使空气沿切线方向运动产生强烈的旋转。夹杂在气体中较大的水滴、油滴等，在惯性作用下与存水杯 3 内壁碰撞，并分离出来沉到杯底；而微粒灰尘和雾状水气则在气体通过

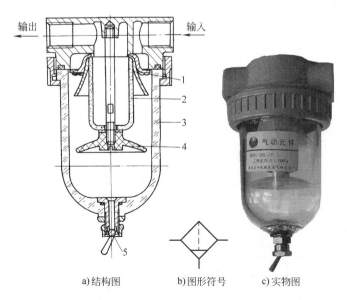

a)结构图　　　　b)图形符号　　　　c)实物图

图 10-11　二次过滤器

1—旋风叶子　2—滤芯　3—存水杯　4—挡水板　5—手动排水阀

滤芯 2 时被拦截而滤去，洁净的空气便从输出口输出。为防止气体旋涡将杯中积存的污水卷起而破坏过滤作用，在滤芯下部设有挡水板 4。此外，为保证过滤器正常工作，必须将污水通过手动排水阀 5 及时放掉。

二次过滤器的存水杯由透明材料制成，这样可便于观察其工作情况、污水高度和滤芯的污染程度。滤芯多为铜颗粒烧结成形，因而具有耐冲击、耐高温、耐清洗以及过滤性能稳定的优点。但由于这种过滤器只能滤除固体和液体杂质，不能清除气体杂质，因此，使用时应尽可能安装在能使空气中的水分变成液态的部位或防止液体进入的部位，如气动设备的气源入口处。图 10-11b、c 所示分别为二次过滤器的图形符号与实物图。

5. 储气罐

储气罐的主要作用：储存一定数量的压缩空气，以解决空压机的输出气量和气动设备的耗气量之间的不平衡；消除空压机排气的压力脉动，保证供气的连续性和平稳性；减弱空压机排气压力脉动引起的管道振动；进一步分离压缩空气中的水分和油分等。

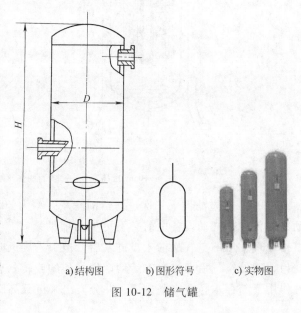

储气罐一般多采用焊接结构，以立式居多，其结构形式如图 10-12a 所示。罐的高度 H 为其内径 D 的 $2 \sim 3$ 倍。进气口在下，出气口在上，并尽可能加大两管口之间的距离，以利于充分分离空气中的杂质。罐上设安全阀，其调整压力为工作压力的 110%；装设压力表指示

a)结构图　　b)图形符号　　c)实物图

图 10-12　储气罐

罐内压力；底部设排放油、水的接管和阀门。图 10-12b、c 所示分别为储气罐的图形符号与实物图。选择储气罐容积时，可参考下列经验公式：

$$q < 0.1 \mathrm{m^3/s} \ 时，\qquad V_c = 0.2q$$

$$q = 0.1 \sim 0.5 \mathrm{m^3/s} \ 时，\qquad V_c = 0.15q$$

$$q > 0.5 \mathrm{m^3/s} \ 时，\qquad V_c = 0.1q$$

式中，q 是压缩机的额定排气量（$\mathrm{m^3/s}$）；V_c 是储气罐容积（$\mathrm{m^3}$）。

第二节　其他辅助元件

一、油雾器

油雾器是一种特殊的注油装置。其作用是使润滑油雾化后，随压缩空气一起进入需要润滑的部件，达到润滑的目的。

图 10-13 所示为普通油雾器。压缩空气由输入口进入后，一部分由小孔 a 通过特殊单向阀进入存油杯 5 的上腔 c，油面受压，使油经过吸油管 6 将钢球 7 顶起，钢球 7 不能封住它

到节流阀的通油孔，油可以不断地经节流阀 1 的阀口流入滴油管，再滴入喷嘴 11 中，被主通道中的高速气流引射出，雾化后从输出口输出。节流阀 1 可以在 0～120 滴/min 的范围内调节滴油量，可通过视油器 8 观察滴油情况。

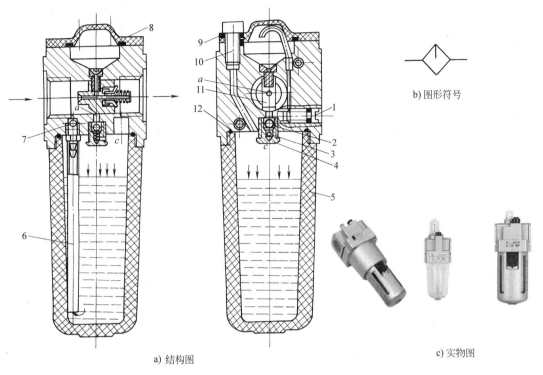

b) 图形符号

a) 结构图

c) 实物图

图 10-13 油雾器

1—节流阀 2、7—钢球 3—弹簧 4—阀座 5—存油杯 6—吸油管 8—视油器 9、12—密封垫 10—油塞 11—喷嘴

图 10-13 所示的普通油雾器也称为一次油雾器。二次油雾器能使油滴在油雾器内进行两次雾化，使油雾粒度更小、更均匀，输送距离更远。

油雾器的供油量应根据气动设备的情况确定。一般情况下，以 $10m^3$ 自由空气供给 $1cm^3$ 润滑油为宜。

油雾器的安装应尽量靠近换向阀，与阀的距离一般不应超过 5m，但必须注意管径的大小和管道的弯曲程度。**应尽量避免将油雾器安装在换向阀与气缸之间，以免造成润滑油的浪费。**

需要说明的是，有许多气动应用领域是不允许供油润滑的，如食品和药品的包装，这时就应该使用不供油润滑和无油润滑元件。不供油润滑元件内滑动部位的密封件由橡胶制成，采用特殊形状，设有滞留槽，内部存有润滑剂，以保证密封件的润滑，其他部位也要用不易生锈的金属材料。无油润滑元件使用自润滑材料，不需润滑即可长期工作。

二、消声器

气压传动系统一般不设排气管道，使用后的压缩空气直接排入大气。这样因气体的体积急剧膨胀，会产生刺耳的噪声。排气的速度和功率越大，噪声也越大，一般可达 100～

120dB。这种噪声使工作环境恶化，危害人体健康。一般说来。噪声高至85dB都要设法降低，为此可在换向阀的排气口安装消声器来降低排气噪声。

常用的消声器有以下几种：

（1）吸收型消声器　这种消声器主要依靠吸声材料消声，其结构如图10-14a所示。消声罩2为多孔的吸声材料，一般用聚苯乙烯颗粒或铜珠烧结而成。当消声器的通径小于20mm时，多用聚苯乙烯作消声材料制成消声罩；当消声器的通径大于20mm时，消声罩多采用铜珠烧结，以增加强度。其消声原理是：当有压气体通过消声罩时，气流受到阻力，声能量被部分吸收而转化为热能，从而降低了噪声强度。吸收型消声器结构简单，具有良好的消除中、高频噪声的性能，消声效果大于20dB。在气压传动系统中，排气噪声主要是中、高频噪声，尤其是高频噪声较多，所以采用这种消声器是合适的。图10-14b、c所示分别为吸收型消声器的图形符号与实物图。

（2）膨胀干涉型消声器　这种消声器呈管状，其直径比排气孔大得多，气流在里面扩散反射，互相干涉，减弱了噪声强度，最后经过非吸音材料制成的开孔较大的多孔外壳排入大气。它的特点是排气阻力小，可消除中、低频噪声。它的缺点是结构较大，不够紧凑。

（3）膨胀干涉吸收型消声器　它是前两种消声器的综合应用，其结构如图10-15a所示。当气流由斜孔引入，在A室扩散、减速、碰壁撞击后反射到B室，气流束相互撞击，干涉，进一步减速，从而使噪声减弱。然后气流经过吸音材料的多孔侧壁排入大气，噪声被再次削弱，所以这种消声器的降低噪声效果更好，低频可消声20dB，高频可消声约45dB。

消声器的选择主要依据是排气口直径的大小及噪声的频率范围。图10-15b所示为膨胀干涉吸收型消声器的实物图。

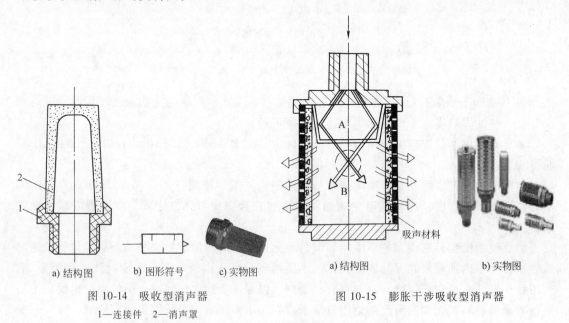

a) 结构图　　b) 图形符号　　c) 实物图

图 10-14　吸收型消声器
1—连接件　2—消声罩

a) 结构图　　b) 实物图

图 10-15　膨胀干涉吸收型消声器

三、气液转换器

在气动系统中，为了获得较平稳的速度，常用到气液阻尼缸或用液压缸作执行元件，这就需要用气液转换器把气压信号转换成液压信号。

气液转换器主要有两种。一种是直接作用式转换器，图 10-16 所示为气液直接接触式转换器，当压缩空气由上部输入管输入后，经过管道末端的缓冲装置使压缩空气作用在液压油面上，因此液压油就以压缩空气相同的压力，由转换器主体下部的排油孔输出到液压缸，使其动作。气液转换器的储油量应不小于液压缸最大有效

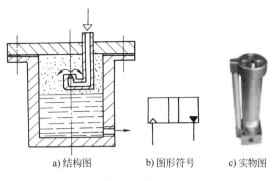

a) 结构图　　　　　b) 图形符号　　　c) 实物图

图 10-16　气液直接接触式转换器

容积的 1.5 倍。另一种气液转换器是换向阀式转换器，它是一个气控液压换向阀。采用气控液压换向阀，需要另外备有液压源。

技能实训 11　气源装置和辅助元件的认识及拆装

1. 实训目的

1）通过气源装置和辅助元件的拆装，熟悉气源装置和辅助元件的结构，加深对气源装置和辅助元件工作原理的理解。

2）学会气源装置和辅助元件的选用。

2. 实训要求和方法

1）本实训采用教师重点讲解，学生自己动手拆装为主的教学方法。学生以小组为单位，结合实训思考题，边拆装边讨论分析气源装置和辅助元件的结构原理及特点。

2）实训前要认真复习有关元件的结构原理及工作特性。

3）参照所选的气源装置和辅助元件的结构原理图进行拆装。

4）拆装时将零部件拆下依次放好，注意不要散失小的零件，观察所拆卸的气源装置及辅助元件各组成部分的结构。

5）实训完要清洗各组成部分的元件，并把每个元件装好。

6）实训完成后，由教师指定思考题作为本次实训报告内容。

3. 实训内容

1）拆装气源装置（冷却器、油水分离器、干燥器）。

2）拆装气动辅助元件（过滤器、油雾器、消声器）。

4. 实训思考题

1）对照实物分析说明油水分离器的结构、工作原理。

2）对照实物分析说明过滤器的结构、工作原理。

3）观察过滤器中旋风叶子上缺口的方向，并说明其作用。

4）空气过滤器的进、出口反接会有什么问题？为什么？

5）对照实物分析油雾器的结构原理及特殊单向阀的结构。

6）油雾器在工作时是否可以不拧紧油塞？

思考题和习题

10-1　简述气压传动系统的结构及各部分的作用。

10-2　简述活塞式空气压缩机的工作原理。

10-3　气源为什么要净化？气源装置主要由哪些元件组成？

10-4　什么是油雾器？油雾器有什么作用？

10-5　气罐的作用是什么？如何确定它的容积？

10-6　气压传动中，气动三联件中的三个元件分别起什么作用？安装顺序如何？

第十一章　气动执行元件

气缸和气马达是气压传动系统的执行元件，它们将压缩空气的压力能转换为机械能，气缸用于实现直线往复运动或摆动，气马达则用于实现连续回转运动。本章主要介绍气缸和气马达的工作原理、分类及应用。

本章重点

1）气缸的种类、工作原理及用途。

2）气马达的工作原理、特点及选用。

第一节　气　　缸

一、气缸的分类

气缸是用于实现直线运动并做功的元件。其结构、形状有多种形式，分类方法也很多，常用的有以下几种：

1）按压缩空气作用在活塞端面上的方向，可分为单作用气缸和双作用气缸。单作用气缸只有一个方向的运动是靠气压传动，活塞的复位靠弹簧力或重力；双作用气缸活塞的往返全都靠压缩空气来完成。

2）按结构特点可分为活塞式气缸、叶片式气缸、薄膜式气缸、气液阻尼缸等。

3）按安装方式可分为耳座式、法兰式、轴销式和凸缘式。

4）按气缸的功能可分为：

① 普通气缸：主要指活塞式单作用气缸和双作用气缸。

② 特殊气缸：包括气液阻尼缸、薄膜式气缸、冲击式气缸、增压气缸、步进气缸和回转气缸等。

二、几种常见气缸的工作原理和用途

1. 单作用气缸

单作用气缸是指压缩空气仅在气缸的一端进气，并推动活塞运动，而活塞的返回则是借助于其他外力，如重力、弹簧力等，其结构如图 11-1a 所示，图形符号如图 11-1b 所示。

这种气缸的特点是：

1）由于单边进气，所以结构简单，耗气量小。

2）由于用弹簧复位，压缩空气的能量有一部分用来克服弹簧的反力，因而减小了活塞杆的输出推力。

3）缸体内因安装弹簧而减小了空间，缩短了活塞的有效行程。

4）气缸复位弹簧的弹力是随其变形大小而变化的，因此活塞杆的推力和运动速度在行程中是变化的。

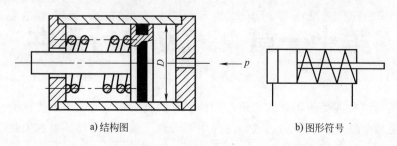

a)结构图　　　　　　　　　　b)图形符号

图 11-1　单作用气缸

因此，单作用活塞式气缸多用于短行程及对活塞杆推力、运动速度要求不高的场合，如定位和夹紧装置等。

气缸工作时，活塞杆上输出的推力必须克服弹簧的弹力及各种阻力，推力可用下式计算

$$F = \frac{\pi}{4} D^2 p \eta_{\mathrm{C}} - F_{\mathrm{s}} \qquad (11\text{-}1)$$

式中，F 是活塞杆上的推力；D 是活塞直径；p 是气缸工作压力；F_{s} 是弹簧力；η_{C} 是气缸的效率，一般取 $0.7 \sim 0.8$，活塞运动速度 $<0.2\mathrm{m/s}$ 时取大值，活塞运动速度 $>0.2\mathrm{m/s}$ 时取小值。

气缸工作时的总阻力包括运动部件的惯性力和各密封处的摩擦阻力等，它与多种因素有关。综合考虑后，以效率 η_{C} 的形式计入式（11-1）。

2. 双作用气缸

1）单杆双作用气缸是使用得最为广泛的一种普通气缸，其结构如图 11-2a 所示。图 11-2b、c 所示分别为单杆双作用气缸的图形符号与实物图。这种气缸工作时活塞杆上的输出力用下式计算：

$$F_1 = \frac{\pi}{4} D^2 p \eta_{\mathrm{C}} \qquad (11\text{-}2)$$

$$F_2 = \frac{\pi}{4} (D^2 - d^2) p \eta_{\mathrm{C}} \qquad (11\text{-}3)$$

式中，F_1 是当无杆腔进气时活塞杆上的输出力；F_2 是当有杆腔进气时活塞杆上的输出力；D 是活塞直径；d 是活塞杆直径；p 是气缸工作压力；η_{C} 是气缸的效率，一般取 $0.7 \sim 0.8$，活塞运动速度 $<0.2\mathrm{m/s}$ 时取大值，活塞运动速度 $>0.2\mathrm{m/s}$ 时取小值。

2）双活塞杆双作用气缸使用得较少，其结构与单活塞杆气缸基本相同，只是活塞两侧都装有活塞杆。因两端活塞杆直径相同，所以活塞往复运动的速度和输出力均相等，其输出力用式（11-3）计算。这种气缸常用于气动加工机械及包装机械设备上。

3. 薄膜式气缸

薄膜式气缸是一种利用膜片在压缩空气作用下产生变形来推动活塞杆作往复运动，它具有结构紧凑、简单、制造容易、成本低、维修方便、寿命长、泄漏少、效率高等优点，适用

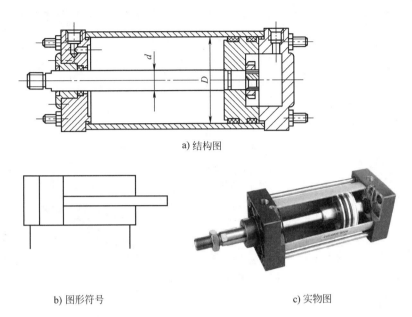

a) 结构图

b) 图形符号　　　　　　　　　c) 实物图

图 11-2　单杆双作用气缸

于气动夹具、自动调节阀及短行程场合。主要由缸体、膜片和活塞杆等零件组成。它可以是单作用式的，也可以是双作用式的，其结构如图 11-3 所示。其膜片有盘形膜片和平膜片两种，膜片材料为夹织物橡胶、钢片或磷青铜片。薄膜式气缸与活塞式气缸相比，因膜片的变形量有限，故其行程较短，一般不超过 $40 \sim 50 \mathrm{mm}$。其最大行程 $L_{\max}$ 与缸径 D 的关系为：

$$L_{\max} = (0.12 \sim 0.25) D$$

因膜片变形要吸收能量，所以活塞杆上的输出力随着行程的增大而减小。

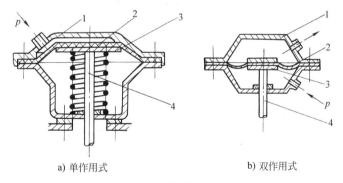

a) 单作用式　　　　　　　　　b) 双作用式

图 11-3　薄膜式气缸

1—缸体　2—膜片　3—膜盘　4—活塞杆

4. 气液阻尼缸

普通气缸工作时，由于气体可压缩性大，当负载变化较大时会产生"爬行"或"自走"现象，使气缸的工作不平稳。为了使活塞运动平稳而采用了气液阻尼缸。气液阻尼缸由气缸和液压缸组合而成，它以压缩空气为动力，并利用油液的不可压缩性来获得活塞的平稳运动。

图 11-4a 为气液阻尼缸的工作原理图。它将液压缸和气缸串联成一个整体，两个活塞固

定在一根活塞杆上。当气缸右腔供气时，活塞克服外载并带动液压缸活塞向左运动。此时液压缸左腔排油，油液只能经节流阀 1 缓慢流回右腔，对整个活塞的运动起到阻尼作用。因此，调节节流阀，就能达到调节活塞运动速度的目的。当压缩空气进入气缸左腔时，液压缸右腔排油，此时单向阀 3 开启，活塞能快速返回。油箱 2 的作用只是用来补充液压缸因泄漏而减少的油量，因此改用油杯就可以了。图 11-4b 所示为气液阻尼缸的实物图。

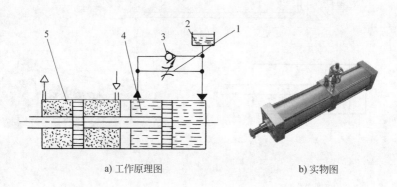

a) 工作原理图　　　　　　　　　b) 实物图

图 11-4　气液阻尼缸

1—节流阀　2—油箱　3—单向阀　4—液压缸　5—气缸

　　图 11-4 为串联型气液阻尼缸，它的缸体长，加工与装配的工艺要求高，且两缸间可能产生油气互串现象。而图 11-5 所示的并联型气液阻尼缸，其缸体短，两缸直径可以不同且两缸不会产生油气互串现象。

5. 冲击气缸

　　冲击气缸是一种较新型的气动执行元件，主要由缸体、中盖、活塞和活塞杆等零件组成，如图 11-6 所示。冲击气缸在结构上比普通气缸增加了一个具有一定容积的蓄能腔和喷嘴，中盖 5 与缸体固定，中盖和活塞把气缸分隔成三个部分，即活塞杆腔 1、活塞腔 2 和蓄能腔 3。中盖 5 的中心开有喷嘴口 4。

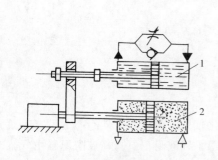

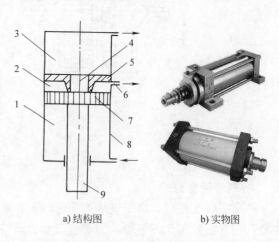

a) 结构图　　　　　　b) 实物图

图 11-5　并联型气液阻尼缸

1—液压缸　2—气缸

图 11-6　冲击气缸

1—活塞杆腔　2—活塞腔　3—蓄能腔　4—喷嘴口

5—中盖　6—泄气口　7—活塞　8—缸体　9—活塞杆

当压缩空气进入蓄能腔时，其压力只能通过喷嘴口的小面积作用在活塞上，还不能克服活塞杆腔的排气压力所产生的向上的推力以及活塞与缸体间的摩擦力，喷嘴处于关闭状态，从而使蓄能腔的充气压力逐渐升高。当充气压力升高到能使活塞向下移动时，活塞的下移使喷嘴口开启，聚集在蓄能腔中的压缩空气通过喷嘴口突然作用于活塞的全面积上。高速气流进入活塞腔进一步膨胀并产生冲击波，波的阵面压力可高达气源压力的几倍到几十倍，给予活塞很大的向下的推力。此时活塞杆腔内的压力很低，活塞在很大的压差作用下迅速加速，在很短的时间内以极高的速度向下冲击，从而获得很大的动能。利用这个能量实现冲击做功，可产生很大的冲击力。如：内径 230mm，行程 403mm 的冲击气缸，可产生 400~500kN 的冲击力。

冲击气缸广泛用于锻造、冲压、下料和压坯等各方面。

三、标准化气缸简介

1. 标准化气缸的标记和系列

标准化气缸使用的标记是用符号"QG"表示气缸，用符号"A、B、C、D、H"表示五种系列，具体的标记方法是：

| QG | ABCDH | 缸径 | × | 行程 |

五种标准化气缸系列为：

QGA—无缓冲普通气缸   QGB—细杆（标准杆）缓冲气缸

QGC—粗杆缓冲气缸   QGD—气液阻尼缸

QGH—回转气缸

例如：QGA100×125 表示直径为 100mm，行程为 125mm 的无缓冲普通气缸。

2. 标准化气缸的主要参数

标准化气缸的主要参数是缸筒内径 D 和行程 L。因为在一定的气源压力下，缸筒内径标志气缸活塞杆的理论输出力，行程标志气缸的作用范围。

标准化气缸系列有 11 种规格：

缸径 D（mm）：40、50、63、80、100、125、160、200、250、320、400

行程 L（mm）：对无缓冲气缸：$L=（0.5~2）D$

对有缓冲气缸：$L=（1~10）D$

第二节 气 马 达

气马达属于气动执行元件，它是把压缩空气的压力能转换为机械能的转换装置。它的作用相当于电动机或液压马达，即输出力矩，驱动机构做旋转运动。

一、气马达的分类和工作原理

最常用的气马达有叶片式、活塞式和薄膜式三种。

图 11-7a 所示为叶片式气马达的工作原理图。压缩空气由 A 孔输入后，分为两路：一路经定子两端密封盖的槽进入叶片底部（图中未示）将叶片推出，叶片就是靠此气压推力和

转子转动的离心力作用而紧密地贴紧在定于内壁上；另一路经 A 孔进入相应的密封工作空间，压缩空气作用在两个叶片上。由于两叶片伸出长度不等，就产生了转矩，因而叶片与转子按逆时针方向旋转。做功后的气体由定子上的孔 C 排出，剩余残气经孔 B 排出。若改变压缩空气输入方向，则可改变转子的转向。图 11-7b 所示为叶片式气马达的实物图。

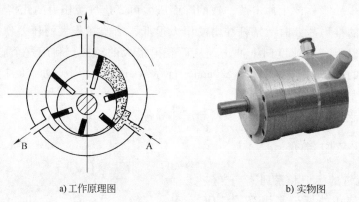

a) 工作原理图　　　　　　　　　　　　　b) 实物图

图 11-7　叶片式气马达

图 11-8 所示为径向活塞式气马达。压缩空气经进气口进入配气阀后再进入气缸，推动活塞及连杆组件运动，迫使曲轴旋转，同时，带动固定在曲轴上的配气阀同步转动，使压缩空气随着配气阀角度位置的改变而进入不同的缸内，依次推动各个活塞运动。由各活塞及连杆带动曲轴连续运转，与此同时，与进气缸相对应的气缸则处于排气状态。

图 11-9 所示为薄膜式气马达。它实际上是一个薄膜式气缸，当它作往复运动时，通过推杆端部的棘爪使棘轮作间歇性转动。

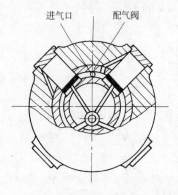

图 11-8　径向活塞式气马达

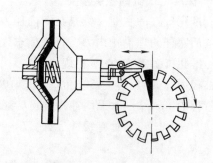

图 11-9　薄膜式气马达

二、气马达的特点

1）工作安全，可以在易燃、易爆、高温、振动、潮湿、灰尘等恶劣环境下工作，同时不受高温及振动的影响。

2）具有过载保护作用。可长时间满载工作，而温升较小，过载时马达只是降低转速或停车，当过载解除后，立即可重新正常运转。

3）可以实现无级调速。通过调节节流阀的开度来控制进入气马达的压缩空气的流量，就能控制调节马达的转速。

4）具有较高的起动转矩，可以直接带负载起动，起动、停止迅速。

5）功率范围及转速范围均较宽。功率小至几百瓦，大至几万瓦；转速可从每分钟几转到上万转。

6）结构简单、操纵方便、可正反转，维修容易、成本低。

其缺点是：速度稳定性较差、输出功率小、耗气量大、效率低且噪声大。

三、气马达的选择及使用要求

（1）气马达的选择 不同类型的气马达具有不同的特点和适用范围，参看表 11-1 和表 11-2，因此，主要从负载的状态要求来选择适当的马达。

（2）气马达的使用要求 应特别注意的是，润滑是气马达正常工作不可缺少的一个环节。气马达在得到正确、良好润滑的情况下，可在两次检修之间至少运转 2500～3000h。一般应在气马达的换向阀前安装油雾器，以进行不间断的润滑。

表 11-1　常用气马达的特点及应用

形式	转矩	速度	功率	每千瓦耗气量 $Q/(\text{m}^3 \cdot \text{min}^{-1})$	特点及应用范围
活塞式	中高转矩	低速和中速	由零点几到 17kW	小型：1.9～2.3 大型：1～1.4	在低速时，有较大的输出功率和较好的转矩特性。起动准确 适用载荷较大和要求低速转矩较高的机械，如手提工具、起重机和拉管机等
叶片式	低转矩	高速度	由零点几到 13kW	小型：1.8～2.3 大型：1～1.4	制造简单、结构紧凑，低速起动转矩小，低速性能不好。 适用于要求低或中功率的机械，如手提工具、升降机、泵、复合工具传送带等
薄膜式	高转矩	低速度	小于 1kW	1.2～1.4	适用于控制要求很精确，起动转矩极高和速度低的机械

表 11-2　常用气马达主要技术参数

类　别	型　号	功　率/W	转　速/(r/min)
叶片式	TJ	662～14710	2500～4500
	Z	662～14710	2400～4500
	YQ	8840～14710	2400～3200
	YP	662～14710	625～7000
活塞式	TM	735.5～18388	280～1100
	TJH	2060～7355	700～2800
	HS	3677.5～18388	500～1500

> **讨论练习题**
>
> 已知单杆双作用气缸的内径 $D=100\text{mm}$，活塞杆直径 $d=30\text{mm}$，工作压力 $p=0.5\text{MPa}$，气缸效率为 0.5，求气缸往复运动时的输出力各为多少？

技能实训 12 气缸和气马达的拆装

1. 实训目的

1）通过对气缸和气马达的拆装，分析、了解其结构组成和使用特点。

2）学会正确选择、使用气缸和气马达。

2. 实训要求和方法

1）本实训采用教师重点讲解，学生自己动手拆装为主的教学方法。学生以小组为单位，结合实训思考题，边拆装边讨论分析气缸和气马达的结构原理及特点。

2）拆装时将零部件拆下并依次放好，注意不要散失小的零件，实训完成后要把每个元件装好。

3）实训后，由教师指定思考题作为本次实训报告内容。

3. 实训内容

（1）拆装各种气缸 对照实物分析各种气缸的结构组成、特点及应用场合。

（2）拆装叶片式和径向活塞式气马达 对照实物分析各种气马达的结构组成及特点，其转矩和转速是如何产生的？

4. 实训思考题

1）各种气缸由哪些部分组成？

2）活塞与缸体、端盖与缸体、活塞杆与端盖间的密封形式有哪些？

3）气缸与液压缸相比，在工作性能上有哪些优缺点？

4）叶片式气马达是如何使叶片紧密地压在定子的内壁上以保证密封的？

5）通过拆装实训，叙述径向活塞式气马达的工作原理。

思考题和习题

11-1 气缸有哪些种类？各有哪些特点？

11-2 单作用气缸的内径 $D=63mm$，复位弹簧的最大反力为 150N，工作压力 $p=0.5MPa$，气缸效率为 0.4，该气缸的推力为多少？

11-3 简述冲击气缸的工作原理及用途。

11-4 简述气马达的特点及应用。

第十二章　气动控制元件及基本回路

气动控制元件是在气压传动系统中用来控制和调节压缩空气的压力、流量、流动方向、发送信号的元件，利用它们可以组成具有特定功能的控制回路，使气压传动系统实现预先要求的程序动作。本章主要介绍各种控制元件的结构、工作原理以及由它们构成的控制回路。

本章重点

1）方向控制阀、压力控制阀、流量控制阀的工作原理与应用。

2）方向控制回路、压力控制回路、速度控制回路的结构与应用。

3）气动逻辑元件的作用及逻辑回路的设计。

第一节　方向控制阀及方向控制回路

一、方向控制阀

方向控制阀是气压传动系统中通过改变压缩空气的流动方向和气流的通断，来控制执行元件起动、停止及运动方向的气动元件。

1. 气压控制换向阀

气压控制换向阀是利用压缩空气的压力推动阀芯移动，使换向阀换向，从而实现气路换向或通断。气压控制换向阀适用于易燃、易爆、潮湿、灰尘多的场合。操作安全可靠。

（1）单气控换向阀　图 12-1 为单气控截止式换向阀。图 12-1a 是无气控信号 K 时阀的状态，即常态。此时阀芯 1 在弹簧 2 的作用下处于上端位置，使阀口 A 与 T 接通。图 12-1b 是有气控信号 K 而动作时的状态，由于气压力的作用，阀芯 1 压缩弹簧 2 下移，使阀口 A 与 T 断开，P 与 A 接通。图 12-1c、d 所示分别为单气控换向阀的图形符号与实物图。

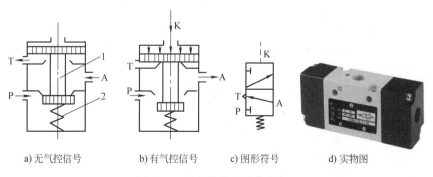

a) 无气控信号　　　b) 有气控信号　　　c) 图形符号　　　d) 实物图

图 12-1　单气控截止式换向阀

1—阀芯　2—弹簧

（2）双气控换向阀　图12-2为双气控滑阀式换向阀。图12-2a为有气控信号 K_1 时阀的状态，此时阀芯停在左边，其通路状态是P与A、B与 T_2 相通。图12-2b为有气控信号 K_2 时阀的状态（信号 K_1 已不存在），阀芯换位，其通路状态变为P与B，A与 T_1 相通。双气控滑阀具有记忆功能，即气控信号消失后，阀仍能保持在有信号时的工作状态。

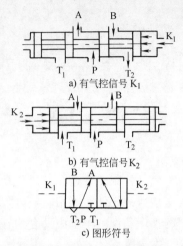

a) 有气控信号 K_1

b) 有气控信号 K_2

c) 图形符号

图 12-2　双气控滑阀式换向阀

2. 电磁控制换向阀

电磁控制换向阀是利用电磁力的作用来实现阀的切换以控制气流的流动方向。图12-3为直动式单电控电磁阀的工作原理。它只有一个电磁铁。图12-3a为电磁线圈不通电状态，此时阀在复位弹簧的作用下处于上端位置，其通路状态为A与T相通，阀处于排气状态。当线圈通电时，电磁铁1推动阀芯2向下移，气路换向，其通路状态为P与A相通，阀处于进气状态，如图12-3b所示。图12-3c、d所示分别为直动式单电控电磁阀的图形符号与实物图。

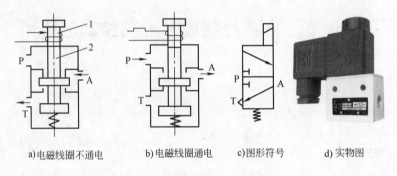

a) 电磁线圈不通电　　b) 电磁线圈通电　　c) 图形符号　　d) 实物图

图 12-3　直动式单电控电磁阀

1—电磁铁　2—阀芯

图12-4为直动式双电控电磁阀。它有两个电磁铁。当电磁线圈1通电、2断电时（图12-4a），阀芯3被推向右端，其通路状态是P与A、B与 T_2 相通，A口进气，B口排气。当电磁线圈1断电时，阀芯仍处于电磁线圈1断电前的工作状态，即具有记忆功能。当电磁线圈2通电、1断电时（图12-4b），阀芯被推向左端，其通路状态为P与B、A与 T_1 相通，B口进气、A口排气。若电磁线圈2断电，气流通路仍保持电磁线圈2断电前的工作状态。图12-4c、d所示分别为直动式双电控电磁阀的图形符号与实物图

3. 先导式电磁换向阀

先导式电磁换向阀是由电磁先导阀和主阀两部分组成。用先导阀的电磁铁首先控制气路，产生先导压力，再由先导压力去推动主阀阀芯，使其换向。图12-5为先导式双电控换向阀的工作原理。当电磁先导阀1的线圈通电、先导阀2断电时（图12-5a），主阀3的 K_1 腔进气， K_2 腔排气，使主阀阀芯向右移动。此时P与A、B与 T_2 相通，A口进气，B口排气；当电磁先导阀2通电，而先导阀1断电时（图12-5b），主阀 K_2 腔进气， K_1 腔排气，主阀阀芯向左移动。此时P与B，A与 T_1 相通，B口进气，A口排气。先导式双电控电磁阀

具有记忆功能，即通电时换向，断电时并不返回原位。为保证主阀正常工作，两个电磁阀不能同时通电，电路中要考虑互锁。先导式电磁换向阀便于实现电、气联合控制，所以应用广泛。图12-5c、d所示分别为先导式双电控换向阀的图形符号与实物图。

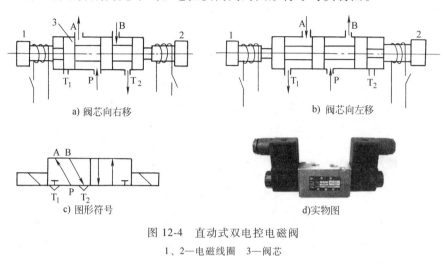

a) 阀芯向右移　　　　　　　　　　　　b) 阀芯向左移

c) 图形符号　　　　　　　　　　　　d)实物图

图 12-4　直动式双电控电磁阀

1、2—电磁线圈　3—阀芯

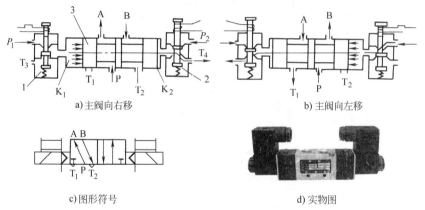

a)主阀向右移　　　　　　　　　　　　b) 主阀向左移

c)图形符号　　　　　　　　　　　　d) 实物图

图 12-5　先导式双电控换向阀

1、2—电磁先导阀　3—主阀

4. 人力控制换向阀

人力控制换向阀分为手动及脚踏两种操纵方式。手动阀的主体部分与气控阀类似，其操作方式有按钮式、旋钮式、锁式及推拉式等多种形式。

图12-6为推拉式手动阀的工作原理和结构。当用手压下阀芯（如图12-6b所示），则 P 与 A、B 与 T_2 相通。手放开，阀芯依靠定位装置保持状态不变。当用手将阀芯拉出时（如图12-6a所示），则 P 与 B、A 与 T_1 相通，气路方向改变，并能维持该状态不变。图12-6c、d所示分别为推拉式手动阀结构图和实物图。

5. 机械控制换向阀

机械控制换向阀多用于行程控制系统（所以又称行程阀），作为信号阀使用。常依靠凸轮、挡块或其他机械外力推动阀芯，使阀换向。图12-7为杠杆滚轮式机控换向阀。当凸轮或挡块直接与滚轮 1 接触后，通过杠杆 2 使阀芯 5 换向。其优点是减少了顶杆 3 所受的侧向力；同时，通过杠杆传力也减小了外部的机械压力。

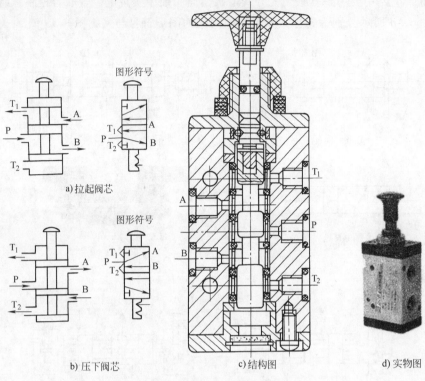

a) 拉起阀芯

图形符号

b) 压下阀芯

c) 结构图

d) 实物图

图 12-6　推拉式手动阀

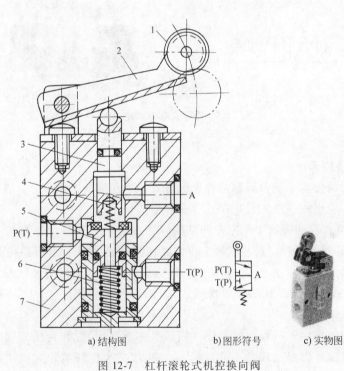

a) 结构图

b) 图形符号

c) 实物图

图 12-7　杠杆滚轮式机控换向阀

1—滚轮　2—杠杆　3—顶杆　4—缓冲弹簧　5—阀芯　6—密封弹簧　7—阀体

6. 或门型梭阀

梭阀多用于手动与自动控制的并联回路中，它相当于两个单向阀组合而成，其作用相当于"或门"逻辑功能。图 12-8a 为梭阀的工作原理，图 12-8b 为其结构。梭阀有两个进气口 P_1 和 P_2，一个工作口 A，阀芯 2 在两个方向上起单向阀的作用。其中 P_1 和 P_2 口都可以与 A 口相通，但 P_1 与 P_2 不相通，当 P_1 进气时，阀芯 2 右移，封住 P_2 口，使 P_1 与 A 相通，A 口进气。当 P_2 进气时，阀芯 2 左移，封住 P_1 口，使 P_2 与 A 相通，A 口也进气。若 P_1 与 P_2 都进气时，阀芯就可能停在任意一边。若 P_1 与 P_2 不等，则高压口的通道打开，低压口则被封闭，高压气流从 A 输出。图 12-8c、d 所示分别为梭阀的图形符号与实物图。

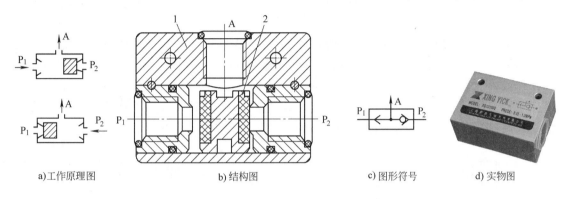

a)工作原理图　　　　b) 结构图　　　　c) 图形符号　　　　d) 实物图

图 12-8　梭阀

1—阀体　2—阀芯

图 12-9 是或门型梭阀在手动与自动换向回路中的应用。当电磁阀通电时（手动阀处于原位状态），则气流将梭阀推向 P_2 端，使 P_1、A 相通，使气控阀切换，活塞杆伸出。电磁阀断电，活塞杆收回。

电磁阀断电后，按下手动阀，则气流将梭阀阀芯推向 P_1 端，使 P_2、A 相通，活塞杆伸出。放开按钮，则活塞杆收回。

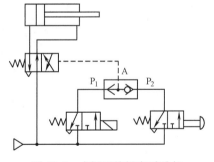

图 12-9　或门型梭阀在手动与
自动换向回路中的应用

7. 与门型梭阀

与门型梭阀又称为双压阀，该阀也相当于两个单向阀的组合。图 12-10 为与门型梭阀。当 P_1 口或 P_2 口单独有输入时，阀芯被推向右端或左端（如图 12-10a、b 所示），此时 A 口无输出。只有当 P_1 和 P_2 同时有输入时，A 口才有输出（如图 12-10c 所示）。

当 P_1 与 P_2 气体压力不等时，则气压低的通过 A 口输出。图 12-10d、e 为该阀的图形符号与实物图。

图 12-11 为双压阀在钻床控制回路中的应用。行程阀 1 为工件定位信号，行程阀 2 是夹紧工件信号。当两个信号同时存在时，双压阀 3 才有输出，使换向阀 4 切换，钻孔缸 5 进给，钻孔开始。

8. 快速排气阀

快速排气阀常安装在换向阀和气缸之间，如图 12-12 所示，它使气缸的排气不用通过换

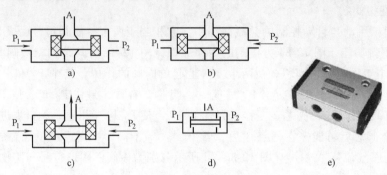

图 12-10　与门型梭阀

向阀而快速排出，加快气缸往复的运动速度，缩短工作周期。图 12-13 为快速排气阀。进气口 P 进入压缩空气，并将密封活塞迅速上推，开启阀口 2，同时关闭排气口 T，使进气口 P 和工作口 A 相通，见图 12-13a。图 12-13b 是 P 口没有压缩空气进入时，在 A 口和 P 口压差作用下，密封活塞迅速下降，关闭 P 口，使 A 口通过 T 口快速排气。图 12-13c、d 所示分别为快速排气阀的图形符号与实物图。

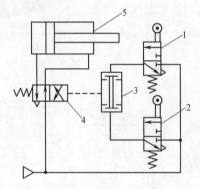

图 12-11　双向阀在钻床控制回路中的应用

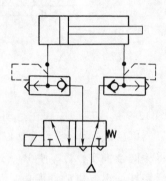

图 12-12　快速排气阀的使用

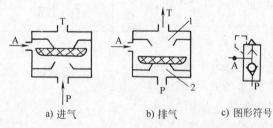

a) 进气　　　b) 排气　　　c) 图形符号　　　d) 实物图

图 12-13　快速排气阀
1—排气口　2—阀口

9. 气压延时换向阀

延时换向阀的作用相当于时间继电器。图 12-14 为二位三通常断延时接通型换向阀。它由延时元件和换向阀两大部分组成。当有气控信号 K 时，控制气流经过滤塞 4、节流阀 3 节流后到气容 2 内。由于节流后的气流量较小，气容 2 中气体的压力增长缓慢。经过一定时间后，气容 2 中气体压力升到一定值时，使阀芯 5 向右移，气路换向，P 与 A 相通，A 口进气。气控信号消失后，气容内的气体经单向阀1至K口迅速排空，阀芯5在复位弹簧的作用下左移，使A与T相通，A口排气。调节节流阀3，可获得0~20s的延时。如果将P、T口换接，则可变成二位三通延时断型换向阀（常通式）。

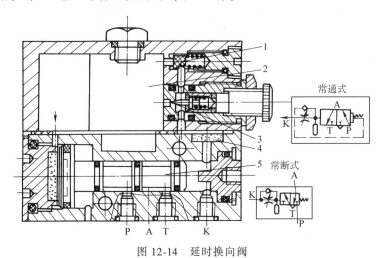

图12-14　延时换向阀

1—单向阀　2—气容　3—节流阀　4—过滤塞　5—阀芯

二、换向回路

1. 单作用气缸换向回路

图12-15所示为单作用气缸换向回路。图12-15a是用二位三通电磁阀控制的单作用气缸换向回路，在该回路中，当电磁铁得电时，活塞杆向上伸出，电磁铁断电时，活塞杆在弹簧作用下返回。图12-15b所示为三位四通电磁阀控制的单作用气缸换向和停止回路，该阀在两电磁铁均断电时能自动对中，使气缸停于任意位置，但定位精度不高。

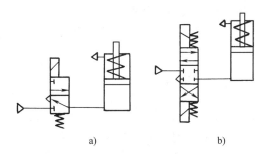

a)　　　　　　　　　b)

图12-15　单作用气缸换向回路

2. 双作用气缸换向回路

图12-16所示为各种双作用气缸换向回路。图12-16a所示是比较简单的换向回路；在图12-16b所示的回路中，当有气控信号K时活塞杆推出，反之，活塞杆退回；图12-16c所示为二位五通气控阀和手动二位三通阀控制的换向回路，当手动阀换向时，由手动阀控制的压缩空气推动二位五通气控换向阀换向，气缸活塞外伸，松开手动阀，则活塞杆返回；图12-16d、e、f所示回路中，两端控制电磁铁线圈或按钮不能同时操作，否则将出现误操作，其回路相当于双稳的逻辑功能，图12-16f所示回路还有中位停止功能，但中位停止定位精度不高。

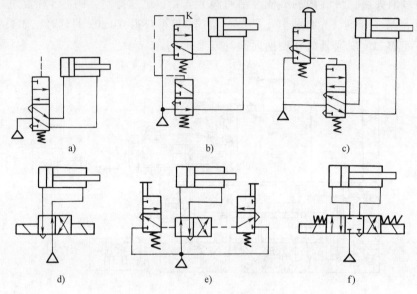

图 12-16　双作用气缸换向回路

技能实训 13　气动方向控制阀的拆装及气动换向回路的连接与调试

1. 实训目的

1）通过对气动方向控制阀的拆装，增加对气动方向控制阀结构的认识。

2）通过对气动方向控制阀的拆装，增加对气动方向控制阀工作原理和特性的理解，学会正确选择和使用气动方向控制阀。

3）加深理解换向回路组成原理及回路特性。

4）能够完成单作用气缸换向回路和双作用气缸换向回路的连接与调试。

2. 实训内容及步骤

（1）拆装方向控制阀（单向阀、各种换向阀、梭阀、双压阀）

1）本实训采用教师重点讲解，学生自己动手拆装为主的教学方法。学生以小组为单位，结合实训思考题，边拆装边讨论分析气动方向控制阀的结构原理及特点。

2）拆装时将零部件拆下并依次放好，注意不要散失小的零件，实训完要把每个元件装好。

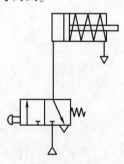

图 12-17　单作用气缸换向回路

（2）气动换向回路的连接

1）图 12-17 所示为单作用气缸换向回路，压缩空气由气源经过滤器、调压阀和截止阀向系统供气，气压设定为 0.5MPa，利用一个手动二位三通换向阀控制单作用气缸活塞杆的伸出。

① 按照气动换向阀回路的要求，选取所需的气动元件和辅件。

② 将选好的气动元件和辅件安装在气动实训台的适当位置上，通过管接头和管路按回路要求进行连接，并检查气路连接是否正确可靠。

③ 气动回路连接完成并经检查无误后方可打开气源，调试气路时要关闭气源。

④ 按动手动二位三通换向阀使其换向，观察单作用气缸的运动情况。

⑤ 实训完成后应先关闭气源，再拆卸管路，拆卸后每个元件应放回原处。

2）图 12-18 所示为气压控制的换向回路。压缩空气由气源经过滤器、调压阀和截止阀向系统供气，气压设定为 0.5MPa，由两个手动二位三通换向阀 T_1 和 T_2、一个机动换向阀 S_1、一个双压阀、一个双气控二位四通换向阀完成双作用气缸的伸出与缩回的控制。

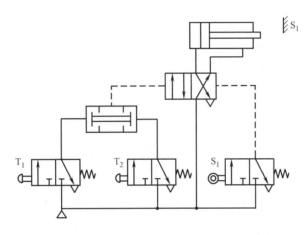

图 12-18　气压控制的换向回路

① 在气动实训台上完成该气路的连接，实训步骤同 1）中的①、②、③。

② 分别按动手动二位三通换向阀 T_1 和 T_2 使其换向，观察气缸的运动情况。

③ 同时按动手动二位三通换向阀 T_1 和 T_2 使其换向，观察气缸的运动情况。

④ 实训完成后应关闭气源，再拆卸管路，拆卸后每个元件应放回原处。

3. 实训思考题

1）梭阀、双压阀结构上有什么不同？在气动系统中各起什么作用？

2）阀芯与阀体间采用的是什么密封？为什么？

3）分析图 12-19 中换向阀的工作原理，并画出其图形符号。

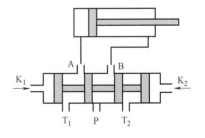

图 12-19　实训思考题图

4）若将图 12-17 中的手动二位三通换向阀换成电磁控制二位三通换向阀，应如何更改气路？设计实现上述功能的控制电路，并在实训台上完成连接与调试。

5）图 12-18 所示回路中，若 T_1 和 T_2 其中之一起作用，即可控制双作用气缸伸出，则应该更换哪一个控制阀？气动回路如何更改？设计实现上述功能的气动控制回路，并在实训台上完成连接与调试。

6）图 12-18 所示回路中，若要求气缸能快速返回，则应增加哪种控制阀？设计实现上述功能的气动控制回路，并在实训台上完成连接与调试。

第二节 压力控制阀及压力控制回路

一、压力控制阀

在气压传动系统中，用于控制压缩空气压力的元件，称为压力控制阀。这类阀的共同特点是，利用作用于阀芯上的压缩空气的压力和弹簧力相平衡的原理来进行工作的。压力控制阀按其控制功能可分为减压阀、溢流阀和顺序阀等。

1. 减压阀

气动设备和装置的气源，一般都来自压缩空气站。它所提供的压缩空气的压力通常都高于每台设备和装置所需的工作压力，且压力波动较大，因此需要用调节压力的减压阀来降低空气站的空气压力，使其适合每台气动设备和装置实际需要的压力，并保持该压力值的稳定。

图12-20为QTY型直动式减压阀。当阀处于工作状态时，调节旋钮1，压缩弹簧2、3及膜片5使阀芯8下移，进气阀口10被打开，气流从左端输入，经阀口10节流减压后从右端输出。输出气流的一部分，由阻尼管7进入膜片气室6，在膜片5的下面产生一个向上的推力，这个推力总是企图把阀口开度关小，使其输出压力下降。当作用在膜片上的推力与弹簧力互相平衡后，减压阀的输出压力便保持一定值。

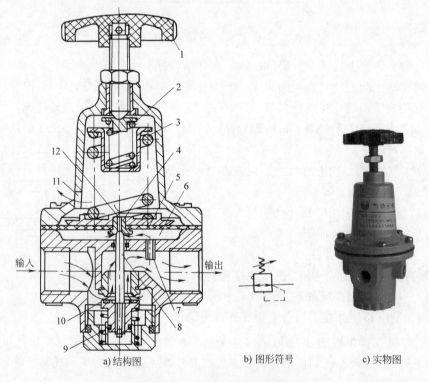

a) 结构图　　　　　　　b) 图形符号　　　　c) 实物图

图12-20　QTY型直动式减压阀

1—旋钮　2、3—弹簧　4—溢流阀座　5—膜片　6—膜片气室　7—阻尼管　8—阀芯

9—复位弹簧　10—进气阀口　11—排气孔　12—溢流孔

当输入压力发生波动时，如输入压力瞬时升高，输出压力也随之升高，作用在膜片 5 上的气体推力也相应增大，破坏了原来的力平衡，使膜片 5 向上移动。有少量气体经溢流孔 12、排气孔 11 排出。在膜片上移的同时，因复位弹簧 9 的作用，使阀芯 8 也向上移动，进气阀口开度减小，节流作用增大，使输出压力下降，直至达到新的平衡为止。重新平衡后的输出压力又基本上恢复至原值。反之，输入压力瞬时下降，输出压力相应下降，膜片下移，进气阀口开度增大，节流作用减小，输出压力又基本上回升至原值。调节旋钮 1，使弹簧 2、3 恢复自由状态，输出压力降至零，阀芯 8 在复位弹簧 9 的作用下，关闭进气阀口 10。这样，减压阀便处于截止状态，无气流输出。

QTY 型直动式减压阀的调压范围为 0.05~0.63MPa。为限制气体流过减压阀所造成的压力损失，规定气体通过阀内通道的流速在 15~25m/s 范围内。

安装减压阀时，要按气流的方向和减压阀上所示的箭头方向，依照分水滤气器→减压阀→油雾器的安装次序进行安装。调压时应由低向高调，直至规定的调压值为止。阀不用时应把旋钮放松，以免膜片变形。

2. 溢流阀

当回路中气压上升到所规定的调定压力以上时，气流需经溢流阀排出，以保持输入压力不超过设定值。溢流阀按控制形式分为直动式和先导式两种。

溢流阀的工作原理如图 12-21 所示，当气体作用在阀芯 3 上的力小于弹簧 2 的力时，阀处于关闭状态。当系统压力升高，作用在阀芯 3 上的作用力大于弹簧力时，阀芯向上移动，阀开启并溢流，使气压不再升高。当系统压力降至低于调定值时，阀又重新关闭。

图 12-22 所示为先导式溢流阀，用一个小型直动式减压阀或气动定值器作为它的先导阀。工作时，由减压阀减压后的空气从上部 C 口进入阀内，从而代替了弹簧控制，故不会因调压弹簧在阀不同开度时的不同弹簧力而使调定压力产生变化，阀的流量特性好，但需一个减压阀。先导式溢流阀适用于大流量和远距离控制的场合。

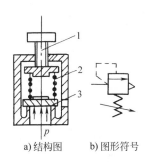

a)结构图　　b)图形符号

图 12-21　溢流阀工作原理

1—调节杆　2—弹簧　3—阀芯

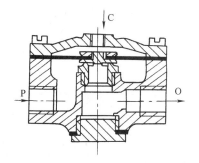

图 12-22　先导式溢流阀

3. 顺序阀

顺序阀是依靠气路中压力的变化来控制各执行元件按顺序动作的压力阀。顺序阀的工作原理如图 12-23 所示，它根据调节弹簧的压缩量来控制其开启压力。当输入压力达到顺序阀的调整压力时，阀口打开，压缩空气从 P 到 A 才有输出，反之，A 无输出。

顺序阀一般很少单独使用，往往与单向阀组合在一起。构成单向顺序阀。图 12-24 为单向顺序阀的工作原理。当压缩空气进入气腔 4 后，作用在活塞 3 上的气压超过压缩弹簧 2 上

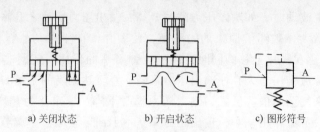

a) 关闭状态　　　　　　b) 开启状态　　　　　　c) 图形符号

图 12-23　顺序阀工作原理

的力时，将活塞顶起。压缩空气从 P 经气腔 4、5 到 A 输出，如图 12-24a 所示。此时单向阀
6 在压差力及弹簧力的作用下处于关闭状态。反向流动时，输入侧 P 变成排气口，输出侧压
力将顶开单向阀 6 由 T 口排气，如图 12-24b 所示。调节旋钮 1 就可改变单向顺序阀的开启
压力，以便在不同的开启压力下，控制执行元件的顺序动作。图 12-24c 所示为单向顺序阀
的图形符号。

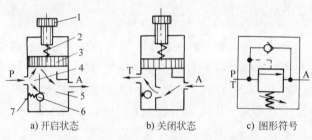

a) 开启状态　　　　　　b) 关闭状态　　　　　　c) 图形符号

图 12-24　单向顺序阀工作原理

1—旋钮　2、7—弹簧　3—活塞　4、5—气腔　6—单向阀

二、压力控制回路

压力控制回路是使回路中的压力保持在一定范围内，或使回路得到高、低不同压力的基
本回路。

1. 一次压力控制回路

一次压力控制回路主要用来控制储气罐
内的压力，使它不超过规定的压力。图 12-25
是一次压力控制回路。它可以采用外控溢流
阀或电触点压力表来控制。当采用溢流阀控
制时，若储气罐内压力超过规定压力值时，
溢流阀开启，压缩机输出的压缩空气由溢流
阀 1 排入大气，使储气罐内压力保持在规定范
围内；当采用电触点压力表 2 控制时，用它直

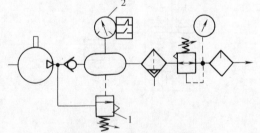

图 12-25　一次压力控制回路

1—溢流阀　2—电触点压力表

接控制压缩机的停止或转动，这样也可保证储气罐内压力在规定的范围内。

采用溢流阀控制时，结构简单、工作可靠，但气量浪费大；采用电触点压力表控制时，
对电动机及控制要求较高，常用于小型空气压缩机。

2. 二次压力控制回路

二次压力控制回路主要是对气动控制系统的气源压力进行控制。图 12-26 是气缸、气马

达系统气源常用的压力控制回路。输出压力的大小由溢流式减压阀调整。在该回路中，过滤器、减压阀、油雾器常联合使用，并且已有组合件生产。**注意：** 供给逻辑元件的压缩空气不需要加入润滑油，可省去油雾器，或在逻辑元件之前用三通接头引出支路。

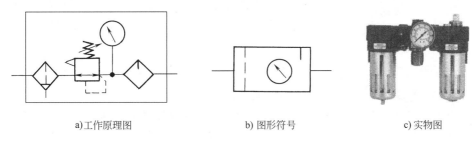

| a)工作原理图 | b) 图形符号 | c) 实物图 |

图 12-26　二次压力控制回路

3. 高低压转换回路

在实际应用中，某些气压控制系统需要有高、低压力的选择。图 12-27a 所示为由减压阀控制高低压转换回路，该回路由两个减压阀分别调出 p_1、p_2 两种不同的压力，气动系统就能得到所需要的高压和低压输出。图 12-27b 是利用两个减压阀和一个换向阀构成的高低压力 p_1 和 p_2 的自动转换回路。

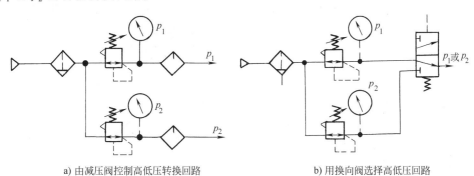

a) 由减压阀控制高低压转换回路　　　　b) 用换向阀选择高低压回路

图 12-27　高低压转换回路

技能实训 14　气动压力控制阀的拆装及气动调压回路的连接与调试

1. 实训目的

1）通过对气动压力控制阀的拆装，增加对气动压力控制阀结构的认识。

2）通过拆装训练，增加对气动压力控制阀工作原理和特性的理解，学会正确选择和使用气动压力控制阀。

3）加深理解压力控制回路组成原理及回路特性。

4）能够完成压力控制回路的连接与调试。

2. 实训内容及步骤

（1）拆装压力控制阀（减压阀、顺序阀、安全阀）

1）本实训采用教师重点讲解，学生自己动手拆装为主的教学方法。学生以小组为单位，结合实训思考题，边拆装边讨论分析压力控制阀的结构原理及特点。

2）拆装时将零部件拆下并依次放好，注意不要散失小的零件，实训完要把每个元件装好。

（2）气动调压回路连接

1）压缩空气由气源经过滤器、调压阀和截止阀向系统供气，气压设定为0.6MPa，根据图12-28所示的气马达控制原理图，通过对减压阀和手动二位三通换向阀的控制，改变气马达的输出转矩。

① 按照图12-28选取所需的气动元件和辅件。

② 将选好的气动元件和辅件安装在气动实训台的适当位置上，通过管接头和管路按回路要求进行连接，并检查气路连接是否正确可靠。

③ 气动回路连接完成并经检查无误后方可打开气源，调试气路时要关闭气源。

④ 调节减压阀的压力，按动手动二位三通换向阀使其换向，观察气马达的运转情况。

⑤ 实训完成后应先关闭气源，再拆卸管路，拆卸后每个元件应放回原处。

2）在图12-29所示的气动控制原理图中，系统气压设定为0.6MPa，顺序阀设定压力为0.5MPa，当驱动换向阀动作时，气缸活塞杆伸出并对工件进行加工。当系统压力达到顺序阀设定压力时，气缸就复位。

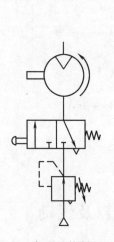

图12-28 气马达控制原理图

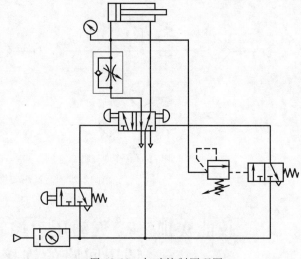

图12-29 气动控制原理图

① 在气动实训台上完成该气路的连接，实训步骤同1）中的①、②、③。

② 调节顺序阀的压力为0.5MPa，适当调节节流阀的开口。

③ 分别按动二位三通换向阀和二位五通换向阀的按钮，观察气缸的运动情况。

④ 实训完成后应先关闭气源，再拆卸管路，拆卸后每个元件应放回原处。

3）在气动实训台上完成图12-30所示的三种气动控制回路的连接与调试，并比较气缸输出力控制的不同。

① 在气动实训台上完成该气路的连接，实训步骤同1）中的①、②、③。

② 在图12-30中的三个二位四通换向阀的操纵方式选手动或电磁动均可。

③ 分别调节图12-30所示三个回路中三个调压阀的压力，并调成同一值。

④ 分别控制三个回路中的换向阀换向，注意观察三个液压缸输出力的情况。

⑤ 实训完成后应先关闭气源，再拆卸管路，拆卸后每个元件应放回原处。

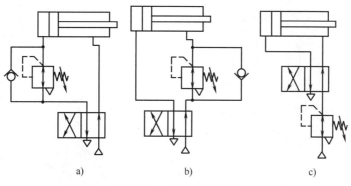

图 12-30 气动控制回路

3. 实训思考题

1）直动式减压阀与先导式减压阀结构上有什么不同？性能上有什么不同？

2）先导式溢流阀控制膜片的作用是什么？

3）调压弹簧为什么采用双弹簧结构？在什么情况下两弹簧串联？在什么情况下两弹簧并联？两弹簧串联和并联有什么不同？

4）图 12-28 所示回路中的气马达若采用双向气马达，则应使用何种形式的换向阀？

5）试比较图 12-30 所示三种气动控制回路中气缸输出力控制的不同。

第三节　流量控制阀及速度控制回路

一、流量控制阀

气压传动系统中的流量控制阀是通过改变阀的流通面积来实现流量控制的元件。流量控制阀包括节流阀、单向节流阀和排气节流阀等。

1. 节流阀

图 12-31 为圆柱斜切型节流阀。压缩空气由 P 口进入，经过节流后，由 A 口流出。旋转阀芯螺杆，就可改变节流口的开度，这样就调节了压缩空气的流量。由于这种节流阀的结构简单，体积小，故应用范围较广。

2. 排气节流阀

排气节流阀是装在执行元件的排气口处，调节排入大气中气体流量的一种控制阀。它不仅能调节执行元件的运动速度，还常带有消声结构，所以也能起降低排气噪声的作用。图 12-32 为排气节流阀。其工作原理和节流阀相类似，靠调节节流口 1 处的流通面积来调节排气流量，由消声套 2 减少排气噪声。

二、速度控制回路

1. 单作用气缸速度控制回路

图 12-33 所示为单作用气缸速度控制回路，在图 12-33a 中，活塞杆升、降均通过节流阀

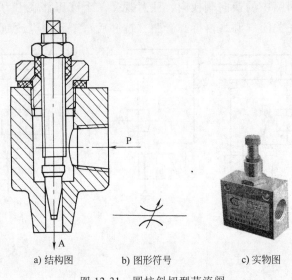

a) 结构图　　　　b) 图形符号　　　　c) 实物图

图 12-31　圆柱斜切型节流阀

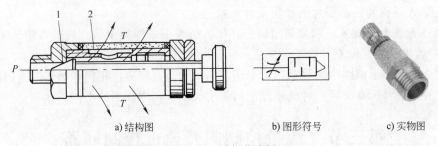

a) 结构图　　　　　　　　b) 图形符号　　　　　　　c) 实物图

图 12-32　排气节流阀
1—节流口　2—消声套

调速，两个反向安装的单向节流阀，可分别实现进气节流和排气节流来控制活塞杆的伸出及缩回速度。在图 12-33b 所示的回路中，气缸上升时可调速，下降时则通过快速排气阀排气，使气缸快速返回。

2. 双作用气缸速度控制回路

双作用气缸有进气节流和排气节流两种调速方式。图 12-34a 所示为进气节流调速回路，当气控换向阀在图示位置时，气流经过节流阀进入气缸 A 腔，B 腔排出的气体直接经换向阀快排。当节流阀开度较小时，由于进入 A 腔的流量较小，压力上升缓慢，当气压达到能克服负载时，活塞前进，此时 A 腔容积增大，结果使压缩空气膨胀，压力下降，使作用在活塞上的力小于负载，因而活塞就停止前进。待压力再次上升时，活塞才再次前进。这种由于负载及供气的原因使活塞忽走忽停的现象，叫气缸的"爬行"。所以进气节流有两点不足之处：①当负载方向与活塞运动方向相反时，活塞运动易出现不平稳现象，即"爬行"现象；②当负载方向与活塞运动方向一致时，由于排气经换向阀快排，几乎没有阻尼，负载易产生"跑空"现象，使气缸失去控制。因此，进气节流回路，多用于垂直安装的气缸。对于水平安装的气缸，其调速回路一般采用如图 12-34b 所示的排气节流回路，当气控换向阀在图示位置时，压缩空气经气控换向阀直接进入气缸的 A 腔，而 B 腔排出的气体经节流阀、气控换向阀排入大气，因而 B 腔中的气体就具有一定的背压力。此时，活塞在 A 腔与 B 腔的压

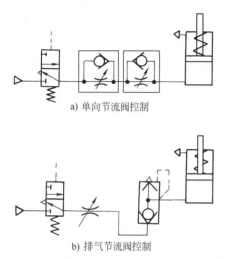

a) 单向节流阀控制

b) 排气节流阀控制

图 12-33 单作用气缸速度控制回路

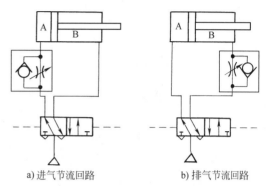

a) 进气节流回路   b) 排气节流回路

图 12-34 双作用气缸调速回路

力差作用下前进,而减少了"爬行"发生的可能性。调节节流阀的开度,就可控制不同的排气速度,从而也就控制了活塞的运动速度。排气节流调速回路具有以下特点:

1)气缸速度随负载变化较小,运动较平稳。

2)能承受与活塞运动方向相同的负载。

综上所述,以上调速回路适用于负载变化不大的场合。其原因是,当负载突然增大时,由于气体的可压缩性,就将迫使缸内的气体压缩,使活塞运动速度减慢;反之,当负载突然减小时,气缸内被压缩的空气必然膨胀,使活塞运动加快,这称为气缸的"自走"现象。因此在要求气缸具有准确而平稳的速度时,特别是在负载变化较大的场合,就要采用气液相结合的调速方式了。

3. 气液转换速度控制回路

图 12-35 所示为气液转换速度控制回路,它利用气液转换器 1、2 将气压变成液压,利用液压油驱动液压缸 3,从而得到平稳易控制的活塞运动速度,调节节流阀的开度,就可改变活塞的运动速度。这种回路充分发挥了气动供气方便和液压速度容易控制的特点。

4. 气液阻尼缸调速回路

图 12-36 所示为气液阻尼缸速度控制回路。图 12-36a 为慢进快退回路,改变单向节流阀的开度,即可控制活塞的前进速度,当活塞返回时,气液阻尼缸中液压缸的无杆腔的油液通过单向阀快速流入有杆腔,故返回速度较快,

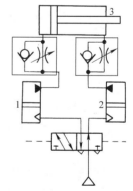

图 12-35 气液转换速度控制回路
1、2—气液转换器 3—液压缸

高位油箱起补充泄漏油液的作用。图 12-36b 所示为实现快进→工进→快退动作的回路。当有 K_2 信号时,五通阀换向,活塞向左运动,液压缸无杆腔中的油液通过 a 口进入有杆腔,气缸快速向左前进;当活塞将 a 口关闭时,液压缸无杆腔中的油液被迫从 b 口经节流阀进入有杆腔,活塞工作进给;当 K_2 信号消失,有 K_1 输入信号时,五通阀换向,活塞向右快速返回。

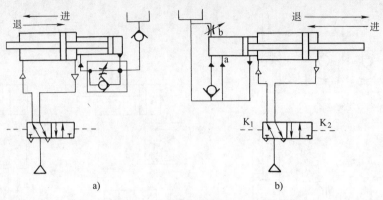

图 12-36 气液阻尼缸调速回路

5. 缓冲回路

当气动执行元件动作速度较快，活塞惯性力较大时，可采用图 12-37 所示的缓冲回路。当活塞向右运动时，右腔的气体经行程阀及三位五通阀排掉，当活塞前进到预定位置压下行程阀时，气体就只能经节流阀排除，这样使活塞运动速度减慢，达到了缓冲目的。调整行程阀的安装位置就可以改变缓冲的开始时间。此种回路常用于惯性力较大的气缸。

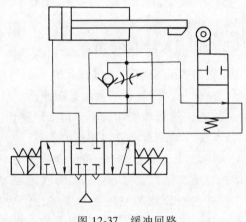

图 12-37 缓冲回路

技能实训 15 气动流量控制阀的拆装及气动速度控制回路的连接与调试

1. 实训目的

1）通过对气动流量控制阀的拆装，了解其组成和结构特点。

2）通过拆装训练，加深对流量控制阀工作原理和特性的理解，学会正确选择和使用气动流量控制阀。

3）加深理解速度控制回路的组成原理及回路特性。

4）能够完成速度控制回路的连接与调试。

2. 实训内容及步骤

（1）拆装流量控制阀（节流阀、单向节流阀、排气节流阀）

1）本实训采用教师重点讲解，学生自己动手拆装为主的教学方法。学生以小组为单位，结合实训思考题，边拆装边讨论分析流量控制阀的结构原理及特点。

2）拆装时将零部件拆下并依次放好，注意不要散失小的零件，实训完要把每个元件装好。

（2）速度控制回路连接

1）根据图 12-38 所示，增加手动换向控制阀，实现单作用气缸和双作用气缸活塞杆的伸出、缩回及速度控制，并画出完整的控制原理图。

① 按题目要求设计出完整的控制原理图，并请指导教师审阅。

② 按审阅后的调速回路图的要求，选取所需的气动元件和辅件。

③ 将选好的气动元件和辅件安装在气动实训台的适当位置上，通过管接头和管路按回路要求进行气路和电路连接，并检查气路和电路连接是否正确可靠。

④ 气动回路连接完成并经检查无误后方可打开气源，调试气路时要关闭气源。

⑤ 分别调节图 12-38a、b 所示回路中的单向节流阀 1、2 的开口大小，并控制换向阀实现换向，注意观察两气缸的往复运动速度。

⑥ 实训完成后应关闭气源，再拆卸气路，拆卸后每个元件应放回原处。

2）利用一个手动三位四通换向阀实现气马达的转向控制，原理如图 12-39 所示，在气动实训台上连接该气路，调试完成气马达的两种转速的控制。

① 按照实训图的要求，选取所需的气动元件和辅件。

② 将选好的气动元件和辅件安装在气动实训台的适当位置上，通过管接头和管路按回路要求进行气路和电路连接，并检查气路和电路连接是否正确可靠。

③ 气动回路连接完成并经检查无误后方可打开气源，调试气路时要关闭气源。

④ 分别调节图 12-39 所示回路中的两个节流阀的开口大小，按动三位四通换向阀实现换向控制，注意观察气马达的转向机速度控制情况。

3. 实训思考题

1）常用的节流阀阀芯节流部分的形状有哪些？

2）试比较气动节流阀与液压节流阀各自的结构特点。

3）图 12-38 所示回路中各节流阀有何作用？

4）图 12-39 所示回路中梭阀有何作用？气马达可否实现正反转控制？

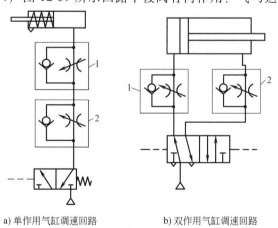

a) 单作用气缸调速回路　　　　b) 双作用气缸调速回路

图 12-38　气缸调速回路

1，2—单向节流阀

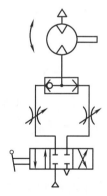

图 12-39　气马达转向控制原理图

第四节　其他常用基本回路

一、过载保护回路

图 12-40 所示为气缸过载保护回路。当正常工作情况时，按下手动阀 1，主控阀 2 切换

至左位，气缸活塞右行，当活塞杆上挡铁碰到行程阀 5 时，控制气体又使阀 2 切换至右位，活塞缩回。

当气缸活塞右行时，若遇到故障，造成负载过大，使气缸左腔压力升高到超过预定值时，顺序阀 3 打开，控制气体可经梭阀 4 将主控阀 2 切换至右位，使活塞杆缩回，气缸左腔的气体经 2 排掉，这样就防止了系统过载。

二、互锁回路

图 12-41 所示为互锁回路，主要利用梭阀 1、2、3 及换向阀 4、5、6 进行互锁。该回路能防止各缸的活塞同时动作，而保证只有一个活塞动作。例如，当换向阀 7 被切换，则换向阀 4 也换向，使 A 缸活塞杆伸出；与此同时，A 缸进气管路的气体使梭阀 1、2 动作，把换向阀 5、6 锁住。所以此时即使换向阀 8、9 有气控信号，B、C 缸也不会动作。如要改变缸的动作，必须把前一个动作缸的气控阀复位才行。

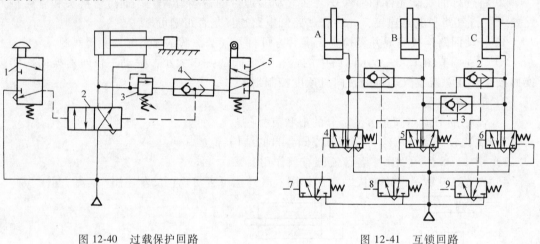

图 12-40　过载保护回路　　　　　　　　图 12-41　互锁回路
1—手动阀　2—主控阀　3—顺序阀　4—梭阀　5—行程阀

三、双手同时操作回路

图 12-42a 所示回路，只有两手同时操作手动阀 1、2 切换主控阀 3 时，气缸活塞才能下落。实际上给阀 3 的控制信号是阀 1、2 相"与"的信号。在此回路中，如果阀 1 或阀 2 的弹簧折断而不能复位，单独按下一个手动阀，气缸活塞也可下落，所以此回路并不十分安全。

图 12-42b 回路，当两手同时按下手动阀时，气容 6 中预先充满的压缩空气才能经阀 1 及气阻 5 节流延迟一定时间后切换主控阀 3，此时活塞才能下落。如果两手不同时按下手动阀，或因其中任一个手动阀弹簧折断不能复位，气容 6 内的压缩空气都将通过手动阀 2 的排气口排空，这样由于建立不起控制压力，阀 3 就不能被切换，活塞也就不能下落。在双手同时操作回路中，两个手动阀必须安装在单手不能同时操作的距离上。

四、延时回路

图 12-43 为气动延时回路。图 12-43a 为延时输出回路，当控制信号切换阀 4 后，压缩空

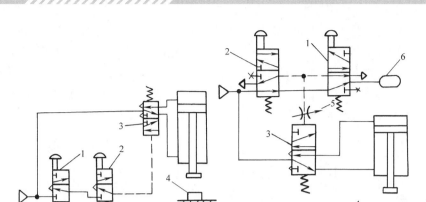

图 12-42　双手同时操作回路
1、2—手动阀　3—主控阀　4—工件　5—气阻　6—气容

气经单向节流阀 3 向气罐 2 充气，当充气压力经过延时升高致使阀 1 换位时，阀 1 就有输出。

图 12-43b 为延时接通回路，按下阀 8，则气缸活塞向外伸出，当活塞在伸出行程中压下阀 5 后，压缩空气经节流阀 9 进入气罐 6，延时后才将阀 7 切换，活塞返回。

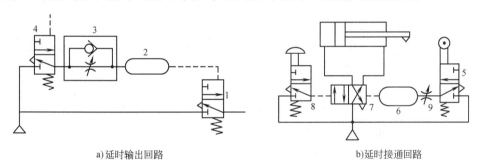

a)延时输出回路　　　　　　　　　　　　b)延时接通回路

图 12-43　气动延时回路
1、4—二位三通气控阀　2、6—气罐　3—单向节流阀　5—二位三通行程阀
7—二位四通气控阀　8—二位三通手动阀　9—节流阀

五、顺序动作回路

顺序动作是指在气动回路中，各个气缸按一定程序完成各自的动作。例如单缸有单往复动作、二次往复动作、连续往复动作等；双缸及多缸有单往复及多往复顺序动作等。

1. 单缸往复动作回路

单缸往复动作回路可分为单缸单往复和单缸连续往复动作回路。单往复指输入一个信号后，气缸只完成一次往复动作；连续往复指输入一个信号后，气缸的往复动作可连续进行。

图 12-44 所示为三种单往复动作回路，其中图 12-44a 为行程阀控制的单往复回路。当按下阀 1 的手动按钮后，压缩空气使阀 3 换向，活塞杆伸出，当挡块压下行程阀 2 时，阀 3 复位，活塞杆返回，完成一次循环。图 12-44b 所示为压力控制的单往复回路，按下阀 1 的手动按钮后，阀 3 的阀芯右移，气缸无杆腔进气，活塞杆伸出，当活塞行程到达终点时，无杆

腔气压升高，打开顺序阀2，使阀3换向，气缸返回，完成一次循环。图12-44c是利用阻容回路形成的时间控制单往复回路，当按下阀1的按钮后，阀3换向，气缸活塞杆伸出，当压下行程阀2后，需经过一定的时间后阀3才能换向，使气缸返回完成一次循环动作。由上述可知，在单往复回路中，每按动一次按钮，气缸可完成一个 A_1A_0 的循环（A表示气缸，下标"1"表示A缸活塞杆伸出，下标"0"表示活塞杆缩回动作）。

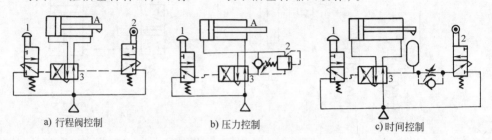

a) 行程阀控制　　　　　　　b) 压力控制　　　　　　　c) 时间控制

图 12-44　单往复动作回路

　　图12-45所示为连续往复动作回路。当按下阀1的按钮后，阀4换向，活塞向前运动，这时由于阀3复位将气路封闭，使阀4不能复位，活塞继续前进。到达行程终点压下行程阀2，使阀4控制气路排气，并在弹簧作用下阀4复位，气缸返回；当压下阀3时，阀4换向，活塞再次向前，形成了 $A_1A_0A_1A_0\cdots$ 的连续往复动作，当提起阀1的按钮后，阀4复位，活塞返回而停止运动。

2. 多缸顺序动作回路

　　两个、三个或多个气缸按一定顺序动作的回路，应用较广泛，在一个循环顺序里，若气缸只作一次往复，称之为单往复顺序，若某些气缸作多次往复，就称为多往复顺序。若用A、B、C、…表示气缸，用下标1、0表示活塞的伸出和缩回，则两个气缸的基本顺序动作有 $A_1B_1A_0B_0$、$A_1A_0B_1B_0$ 和 $A_1B_1B_0A_1$ 三种。而若三个气缸的基本顺序动作，就有十五种之多。这些顺序动作回路，都属于单往复顺序，即在每一个程序里，气缸只作一次往复。多往复顺序动作回路，其顺序的形成方式，将比单往复顺序多得多。

六、缓冲回路

　　气缸在行程长、速度快、惯性大的情况下，往往需要采用缓冲回路来消除冲击。图12-46a

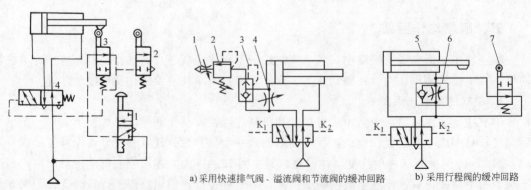

　　　　　　　　　　　　a) 采用快速排气阀、溢流阀和节流阀的缓冲回路　　b) 采用行程阀的缓冲回路

图 12-45　连续往复动作回路　　　　　　　　图 12-46　缓冲回路

1、4—节流阀　2—溢流阀　3—快排阀　5—气缸　6—单向节流阀　7—行程阀

为采用快速排气阀、溢流阀和节流阀的缓冲回路，当活塞返回至行程末端时，其左腔压力已降至打不开溢流阀 2 的程度，剩余气体只能经节流阀 4 排出，使活塞得到缓冲，适于行程长、速度快的场合。图 12-46b 为采用行程阀的缓冲回路，可实现快进→慢进缓冲→停止→快退的循环，行程阀可根据需要调整缓冲行程，常用于惯性大的场合。图中只是实现单向缓冲，若气缸两侧均安装此回路，则可实现双向缓冲。

技能实训 16　气动顺序控制回路的连接与调试

1. 实训目的

1）加深理解顺序控制回路的组成原理及回路特性。

2）能够完成单缸往复动作回路的连接与调试。

2. 实训内容及步骤

1）图 12-47 所示为带行程检测的时间控制回路，该回路利用延时换向阀控制气缸的单往复动作。设定气源压力为 0.5MPa。

① 按照图 12-47 所示回路，选取所需的气动元件和辅件。

② 将选好的气动元件和辅件安装在气动实训台的适当位置上，通过管接头和管路按回路要求进行气路和电路连接，并检查气路和电路连接是否正确可靠。

③ 气动回路连接完成并经检查无误后方可打开气源，调试气路时要关闭气源。

④ 调节单向节流阀的开度，按动手动二位三通换向阀使其换向，观察气缸的往复动作情况。

⑤ 实训完成后应先关闭气源，再拆卸管路，拆卸后每个元件应放回原处。

2）如图 12-48 所示为自动往复动作回路，该回路通过两个二位三通行程阀使双作用气缸实现自动往复动作，气缸活塞杆伸出速度可调并且返回速度根据控制要求应尽可能快。

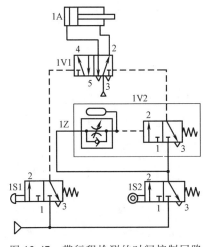

图 12-47　带行程检测的时间控制回路

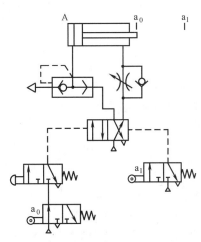

图 12-48　自动往复动作回路

① 在气动实训台上完成该气路的连接，实训步骤同 1）中的①、②、③。

② 适当调节单向节流阀的开度，按动二位三通手动换向阀使其换向，观察气缸的往复运动情况。

③ 实训完成后应关闭气源，再拆卸管路，拆卸后每个元件应放回原处。

3. 实训思考题

1）说明延时换向阀的工作原理。

2）说明图 12-48 所示自动往复动作回路的工作原理。

3）图 12-48 中的快速排气阀在回路中起到什么作用？

第五节　气动逻辑元件简介

气动逻辑元件是用压缩空气为介质，在气控信号作用下动作，通过元件内部的可动部分来改变气流方向，以实现一定逻辑功能的气体控制元件。实际上方向控制阀也具有逻辑元件的各种功能，所不同的是它的输出功率较大，尺寸大。而气动逻辑元件的尺寸较小，因此在气动控制系统中广泛采用各种形式的气动逻辑元件。

一、气动逻辑元件的分类

气动逻辑元件的种类很多，一般可按下列方式来分：

（1）按工作压力来分　可分为高压元件（工作压力为 0.2～0.8MPa）、低压元件（工作压力 0.02～0.2MPa）及微压元件（工作压力 0.02MPa 以下）三种。

（2）按逻辑功能分　可分为"是门"（$S=A$）元件、"或门"（$S=A+B$）元件、"与门"（$S=AB$）元件、"非门"（$S=\bar{A}$）元件和双稳元件等。

（3）按结构形式分　可分为截止式逻辑元件、膜片式逻辑元件和滑阀式逻辑元件等。

二、高压截止式逻辑元件

高压截止式逻辑元件是依靠控制气压信号推动阀芯或通过膜片的变形推动阀芯动作，改变气流的流动方向，以实现一定逻辑功能的逻辑元件。这类元件的特点是行程小、流量大、工作压力高、对气源净化要求低，便于实现集成安装和实现集中控制，其拆卸也很方便。

1. 是门和与门元件

图 12-49 为是门和与门元件的工作原理与图形符号，图中 A 为信号输入口，S 为信号输出口，中间口接气源 P 时为是门元件。也就是说，当 A 输入口无信号时，阀芯 2 在弹簧及气源压力 p 作用下处于图示位置，封住 P、S 间的通道，使输出口 S 与排气口相通，S 无输出；反之，当 A 有输入信号时，膜片 1 在输入信号作用下将阀芯 2 推动下移，封住输出 S 与排气口间通道，P 与 S 相通，S 有输出。即：无输入信号时无输出；有输入信号时就有

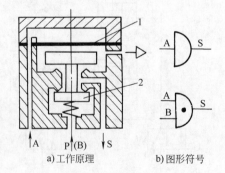

a)工作原理　　　b)图形符号

图 12-49　是门和与门元件工作原理与符号

1—膜片　2—阀芯

输出，元件的输入和输出信号之间始终保持相同的状态，即 $S=A$。若将中间口不接气源而换接另一输入信号 B，则成为与门元件，也就是只有当 A、B 同时有输入信号时，S 才有输出。即 $S=AB$。

2. 或门

截止式逻辑元件中的或门，大多由硬心膜片及阀体所构成，膜片可水平安装，也可垂直安装。图 12-50 所示为或门元件的工作原理与图形符号，图中 A、B 为信号输入口，S 为输出口。当只有 A 信号输入时，阀芯 a 在信号气压作用下向下移动，封住信号口 B，气流经 S 输出；当只有 B 输入信号时，阀芯 a 在此信号作用下上移，封住 A 信号口通道，S 也有输出；当 A、B 均有输入信号时，阀芯 a 在两个信号作用下或上移、或下移、或保持在中位，S 均会有输出。即或有 A、或有 B、或者 A、B 二者都有，均有输出 S，表示为：S=A+B。

3. 非门和禁门元件

图 12-51 所示为非门和禁门元件的工作原理与图形符号。当元件的输入端 A 没有信号输入时，阀芯 3 在气源压力 P 作用下紧压在上阀座上，输出端 S 有输出信号；反之，当输入端 A 有输入信号时，作用在膜片 2 上的气压力经阀杆使阀芯 3 向下移动，关闭气源通路，S 没有输出。也就是说，当有信号 A 输入时，S 就没有输出；当没有信号 A 输入时，S 就有输出，即 $S=\overline{A}$。活塞 1 用来显示输出的有无。

若把中间孔改作另一输入信号口 B，该元件即为"禁门"元件。也就是说，当 A、B 均有输入信号时，阀杆及阀芯 3 在 A 输入信号作用下封住 B 口，S 无输出；当 A 无输入信号而 B 有输入信号时，S 就有输出。A 的输入信号对 B 的输入信号起"禁止"作用，即 $S=\overline{A}B$。

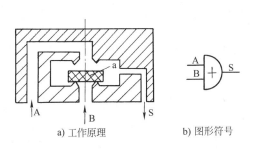

图 12-50　或门元件工作原理与符号

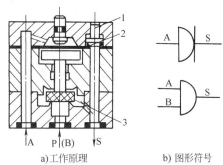

图 12-51　非门和禁门元件工作原理与符号
1—活塞　2—膜片　3—阀芯

4. 双稳元件

双稳元件属记忆元件，在逻辑回路中起着重要的作用。图 12-52 为双稳元件的工作原理与图形符号。当 A 有输入信号时，阀芯 a 被推向图中所示的右端位置，气源的压缩空气便由 P 通至 S_1 输出，而 S_2 与排气口相通，此时"双稳"处于"1"状态；在控制端 B 的输入信号到来之前，A 的信号虽然消失，但阀芯 a 仍保持在右端位置，S_1 总是有输出；当 B 有输入信号时，阀芯 a 被推向左端，此时压缩空气由 P 至 S_2 输出，而 S_1 与排气口相通，于是"双稳"处于"0"状态，在 B 信号消失后，A 信号输入之前，阀芯 a 仍处

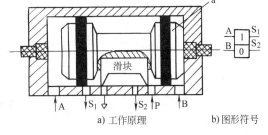

图 12-52　双稳元件工作原理与图形符号

于左端位置，S_2 总有输出。所以该元件具有记忆功能。即：$S_1 = K_B^A$，$S_2 = K_A^B$。在使用中不能在双稳元件的两个输入端同时加输入信号，否则元件将处于不定工作状态。

三、逻辑元件的选用

气动逻辑控制系统所用气源的压力变化必须保障逻辑元件正常工作需要的气压范围和输出端切换时所需的切换压力，逻辑元件的输出流量和响应时间等，在设计系统时可根据系统要求参照有关资料选取。无论采用截止式或膜片式高压逻辑元件，都要尽量将元件集中布置，以便于集中管理。

由于信号的传输有一定的延时，信号的发出点与接收点之间不能相距太远。一般说来，最好不要超过几十米。当逻辑元件要相互串联时，一定要有足够的流量，否则可能推不动下一级元件。另外，尽管高压逻辑元件对气源过滤要求不高，但最好使用过滤后的气源，一定不要让加入油雾的压缩空气进入逻辑元件。

> **讨论练习题**
>
> 设计一个气动逻辑回路控制一个单作用气缸，要求被控气缸实现如下逻辑功能：$S = \overline{A}B + A\overline{B}$，A、B 为输入信号。

思考题和习题

12-1　气压传动与液压传动的减压阀、节流阀相比，在原理、结构和使用上有何异同？

12-2　气液转换速度控制回路有何特点？

12-3　画出逻辑元件的图形符号并说明其功能。

12-4　试设计一个气缸控制回路，当信号 A、B、C 中任一信号存在时都可以使气缸活塞返回。

13

第十三章　气压传动系统实例

气压传动技术是实现工业生产自动化和半自动化的方式之一。由于气压传动系统使用安全、可靠，可以在高温、震动、腐蚀、易燃、易爆、多尘埃、强磁、辐射等恶劣环境下工作，所以气动技术应用日益广泛。本章通过介绍气压传动技术在实际工程中的应用实例，进而学会阅读和分析气压传动系统的步骤和方法。

本章重点

1）读懂气压传动系统原理图。

2）分析气压传动系统的组成及各元件在系统中的作用。

3）分析气压传动系统的工作程序及其工作原理。

第一节　气动机械手气压传动系统

机械手是自动生产设备和生产线上的重要装置之一，它可以根据各种自动化设备的工作需要，模拟人手的部分动作，按着预定的控制程序、轨迹和工艺要求实现自动抓取、搬运，完成工件的上料、卸料和自动换刀。因此，在机械加工、冲压、锻造、铸造、装配和热处理等生产过程中被广泛应用，以减轻工人的劳动强度。气动机械手是机械手的一种，它具有结构简单，重量轻，动作迅速、平稳、可靠、节能和不污染环境等优点。

图 13-1 为气动机械手的结构示意图。该系统由 A、B、C、D 四个气缸组成，能实现手指夹持、手臂伸缩、立柱升降和立柱回转四个动作。

其中，A 缸为抓取工件的松紧缸；B 缸为长臂伸缩缸，可实现手臂的伸出与缩回动作；C 缸为立柱升降缸；D 缸为立柱回转缸，该气缸为齿轮齿条缸，它有两个活塞，分别装在带齿条的活塞杆两端，齿条的往复运动带动立柱上的齿轮旋转，从而实现立柱及手臂的回转。图 13-2 为一种通用机械手的气动系统工作原理。此机械手手指部分为真空吸头，即无 A 气缸部分，要

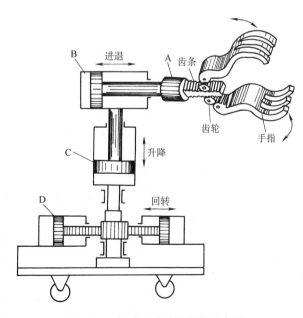

图 13-1　气动机械手的结构示意图

求其完成的工作循环为：立柱上升→伸臂→立柱顺时针转→真空吸头取工件→立柱逆时针转
→缩臂→立柱下降。

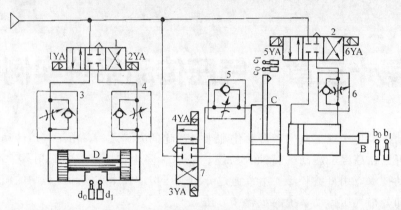

图 13-2　通用机械手气压传动系统原理

三个气缸分别与三个三位四通双电控换向阀 1、2、7 和单向节流阀 3、4、5、6 组成换
向、调速回路。各气缸的行程位置均由电气行程开关进行控制。表 13-1 为该机械手的电磁
铁动作顺序表。

表 13-1　电磁铁动作顺序表

动　作	1YA	2YA	3YA	4YA	5YA	6YA
立柱上升				+		
手臂伸出				−	+	
立柱转位	+				−	
立柱复位	−	+				
手臂缩回		−				+
立柱下降			+			−

气动机械手工作循环分析：

按下启动按钮，4YA 通电，阀 7 处于上位，压缩空气进入垂直气缸 C 下腔，活塞杆
（立柱）上升。

当缸 C 活塞杆上的挡块碰到电气行程开关 c_1 时，4YA 断电，5YA 通电，阀 2 处于左位，
水平气缸 B 活塞杆（手臂）伸出，带动真空吸头进入工作点并吸取工件。

当缸 B 活塞上的挡块碰到电气行程开关 b_1 时，5YA 断电，1YA 通电，阀 1 处于左位，
回转缸 D（立柱）顺时针方向回转，使真空吸头进入卸料点卸料。

当回转缸 D 活塞杆上的挡块压下电气行程开关 d_1 时，1YA 断电，2YA 通电，阀 1 处于
右位，回转缸 D 复位。回转缸复位时，其上的挡块碰到电气行程开关 d_0 时，6YA 通电，
2YA 断电，阀 2 处于右位，水平缸 B 活塞杆（手臂）缩回。

水平缸 B 活塞杆（手臂）缩回时，挡块碰到电气行程开关 b_0，6YA 断电，3YA 通电，
阀 7 处于下位，垂直缸 C 活塞杆（立柱）下降，到达原位时，碰到电气行程开关 c_0，使
3YA 断电，至此完成一个工作循环。如再给起动信号，可进行同样的工作循环。

根据需要只要改变电气行程开关的位置，调节单向节流阀的开度，即可改变各气缸的行

程和运动速度。

第二节　门户自动开闭系统

门的形式多种多样，有推门、拉门、屏风式的折叠门、左右门扇的旋转门以及上下关闭的门等。下面就拉门和旋转门自动开闭系统作一介绍。

一、拉门自动开闭系统

该装置是通过连杆机构将气缸活塞杆的直线运动转换成拉门的开闭运动，利用超低压气动阀来检测行人的踏板动作。在拉门内、外装踏板 6 和 11，踏板下方装有一端完全密封的橡胶管，管的另一端与超低压气动阀 7 和 12 的控制口连接。当人站在踏板上时，橡胶管里的压力上升，超低压气动阀动作。拉门的自动开闭系统如图 13-3 所示。

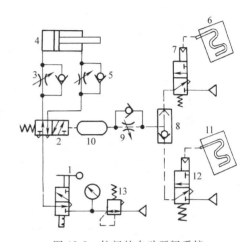

首先使手动阀 1 上位接入工作状态，压缩空气通过气控换向阀 2、单向节流阀 3 进入气缸 4 的无杆腔，将活塞杆推出（门关闭）。当人站在踏板 6 上后，超低压气动阀 7 动作，压缩空气通过梭阀 8、单向节流阀 9 和气容 10 使气控换向阀 2 换向，压缩空气进入气缸 4 的有杆腔，活塞杆退回（门打开）。

图 13-3　拉门的自动开闭系统

当行人经过门后踏上踏板 11 时，超低压气动阀 12 动作，使梭阀 8 上面的通口关闭，下面的通口接通（此时由于人已离开踏板 6，阀 7 已复位），气容 10 中的空气经单向节流阀 9、梭阀 8 和阀 12 放气（人离开踏板 11 后，阀 12 已复位），经过延时（由节流阀控制）后，阀 2 复位，气缸 4 的无杆腔进气，活塞杆伸出（关闭拉门）。

该回路利用逻辑"或"的功能，回路比较简单，工作可靠。行人无论从门的哪一边进出均可。减压阀 13 可使关门的力自由调节，十分方便。如将手动阀复位，则可变为手动门。

二、旋转门的自动开闭系统

旋转门是左右两扇门绕两端的枢纽旋转而开的门。图 13-4 为旋转门的自动开闭系统。此旋转门只是单方向开启，不能反向打开，为防止发生危险只用于单向通行的地方。

若行人踏上门前的踏板，则由于人的重量使其踏板产生微小的下降，检测阀 LX 被压下，主阀 1 和主阀 2 换向，压缩空气进入气缸 1 和气缸 2 的无杆腔，通过齿轮齿条机构，两边的门扇同时向一方打开。行人通过后，踏板恢复

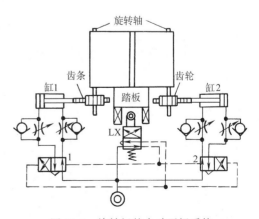

图 13-4　旋转门的自动开闭系统

到原来的位置，则检测阀 LX 自动复位。主阀 1 和主阀 2 换向到原来的位置，气缸活塞杆后退，使门关闭。

第三节 数控加工中心气动换刀系统

图 13-5 所示为某数控加工中心气动换刀系统原理，该系统在换刀过程中实现主轴定位、主轴松刀、拔刀、向主轴锥孔吹气和插刀动作。表 13-2 给出了该系统的电磁铁动作顺序表。

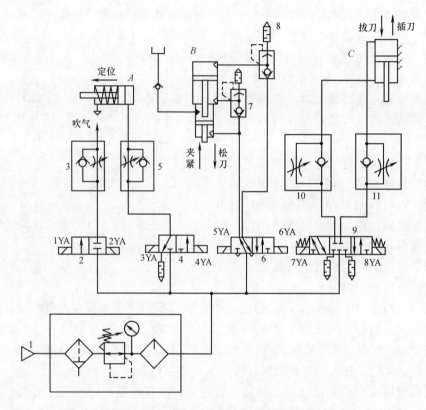

图 13-5 数控加工中心气动换刀系统原理图

表 13-2 电磁铁动作顺序表

工　况	1YA	2YA	3YA	4YA	5YA	6YA	7YA	8YA
主轴定位				+				
主轴松刀				+		+		
拔　刀				+		+		+
主轴锥孔吹气	+			+		+		+
吹气停	-	+		+		+		+
插　刀				+		+	+	-
刀具夹紧				+	+			
主轴复位			+	-				

其工作原理如下：当数控系统发出换刀指令时，主轴停止旋转，同时 4YA 通电，压缩空气经气动三联件 1→换向阀 4→单向节流阀 5→主轴定位缸 A 的右腔→缸 A 活塞左移，使主轴自动定位。定位后压下无触点开关，使 6YA 通电，压缩空气经换向阀 6→快速排气阀 8→气液增压缸 B 的上腔→增压腔的高压油使活塞伸出，实现主轴松刀，同时使 8YA 通电，压缩空气经换向阀 9→单向节流阀 11→缸 C 的上腔，缸 C 下腔排气，活塞下移实现拔刀。由回转刀库交换刀具，同时 1 YA 通电，压缩空气经换向阀 2→单向节流阀 3 向主轴锥孔吹气。稍后 1 YA 断电，2YA 通电，停止吹气。8 YA 断电、7 YA 通电，压缩空气经换向阀 9→单向节流阀 10→缸 C 下腔→活塞上移，实现插刀动作。6 YA 断电、5 YA 通电，压缩空气经换向阀 6→气液增压缸 B 的下腔→活塞退回，主轴的机械机构使刀具夹紧。4 YA 断电、3YA 通电，缸 A 的活塞在弹簧力作用下复位，恢复到开始状态，换刀结束。

第四节　工件夹紧气动系统

图 13-6 所示为机械加工自动线、组合机床中常用的工件夹紧气压系统图。

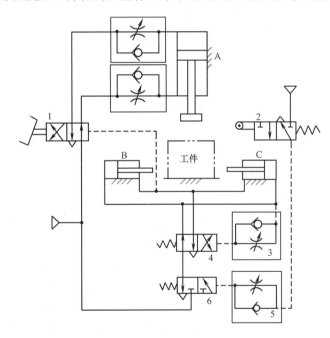

图 13-6　气动夹紧系统图

1—脚踏换向阀　2—机动行程阀　3、5—单向节流阀　4—主控阀　6—中继阀

A、B、C—气缸

　　其工作原理是：当工件运行到指定位置后，气缸 A 的活塞杆伸出，将工件定位锁紧后，两侧的气缸 B 和 C 的活塞杆同时伸出，从两侧面压紧工件，实现夹紧，而后进行机械加工。

　　其气压系统的动作过程如下：当用脚踏下脚踏换向阀 1（在自动线中往往采用其他形式的换向方式）后，压缩空气经单向节流阀进入气缸 A 的无杆腔，夹紧头下降至锁紧位置后使机动行程阀 2 换向，压缩空气经单向节流阀 5 进入中继阀 6 的右侧，使阀 6 换向，压缩空气经阀 6 通过主控阀 4 的左位进入气缸 B 和 C 的无杆腔，两气缸同时伸出，夹紧工件。

与此同时，压缩空气的一部分经单向节流阀 3 调定延时后使主控阀换向到右位，则两气缸 B 和 C 返回。在两气缸返回的过程中，有杆腔的压缩空气使脚踏换向阀 1 复位，则气缸 A 返回。此时，由于行程阀 2 复位（右位），所以中继阀 6 也复位，则气缸 B 和 C 的无杆腔通大气，主控阀 4 自动复位，由此完成了一个缸 A 活塞杆伸出压下（A_1）→夹紧缸 B 和 C 活塞杆伸出夹紧（B_1、C_1）→夹紧缸 B 和 C 活塞杆返回（B_0、C_0）→缸 A 活塞杆返回（A_0）的动作循环。

讨论练习题

在拉门自动开闭系统中，利用了哪个元件的什么逻辑功能？

技能实训 17　气压传动系统的安装与调试

1. 实训目的

1）熟悉气压传动系统的组成和工作原理。

2）掌握气动系统回路的安装与调试。

3）逐步学会气压传动系统设计及工作性能分析。

2. 实训步骤和要求

1）识读气动系统原理图，搞清系统的工作过程。

2）根据给出的系统图，分析实训具体要求，将系统中需要设计的部分完成，请指导教师审核。

3）对照系统中的元件符号，选择所需要的气动元件及辅件。

4）根据系统图把所需的元件在气动实训台（气源压力为 0.6MPa）上用管接头和管路连接起来，并将电气控制线接好。

5）自己仔细检查后，经教师检查确认无误方可开机运行，并进行系统的必要调整。

6）完成实训并经教师检查评价后，关闭电源，拆下管路和元件，放回原处。

3. 实训内容

1）传送带系统的结构示意图如图 13-7a 所示。采用一个步进机构和一个传输气缸来驱

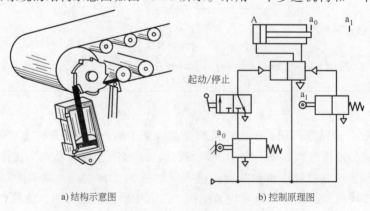

a) 结构示意图　　　　　　　　b) 控制原理图

图 13-7　传送带系统

动一条传送带，通过一个起动开关起动系统后，应使传送带连续运行。设备关断后，传输气缸应位于初始位置上。完成图 13-7b 所示的传送带系统控制原理图，并进行连接和调试练习。

2）灌装系统的结构示意图如图 13-8a 所示，采用一个气缸驱动一个摆动机构来灌装一个容器，摆动过程通过一个相应的手动控制阀来控制。完成图 13-8b 所示的灌装系统控制原理图，手动控制，并进行连接和调试训练。

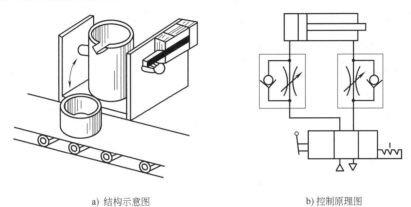

a) 结构示意图　　　　　　　　　　　　b) 控制原理图

图 13-8　灌装系统

3）图 13-9a 所示为传送工件的传送带系统结构示意图，从右侧辊柱式传送带上送过来一个工件，并被举升，送往一个新的方向。根据图 13-9b 所示的控制原理图连接气压传动回路，并调试运行，说明该系统的工作过程。

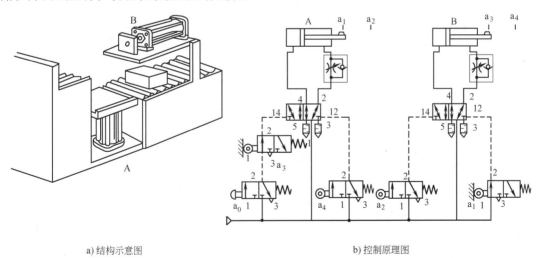

a) 结构示意图　　　　　　　　　　　　b) 控制原理图

图 13-9　传送工件的传送带系统

4）图 13-10a 所示为沙发寿命测试设备的结构示意图。图 13-10b 所示为其气动原理图，使用双电控二位五通电磁换向阀控制双作用气缸，带有磁性活塞环的气缸外装有磁感应开关，其信号控制双作用气缸的自动往复运动。要求气缸伸出时的速度能够调节，系统采用两种控制方式。

① 使用开关 S3 进行连续循环控制。

② 使用点动开关 S0 进行单循环控制。

电气控制原理图如图 13-10c 所示，B1、B2 为磁感应传感器，K1、K2 为继电器，1YA、2YA 为电磁铁。连接气路和控制电路，并完成系统安装与调试。

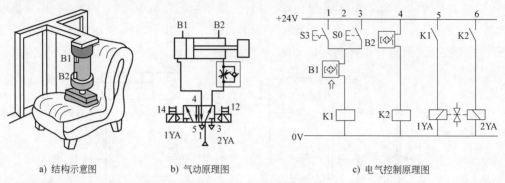

| a) 结构示意图 | b) 气动原理图 | c) 电气控制原理图 |

图 13-10　沙发寿命测试设备

4. 实训思考题

1）以上各实训内容中若负载驱动力不足，动作缓慢，应该检查系统中哪个仪表？如何调整？

2）在连接与调试气动系统时，对于气源处理装置应该注意什么？

3）若将上述沙发寿命测试设备的电气控制改为气动控制，则应选用哪些气动元件？并画出气动控制原理图。

思考题和习题

13-1　在图 13-5 所示数控加工中心气动换刀系统中，夹紧缸采用了气液增压缸，为什么？

13-2　公共汽车门采用气动控制，驾驶员和售票员各有一个气动开关，控制汽车门的开和关。试设计车门的气控回路，并说明其工作过程。

第十四章 气压传动系统设计

本章主要介绍气压传动程序控制系统的设计方法。所谓程序控制，就是根据生产过程的要求，使被控制的执行元件，按预先规定的顺序协调动作的一种控制方式。

本章重点

1）了解气压传动系统设计的内容和步骤。

2）掌握行程程序回路的设计方法和步骤。

3）学会用信号-动作状态图法设计气动控制回路。

第一节 气动程序系统设计步骤和方法

气压传动系统的设计，可按以下几个步骤进行。

一、明确系统的工作要求

1）循环动作过程要求：完成生产工艺或生产过程的具体程序。

2）运动状态要求：执行元件的行程、速度和回转角速度、运动平稳性以及定位精度等。

3）输出动力要求：执行元件的输出力和转矩的要求。

4）工作环境要求：温度、湿度、粉尘、振动、易燃和易爆等情况。

5）控制方式要求：手动、自动控制方式。

二、确定控制方案，进行气动回路设计

1）根据工作要求和循环动作过程列出工作程序图，包括执行元件的数目、动作顺序及执行元件的形式。

2）根据工作程序图画出信号-动作状态图（X-D 线图）或卡诺图。

3）找出障碍信号并消除障碍。

4）画出逻辑原理图和气动回路图。

三、选择和计算执行元件

1）确定执行元件的类型及数目。一般直线往复运动选用气缸，回转运动用气马达，往复摆动运动用摆动马达。

2）计算选择结构参数。根据系统需要的操作力、运动速度和方向，确定气缸的内径、活塞杆直径、行程和安装方式。

3）计算耗气量。

四、选择控制元件

1）确定控制元件的类型及数目。

2）确定控制方式及安全保护回路。

五、选择气动辅助元件

1）选择过滤器、油雾器、储气罐、干燥器、消声器等元件的容量及形式。

2）确定管径、管长及管接头的形式。

3）验算各种压力损失。

六、根据执行元件的耗气量，确定压缩机的容量及台数

按上述步骤进行设计，即可得到比较完整的气动控制系统。

第二节　行程程序控制回路设计

简单的程序控制可分为行程程序控制和时间程序控制两种，本章只介绍行程程序控制回路。行程程序控制是指执行元件完成某一动作后，由行程开关发出相应信号，输入到逻辑控制回路中，由其做出判断后再发出相应的执行信号，使执行元件执行下一步动作，当动作完成后，又发出新的信号，直到完成预定的逻辑控制为止。

一、行程程序回路的设计方法和步骤

行程程序回路设计主要是为了解决信号和执行元件动作之间的协调和连接问题。常用的行程程序回路的设计方法有：信号-动作状态图法（简称 X-D 线图法）、卡诺图法及分组供气法等。本章只介绍信号-动作状态图法，用这种方法设计行程程序控制回路，故障诊断和排除比较简单而又直观，由此设计出的气动回路控制准确、回路简单、使用和维修方便。

下面介绍用信号-动作状态图法设计行程程序控制回路的步骤：

1）根据生产自动化的工艺要求，列出工作程序图。

2）绘制信号-动作（X-D）状态图。

3）分析找出障碍，并排出障碍信号，列出所有执行元件控制信号的逻辑表达式。

4）绘制逻辑控制原理图。

5）绘制气动回路原理图。

二、信号-动作状态图法中符号的规定

为了使用方便，有一些常用的规定符号，如图 14-1 所示：

1）用大写字母表示气缸，用下标"0"与"1"表示气缸活塞杆的两种状态。如 A_0 表示气缸 A 活塞杆缩回状态，A_1 表示气缸 A 活塞杆伸出状态。

2）用带下标的小写字母 a_0、a_1、b_0、b_1 分别表示与动作 A_0、A_1、B_0、B_1 相对应的行

程阀及其输出信号。如 a_0 为对应于气缸 A
活塞杆缩回位置的行程阀及其输出信号，
b_1 为对应于气缸 B 活塞杆伸出位置的行程
阀及其输出信号。

3）控制气缸换向的换向阀也用与其控
制的缸所对应的文字符号表示。

4）右上角带"∗"号的信号表示经过
逻辑处理而排除障碍的执行信号，如 a_0^*、
a_1^* 等；而把不带"∗"号的信号叫做原始
信号，如 a_0、a_1 等。

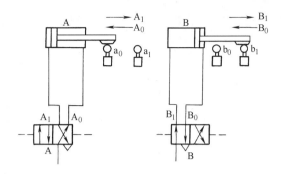

图 14-1　常用的规定符号

三、信号-动作（X-D）状态图法介绍

下面通过具体例子来说明信号-动作状态图法的设计方法。设有两个气缸（A、B）的系
统，要求其动作顺序为：A 缸进→B 缸进→B 缸退→A 缸退，该动作顺序可用程序式表示，
即可写成 $A_1B_1B_0A_0$。此时按下列步骤进行设计。

1. 列出工作程序图

根据动作顺序，得到工作程序图（图 14-2 所示），q 为启动信号。

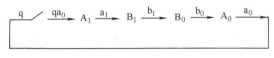

图 14-2　工作程序图

2. 绘制信号-动作状态图

信号-动作状态图（简称 X-D 图）是一种图解法，它可以把各控制信号的存在状态和气
动执行元件的工作状态较清楚地用图线表示出来；还可以从图中分析出障碍信号的存在状
态，以及消除障碍信号的各种可能性。下面以 $A_1B_1B_0A_0$ 工作程序图为例，说明 X-D 图
画法。

（1）画方格图　根据上面列出的工作程序，从左至右画方格，并在方格顶栏填写程序
序号 1、2、3、4。在序号下面填上相应的动作状态 A_1、B_1、B_0、A_0；在最右边一栏填写
"执行信号表达式"。在方格图的最左边纵向栏由上至下填写控制信号及控制动作状态组的
序号（即：X-D 组）1、2、3、4。每个 X-D 组包括上下两行，上行为行程信号，下行为该
信号控制的动作状态。如：a_0（A_1）表示控制 A_1 动作的信号是 a_0，a_1（B_1）表示控制 B_1
动作的信号是 a_1。画出的方格图如图 14-3 所示。下边的备用格可根据具体情况填入辅助信
号、消障信号及连锁信号等。

应注意：由于程序是首尾相接的，因此，方格图也应是首尾相接的。也就是程序序号 1
左侧的那条纵线与程序序号 4 右侧的那条纵线视为同一条线。

（2）画动作状态线（D 线）　用横向粗实线画出各执行元件的动作状态线。动作状态线
的起点是该动作程序的开始处，用符号"○"画出；动作状态线的终点处用符号"×"画
出。动作状态的终点是该动作状态变化的开始处，例如 A 缸由伸出状态 A_1，变成缩回状态

A_0，此时 A_1 动作状态线的终点必然是在 A_0 的开始处，如图 14-4 所示。

X-D组		1 A_1	2 B_1	3 B_0	4 A_0	执行信号
1	$a_0(A_1)$ A_1					
2	$a_1(B_1)$ B_1					
3	$b_1(B_0)$ B_0					
4	$b_0(A_0)$ A_0					
备用格						

图 14-3　方格图

（3）画信号线（X 线）　用横向细实线画出各行程信号线。信号线的起点是与同一组中动作状态线的起点相同，用符号"○"画出；如信号 a_1 是控制 B 缸活塞杆伸出动作 B_1 的，则 a_1 与 B_1 同一起点。信号线的终点是和上一组中产生该信号的动作状态线终点相同，如信号 a_1 是由上组中 A_1 产生的，所以 a_1 的终点与 A_1 的终点相同，用符号"×"画出。图 14-4 中符号"⊗"表示信号线的起点与终点重合，即表示该信号为脉冲信号。

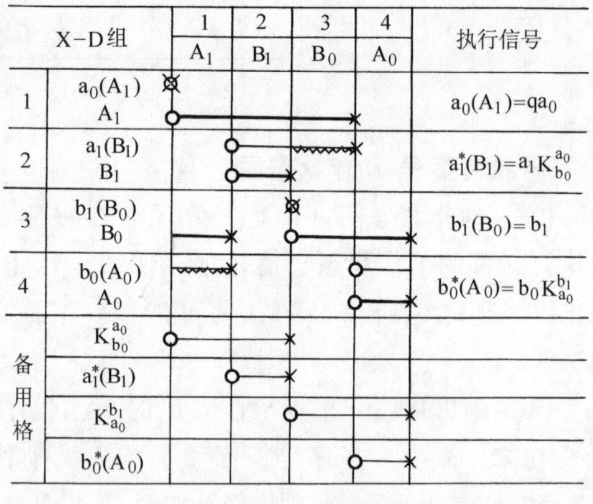

X-D组		1 A_1	2 B_1	3 B_0	4 A_0	执行信号
1	$a_0(A_1)$ A_1					$a_0(A_1)=qa_0$
2	$a_1(B_1)$ B_1					$a_1^*(B_1)=a_1 K_{b_0}^{a_0}$
3	$b_1(B_0)$ B_0					$b_1(B_0)=b_1$
4	$b_0(A_0)$ A_0					$b_0^*(A_0)=b_0 K_{a_0}^{b_1}$
备用格	$K_{b_0}^{a_0}$					
	$a_1^*(B_1)$					
	$K_{a_0}^{b_1}$					
	$b_0^*(A_0)$					

图 14-4　X-D 线图

3. 列出所有执行元件的执行信号表达式

（1）判断有无障碍信号　设计行程程序控制回路必需注意信号之间是否存在干扰。例如，某一信号妨碍另一信号的输出，或两个信号控制一个动作等，这就是信号之间形成了障碍，必须消除障碍后，程序才能正常运行。因此，首先要找出障碍信号，然后再设法将其消除，其方法可对 X-D 线图进行分析，若各信号线均比所控制的动作线短（或等长），则各信号均为无障碍信号；若有某信号线比其所控制的动作线长，则该信号为障碍信号，所长出的那部分线段就叫障碍段，用波浪线"〰〰"表示。若存在此情况，说明信号与动作不协调，即动作状况要改变，而其控制信号还未消失，即不允许其改变。图 14-4 中的 a_1、b_0 就是障碍信号。

（2）消除障碍段（简称消障）　为了使各执行元件按预定的动作顺序正常工作，设计时必须把障碍信号的障碍段去掉，使其变为无障碍信号，即执行信号，再由此信号去控制主阀。消除障碍段的实质就是使障碍段消失或失效。常用的消障方法有：

　　1）脉冲信号法：即把障碍信号变成脉冲信号。图 14-5a 是利用机械式活络挡块使行程阀发出的信号变成脉冲信号的示意图。其工作原理为：当活塞杆伸出时，活络挡块压行程阀发出脉冲信号；活塞杆收回时，活络挡块绕销轴转动通过行程阀，此时不发信号。这样就能使行程阀把长信号变为短信号。图 14-5b 为用可通过式行程阀发脉冲信号。其工作原理为：活塞杆前进时压下行程阀发出脉冲信号；活塞杆返回时行程阀的头部具有可折性，因而没有把阀压下，这样阀就不发信号。

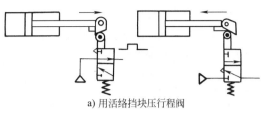

a) 用活络挡块压行程阀

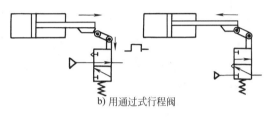

b) 用通过式行程阀

图 14-5　脉冲信号消障

　　上述方法排出障碍简单易行，可节省气动元件及管路。这种消障方法适用于定位精度要求不高、活塞运动速度不太大的场合。

　　2）逻辑回路法：为了排除障碍信号 m 中的障碍段，可以另外引入一个辅助信号（称为制约信号）x，把 x 和 m 相"与"而得到派生的无障碍执行信号 m^*，即

$$m^* = m \cdot x$$

式中，m^* 是无障碍的执行信号，即消障后的信号；m 是有障碍的信号；x 是制约信号（排除障碍的辅助信号）。

　　上式也称为消障的逻辑函数式，它可以由"与门"逻辑元件来实现（图 14-6 所示）。也可以用一个行程阀两个信号的串联，或两个行程阀的串联来实现。

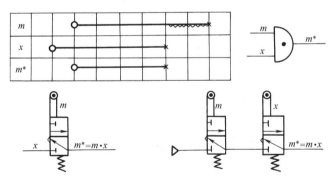

图 14-6　逻辑"与门"消障

　　选择制约信号 x 的原则是：

　　① 尽量用系统中某原始信号作为制约信号，这样可不增加气动元件。

　　② 制约信号 x 的起点应选在障碍信号 m 开始之前，x 的终点应选在障碍信号 m 的无障碍段中。

　　3）辅助阀法：若在 X-D 线图中找不到可用来作为消障的制约信号时，可增加一个辅助阀来排除障碍，这里的辅助阀就是中间记忆元件，即双稳元件。其方法就是用辅助阀的输出信号作为制约信号，用它和有障碍的信号 m 相"与"，以排除掉 m 中的障碍（见图 14-7 所示）。

　　用辅助阀（中间记忆元件）法消障时，其消障后执行信号的逻辑函数表达方式为

$$m^* = m \cdot K_d^t$$

式中，m 是有障碍的信号；m^* 是消障后的执行信号；K_d^t 是辅助阀（中间记忆元件）输出信号；t、d 分别是辅助阀的两个控制信号。

图 14-7a 为辅助阀消障的逻辑原理图；图 14-7b 为其回路原理图，图中 K 阀为双气控二位三通阀，当 t 有气压时使 K 阀有输出，而 d 有气压时 K 阀无输出。很明显 t 与 d 不能同时存在。从 X-D 线图上看，t 与 d 二者不能相重合；用逻辑代数来表示，要满足：$t \cdot d = 0$。

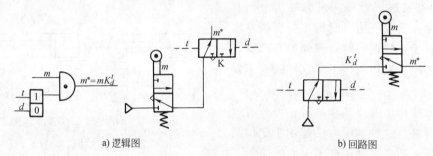

a) 逻辑图　　　　　　　　　　　　　b) 回路图

图 14-7　采用辅助阀消障

辅助阀（中间记忆元件）控制信号 t、d 的选择原则是：

① t 是使 K 阀"通"的信号，其起点应选择在 m 信号起点之前（或同时），其终点应在 m 的无障碍段中。

② d 是使 K 阀"断"的信号，其起点应在 m 信号的无障碍段中，其终点应在 t 起点之前。图 14-8 为记忆元件控制信号选择的示意图。

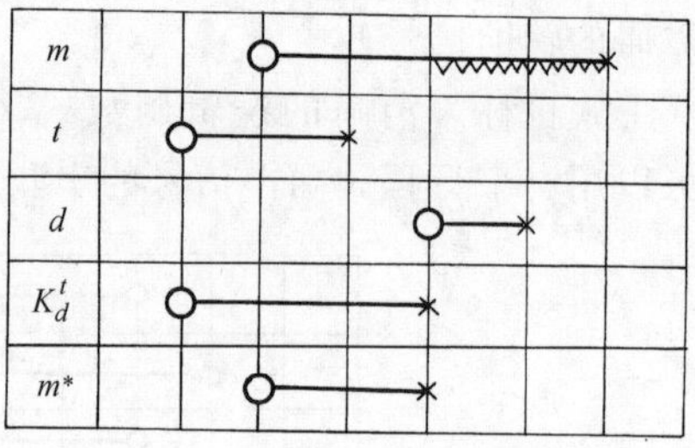

在图 14-4 中障碍信号 a_1 和 b_0 都是采用辅助阀法来消障的。

四、绘制逻辑原理图

根据 X-D 线图的执行信号表达式并考虑手动、
启动、复位等要求画出逻辑原理图。再按逻辑原理图就可以较快地画出气动回路原理图。

图 14-8　记忆元件控制信号的选择

1. 气动原理图的基本组成及符号

1）在逻辑原理图中主要是由"是""或""与""非""记忆"等逻辑符号表示。其中任一符号可理解为逻辑运算符号，不一定总代表某一确定的元件。因为逻辑图上的某一逻辑符号，在气动回路原理图上可由多种方案表示，例如"与"逻辑符号可以是一种逻辑元件，也可由两个气阀串联而成。

2）执行元件的动作由主控阀的输出表示，因为主控阀常具有记忆能力，因而可用逻辑记忆符号表示。

3）行程发信号装置主要是行程阀，也包括外部信号输入装置，如起动阀、复位阀等。这些符号加上小方框表示各种原始信号，而在小方框上方画相应的符号者表示各种手动阀（见图 14-9 中起动阀 q）。

2. 气动逻辑原理图的画法

根据 X-D 线图中执行信号栏的表达式，使用上述符号按下列步骤绘制：

1）把系统中每个执行元件的两种状态与主控阀相连后，自上而下逐个地画在图的右侧。

2）把发信器（如行程阀等）大致对应其所控制的元件，一个个地列于图的左侧。

3）在图上要反映出执行信号逻辑表达式中的逻辑符号之间的关系，并画出为操作需要而增加的阀（如起动阀）。

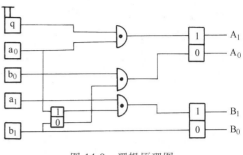

图 14-9　逻辑原理图

图 14-9 是根据图 14-4 X-D 线图而绘制的逻辑原理图。

五、气动回路原理图的绘制

气动回路原理图是根据逻辑原理图绘制的，绘制时应注意以下几点：

1）根据具体情况选用气阀及逻辑元件。元件图形符号必须按《液压及气动图形符号》国家标准绘制。

2）一般规定工作程序图的最后程序终了时作为气动回路的初始（或静止）位置，因此回路原理图上控制阀及行程阀的供气及进出口连接位置，应按回路初始静止位置的状态连接。

3）控制回路的连接一般用虚线表示，但对复杂的气动系统，为防止连线过乱，亦可用细实线代替虚线。

4）"与"、"或"、"非"、"记忆"等逻辑关系的连接可按基本逻辑回路选取。逻辑"与"的符号在回路上常用两个阀"串接"的方式，行程阀与起动阀常采用二位三通阀。

5）在回路原理图上应写出程序或操作要求的文字说明。

图 14-10 是按图 14-9 逻辑原理图的要求，采用直观习惯画法绘制而成的气动回路原理图。其画法是：把系统中全部执行元件（如气缸、气马达等）水平或垂直排列，在执行元件的下面或左侧画上相对应的主控阀，而把行程阀直观地画在各气缸活塞杆伸缩状态对应的水平位置上。这种表示方法虽然连接线规律性较差，交叉点多，但较直观，便于初学者设计及读图。图中 q 为起动阀，K 为辅助阀。在具体画气动回路原理图时，特别要注意的是哪个

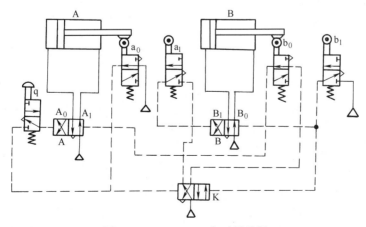

图 14-10　$A_1 B_1 B_0 A_0$ 气动回路图

行程阀为有源元件（即直接与气源相接），哪个行程阀为无源元件（即不能直接与气源相接）。其一般规律是无障碍的原始信号为有源元件，如图中的 a_0、b_1，而有障碍的原始信号，若用逻辑回路法消障，则为无源元件，若用辅助阀消障，则只需使它们与辅助阀、气源串接即可（如图中 a_1、b_0）。

思考题和习题

14-1　如何画信号动作状态图？如何判断有无障碍信号？如何消障？

14-2　试绘制 $A_1B_1A_0B_0$ 的 X-D 状态图和逻辑回路图，并绘制出脉冲排障法和辅助阀排障的气动控制回路图。

14-3　试用 X-D 状态图设计法设计程序为 $A_1C_0B_1B_0A_0C_1$ 的逻辑原理图和气动控制回路图。

第十五章 气压传动系统的安装调试和故障分析

气压传动系统工作是否稳定可靠关键在于气动元件的正确选择及安装。气动系统必须经常检查维护,才能及时发现气动元件及系统的故障先兆并进行处理,保证气动元件及系统正常工作,延长其使用寿命。

本章重点

1)了解气动系统中各种元件的选择、安装方式及工作条件。
2)掌握气动系统运行维护的一般常识。
3)逐步学会气动系统故障的分析及排除方法。

第一节 气压传动系统的安装与调试

一、气压系统的安装和调试

1. 气缸的选择

首先,根据气缸的工作要求,选定气缸的规格、缸径和行程。按气缸工作行程加上适当余量,选取相近的标准行程作为预选行程,依次进行轴向负载检验(压杆稳定性)、径向载荷及缓冲性能校核。其次,还应考虑环境条件(温度、粉尘、腐蚀性等)、安装方式、活塞杆的连接方式(内外螺纹、球铰等)及行程发信号方法。

(1)缸径 气缸的缸筒内径尺寸见表 15-1,摘自 GB/T 2348—2018(ISO3320)液压气动系统及元件—缸内径及活塞杆外径系列。

表 15-1 气缸的缸筒内径尺寸系列　　　　　　(单位:mm)

8	10	12	16	20	25	32	40	50	60	63	80
90	100	(110)	125	140	160	(180)	200	220	250	280	320
(360)	400	(450)	500								

注:括号内数据非优先选用。

(2)行程 气缸行程应选择生产厂商提供的标准行程。但有的用户不是这样选用的,而是根据实际设计计算值选择的,这样的选择是不合理的。若气缸用作推送重物或挤压工作,当气缸行程到达终点时,工作气压作用在活塞上的力完全有可能全部作用在缸盖上,而不是通过活塞杆作用在重物或工件上。也就是说,由于制造公差或安装误差,气缸行程到达终点时,重物或工件没有受到气缸输出力的作用。当然,选用标准行程(比实际行程长)

就避免了这种现象的发生。

2. 气缸的使用

（1）气缸的安装方式　采用脚架式或法兰式安装时，应尽量避免安装螺栓本身直接受推力或拉力负荷；同时，要求安装底座有足够的刚性。安装底座刚性不足，受力后将发生变形，这对活塞运动会产生不良影响。采用尾部悬挂中间摆动（耳环中间轴销型）安装时，活塞杆顶端连接销位置与安装件轴的位置应处于同一方向。采用中间轴销摆动式安装时，除注意活塞杆顶端连接销的位置外，还应注意气缸轴线与轴支架的垂直度。气缸的中心应尽量靠近轴销的支点，以减小弯矩，使气缸活塞杆的导向套不至承受过大的横向载荷。缸体的中心高度比较大时，可将安装螺栓加粗或将螺栓的间距加大。

（2）气缸的安全规范　气缸使用的工作压力超过 1.0 MPa 或容积超过 450L 时，应作为压力容器处理，遵守压力容器的有关规定。气缸使用前，应检查各安装连接点有无松动。操作上应考虑安全互锁。

进行顺序控制时，应检查气缸的工作位置。当发生故障时，应有紧急停止装置。工作结束后，气缸内部的压缩空气应予排放。

（3）气缸的工作环境

1）环境温度：通常规定气缸的工作温度为 5~60℃。气缸在 5℃ 以下使用，会因压缩空气中所含的水分凝结给气缸动作带来不利影响。此时，要求空气的露点温度低于环境温度 5℃ 以下，以防止空气中的水蒸气凝结；同时要考虑在低温下使用的密封件和润滑油。另外，在低温环境中的空气会在活塞杆上冻结。若气缸动作频率较低时，可在活塞杆上涂上润滑脂，防止活塞杆上结冰。

在高温使用时，可选用耐用气缸；同时应注意，高温空气对行程开关、管件及换向阀的影响。

2）润滑气缸通常是油雾润滑，应选用推荐的润滑油，使密封圈不产生膨胀、收缩的影响，且与空气中的水分混合不产生乳化。

3）接管气缸接入管道前，必须清楚管道内的脏物，防止杂物进入气缸。

3. 控制阀的使用

1）安装前应查看阀的铭牌，注意型号、规格与使用条件是否相符，包括电源、工作压力、通径、螺纹接口等。随后，应进行通电、通气试验，检查阀的换向动作是否正常。用手动装置操作，观察阀是否换向。手动切换后，手动装置应复原。

2）安装前应彻底清除管道内的粉尘、铁锈等污物。接管时应防止密封带碎片进入阀内。

3）应注意阀的安装方向，大多数电磁阀对安装位置和方向无特殊要求，对指定要求的应予以注意。

4）对于双电控电磁阀，应在电气回路中设互锁回路，防止两端电磁铁同时通电而烧毁线圈。

5）使用小功率电磁阀时，应注意继电器节电保护电路 RC 元件的漏电流造成的电磁铁误动作。因为此漏电流在电磁线圈两端产生漏电压，若漏电压过大时，就会使电磁铁一直通电而不能关断，此时可接入漏电阻。

6）应注意采用节流的方式和场合。对于截止式阀或有单向密封的阀，不宜采用排气节流阀，否则将引起误动作。对于内部先导式电磁阀，其入口不得节流。所有阀的进气孔或排气孔不得阻塞。

二、气压系统的使用和维护

1）系统使用中应定期检查各部件有无异常现象，各连接部位有无松动；气缸、各种阀的活动部位应定期加润滑油。

2）气缸检修重新装配时，零件必须清洗干净，特别注意防止密封圈剪切、损坏，注意唇形密封圈的安装方向。

3）阀的密封元件通常用丁腈橡胶制成，应选择对橡胶无腐蚀作用的透平油作为润滑油（ISO VG32）。即使对无油润滑的阀，一旦用了含油雾润滑的空气后，则不能中断使用。因为润滑油已将原有的油脂洗去，中断后会造成润滑不良。

4）气缸拆下长时间不使用时，所有加工表面应涂防锈油，进、排气口加防尘塞。

5）应严格管理所用空气的质量，注意空压机等设备的管理，除去冷凝水等有害杂质。

为了使气动系统能够长期稳定地运行，应采取下述定期维护措施：

① 每天应将过滤器中的水排放掉。有大的储气罐时，应装油水分离器。检查油雾器的油面高度及油雾器调节情况。

② 每周应检查信号发生器上是否有灰尘或铁屑沉积。查看调压阀上的压力表。检查油雾器的工作是否正常。

③ 每三个月检查管道连接处的密封，以免泄漏。更换连接到移动部件上的管道。检查阀口有无泄漏。用肥皂水清洗过滤器内部，并用压缩空气从反方向将其吹干。

④ 每六个月检查气缸内活塞杆的支承点是否磨损，必要时可更换。同时应更换刮板和密封圈。

技能实训18　气压传动系统的安装与调试

1. 实训目的

1）能够读懂气动系统控制原理图，学会分析控制过程的方法。

2）熟悉气动元件的选择以及使用方法。

3）进一步掌握系统的安装和调试。

2. 实训设备及要求

（1）实训设备

1）气动实训台。

2）气动元件：双作用气缸2个，双气控二位五通换向阀2个、单向节流阀2个、按钮式二位三通换向阀1个、滚轮式二位三通换向阀2个、带可通过式滚轮二位三通换向阀2个及气源处理装置、分配器、气管等。

3）压缩空气预处理单元。

（2）实训要求

1）气动回路连接完成并检查无误后方可打开气源，调试气路时要关闭气源。

2）实训完成后应先关闭气源，再拆卸管路，拆卸后每个元件应放回原处。

3. 实训内容及步骤

图 15-1 所示为钻孔机，该设备可实现工件夹紧和钻孔功能，工作过程如下：用手将要钻孔的工件放到夹具中。按动起动按钮后，气缸 A 的活塞杆伸出将工件夹紧。当工件被夹紧后，气缸 B 的活塞杆伸出，在工件上钻孔并自动返回到上端终点位置（在完成钻孔的过程后）。当气缸 B 的活塞杆返回到上端的终点位置时，气缸 A 的活塞杆也返回并松开工件。根据系统要求设计气动控制系统图。

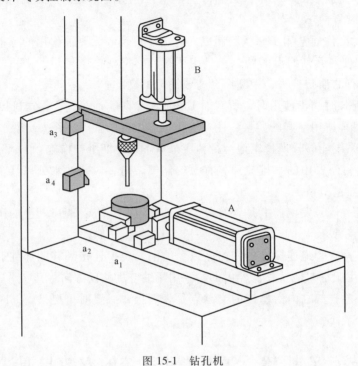

图 15-1　钻孔机

气动系统图如图 15-2 所示，分析控制过程。

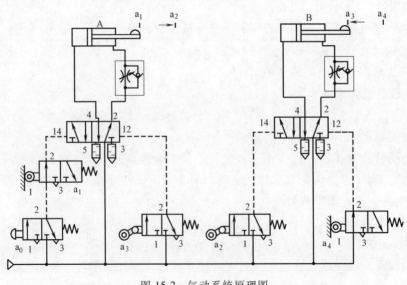

图 15-2　气动系统原理图

（1）连接气路

1）选择元件，并检查有无损坏、是否清洁等，将元件安装到实训台适当位置上。

2）根据系统图，用塑料软管和附件将元件连接起来。

3）带可通过式滚轮的二位三通换向阀应该被安装在接近终点的位置，目的是让活塞杆的头部在到达终点位置时，刚好越过可通过式滚轮。在安装这种滚轮阀时，应注意正确的作用方向。

4）接通气源，检查气缸动作顺序的正确性。

（2）调试系统

1）气源压力设定在 0.6MPa，通过压力表测量。

2）检查动作顺序是否正确。调整气路连接及安装位置，使之达到控制要求。

3）调整单向节流阀，查看两个气缸是否可以调速。

4．实训思考题

1）系统在进行工作循环时，各个行程开关应处于什么状态？

2）系统采用了双气控二位五通换向阀，其是如何保证系统工作循环的？

3）系统中两个单向节流阀的作用是调节伸出速度还是缩回速度？

4）带可通过式滚轮的二位三通换向阀有何特点？说明其在系统中的作用。

第二节　气压系统主要元件常见故障和排除方法

一、气压系统常见故障的排除方法

通常，一个新设计安装的气压系统调整好以后，在一段时间内较少出现故障。几周或几个月内都不会出现过早磨损的情况，正常磨损要在使用几年后才会出现。一般系统发生故障的原因如下：

1）由于机器部件的表面故障或者是由于元件堵塞。

2）控制系统的内部故障。经验证明，控制系统故障的发生概率远远低于与外部接触的传感器或者机器本身的故障。

气压系统和气动元件常见故障与排除方法见表 15-2～表 15-8。

表 15-2　气压系统常见故障及排除方法

故　障	原　因	排除方法
元件和管道阻塞	压缩空气质量不好,水汽、油雾含量过高	检查过滤器、干燥器,调节油雾器的滴油量
元件失压或产生误动作	元件安装和管道连接不符合要求(信号线太长)	合理安装元件与管道,尽量缩短信号元件与主控阀的距离
气缸出现短时输出力下降	供气系统压力下降	检查管道是否泄漏、管道连接处是否松动
滑阀动作失灵或流量控制阀的排气口阻塞	管道内的铁锈、杂质使阀座被粘连或堵塞	清除管道内的杂质或更换管道

（续）

故　障	原　因	排除方法
元件表面有锈蚀或阀门元件严重阻塞	压缩空气中凝结水含量过高	检查、清洗过滤器、干燥器
活塞杆速度有时不正常	由于辅助元件的动作而引起的系统压力下降	提高压缩机供气量或检查管道是否泄漏、阻塞
活塞杆伸缩不灵活	压缩空气中含水量过高，使气缸内润滑不好	检查冷却器、干燥器、油雾器工作是否正常
气缸的密封件磨损过快	气缸安装时轴向配合不好，使缸体和活塞杆上产生支承应力	调整气缸安装位置或加装可调支承架
系统停用几天后，重新起动时，润滑部件动作不畅	润滑油结胶	检查、清洗油水分离器或调小油雾器的滴油量

表 15-3　减压阀常见故障及排除方法

故　障	原　因	排除方法
二次压力升高	阀弹簧损伤	更换阀弹簧
	阀座有伤痕或阀座橡胶剥离	更换阀体
	阀体中混入灰尘，阀导向部分黏附异物	清洗、检查过滤器
	阀芯导向部分和阀体的 O 形密封圈收缩、膨胀	更换 O 形密封圈
压力降很大（流量不足）	阀通径小	使用通径大的减压阀
	阀下部积存冷凝水，阀内混入异物	清洗、检查过滤器
向外漏气（阀的溢流孔处泄漏）	溢流阀座有伤痕（溢流式）	更换溢流阀座
	膜片破裂	更换膜片
	二次侧背压增加	检查二次侧的装置、回路
阀体泄漏	密封件损伤	更换密封件
	弹簧松弛	张紧弹簧
异常振动	弹簧的弹力减弱或弹簧错位	把弹簧调整到正常位置，更换弹力减弱的弹簧
	阀体的中心，阀杆的中心错位	检查并调整位置偏差
	因空气消耗量周期变化使阀不断开启、关闭，与减压阀引起共振	和制造厂协商，更换元件
虽已松开手柄，二次侧空气也不溢流	溢流阀座孔堵塞	清洗并检查过滤器
	使用非溢流式调压阀	非溢流式调压阀松开手柄也不溢流。因此需要在二次侧安装高压溢流阀

表 15-4　溢流阀常见故障及排除方法

故　障	原　因	排除方法
压力虽已上升，但不溢流	阀内部的孔堵塞	清洗
	阀芯导向部分进入异物	

（续）

故　障	原　因	排除方法
压力虽没有超过设定值,但在二次侧却溢出空气	阀内进入异物	清洗
	阀座损伤	更换阀座
	调压弹簧损坏	更换调压弹簧
溢流时发生振动(主要发生在膜片式阀,其启闭压力差较小)	压力上升速度很慢,溢流阀放出流量多,引起阀振动	二次侧安装针阀,微调溢流量,使其与压力上升量匹配
	因从压力上升源到溢流阀之间被节流,阀前部压力上升慢而引起振动	增大压力上升源到溢流阀的管道直径
从阀体和阀盖向外漏气	膜片破裂(膜片式)	更换膜片
	密封件损伤	更换密封件

表 15-5　方向阀常见故障及排除方法

故　障	原　因	排除方法
不能换向	阀的滑动阻力大,润滑不良	进行润滑
	O 形密封圈变形	更换密封圈
	灰尘卡住滑动部分	清除灰尘
	弹簧损坏	更换弹簧
	阀操纵力小	检查阀操纵部分
	活塞密封圈磨损	更换密封圈
	膜片破裂	更换膜片
阀产生振动	空气压力低(先导式)	提高操纵压力,采用直动式
	电源电压低(电磁阀)	提高电源电压,使用低电压线圈
交流电磁铁有蜂鸣声	I 形活动铁心密封不良	检查铁心接触和密封性,必要时更换铁心组件
	灰尘进入 I、T 形铁心的滑动部分,使活动铁心不能密切接触	清除灰尘
	T 形活动铁心的铆钉脱落,铁心叠层分开不能吸合	更换活动铁心
	短路环损坏	更换固定铁心
	电源电压低	提高电源电压
	外部导线拉得太紧	引线加长
电磁铁动作时间偏差大或有时不能动作	活动铁心锈蚀,不能移动;在湿度高的环境中使用气动元件时,由于密封不完善而向磁铁部分泄漏空气	铁心除锈,修理好对外部的密封,更换坏的密封件
	电源电压低	提高电源电压或使用符合电压的线圈
	灰尘等进入活动铁心的滑动部分,使运动状况恶化	清除灰尘

（续）

故　障	原　因	排　除　方　法
线圈烧毁	环境温度高	按产品规定温度范围使用
	快速循环使用	使用高级电磁阀
	因为吸引时电流大,单位时间耗电多,温度升高,使绝缘损坏而短路	使用气动逻辑回路
	灰尘夹在阀和铁心之间,不能吸引活动铁心	清除灰尘
	线圈上有残余电压	使用正常电源电压,使用符合电压的线圈
切断电源,活动铁心不能退回	灰尘夹入活动铁心滑动部分	清除灰尘

表 15-6　气缸常见故障及排除方法

故　障		原　因	排　除　方　法
外泄漏	活塞杆与密封衬套间漏气、气缸体与端盖间漏气、从缓冲装置的调节螺钉处漏气	衬套密封圈磨损,润滑油不足	更换衬套密封圈,加强润滑
		活塞杆偏心	重新安装,使活塞杆不受偏心负荷
		活塞杆有伤痕	更换活塞杆
		活塞杆与密封衬套的配合面内有杂质	除去杂质、安装防尘盖
		密封圈损坏	更换密封圈
内泄漏	活塞两端串气	活塞密封圈损坏	更换活塞密封圈
		润滑不良,活塞被卡住	重新安装,使活塞杆不受偏心负荷
		活塞配合面有缺陷,杂质挤入密封圈	缺陷严重者更换零件,除去杂质
输出力不足,动作不平稳		润滑不良	调节或更换油雾器
		活塞或活塞杆卡住	检查安装情况,消除偏心
		气缸体内表面有锈蚀或缺陷	视缺陷大小再决定排除故障办法
		进入了冷凝水、杂质	加强对空气过滤器和分水排水器的管理,定期排放污水
缓冲效果不好		缓冲部分的密封圈密封性能差	更换密封圈
		调节螺钉损坏	更换调节螺钉
		气缸速度太快	研究缓冲机构的结构是否合适
损伤	活塞杆折断、端盖损坏	有偏心负荷,摆动气缸安装轴销的摆动面与负荷摆动面不一致	调整安装位置,消除偏心,使轴销摆角一致
		摆动轴销的摆动角过大,负荷很大,摆动速度又快	确定合理的摆动速度
		有冲击装置的冲击加到活塞杆上,活塞杆承受负荷的冲击	冲击不得加在活塞杆上,设置缓冲装置
		气缸的速度太快缓冲机构不起作用	在外部或回路中设置缓冲机构

表 15-7　空气过滤器常见故障及排除方法

故　　障	原　　因	排　除　方　法
压力降过大	使用过细的滤芯	更换适当的滤芯
	过滤器的流量范围太小	换流量范围大的过滤器
	流量超过过滤器的容量	换大容量的过滤器
	过滤器滤芯网眼堵塞	用净化液清洗(必要时更换)滤芯
从输出端溢出冷凝水	未及时排出冷凝水	养成定期排水习惯或安装自动排水器
	自动排水器发生故障	修理(必要时更换)
	超过过滤器的流量范围	在适当流量范围内使用或者更换容量大的过滤器
输出端出现异物	过滤器滤芯破坏	更换滤芯
	滤芯密封不严	更换滤芯的密封,紧固滤芯
	用有机溶剂清洗塑料件	用清洁的热水或煤油清洗
塑料水杯破损	在有有机溶剂的环境中使用	使用不受有机溶剂侵蚀的材料(如使用金属杯)
	空气压缩机输出某种焦油	更换空气压缩机的润滑油,使用无油压缩机
	压缩机从空气中吸入对塑料有害的物质	使用金属杯
漏气	密封不良	更换密封圈
	因物理(冲击)、化学原因使塑料杯产生裂痕	参看塑料杯破损栏
	泄水阀、自动排水器失灵	修理,必要时更换

表 15-8　油雾器常见故障及排除方法

故　　障	原　　因	排　除　方　法
油不能滴下	没有产生油滴下落所需的压差	加上文氏管或换成小的油雾器
	油雾器方向安装错误	改变安装方向
	油道堵塞	拆卸,进行修理
	油杯未加压	因通往油杯的空气通道堵塞,需拆卸修理
油杯未加压	通往油杯的空气通道堵塞	拆卸修理
	油杯大、油雾器使用频繁	加大通往油杯空气通孔或使用快速循环式油雾器
油滴数不能减少	油量调整螺钉失效	检修油量调整螺钉
空气向外泄漏	油杯破损	更换油杯
	密封不良	检修密封
	观察玻璃破损	更换观察玻璃
油杯破损	用有机溶剂清洗	使用金属杯或耐有机溶剂杯
	周围存在有机溶剂	与有机溶剂隔离

二、气压系统故障实例分析

举例：故障检测与排除方法

在图 15-3 所示回路图中，气动系统由一个双作用气缸和一个二位五通换向阀组成。

故障现象： 在气缸处于静止状态时，发现换向阀的排气口有气体输出。

故障查找步骤： 检查气体从哪一个排气口输出。在气缸的两个终端位置进行检测。假设当气缸处于回缩位置时，接口 5 有气体输出。回路图 15-3 中已表明换向阀的接口 5 与气缸接口 B 之间是导通连接的。因此，压缩空气一定是从进气口 1 传送到排气口 5 的。那么存在两种故障可能性：

1）压缩空气穿过了气缸，即压缩空气从接口 F 端通过活塞（活塞密封件泄漏）进入接口 B 端，到达阀的排气口 5。

2）在阀的内部存在泄漏。

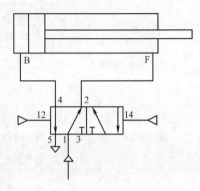

图 15-3　故障检测气动回路图

故障排除步骤： 首先拔掉 B 和 4 之间的气管，可以选择拔掉接口 B 的气管或接口 4 的气管（取决于操作的方便性）。如果气体是从气缸排出的，则说明故障是由现象 1）造成的，气缸有泄漏。那么应立即更换活塞密封圈，或许也需要更换气缸的缸体，使气缸工作恢复正常。如果气体不是从气缸排出的，则先堵住阀的输出口 4，以检查阀是否存在内部泄漏。如果确认是阀内部存在泄漏，则立即对阀进行修复。泄漏可能是由于损坏的密封件、阀芯上的固体杂质或者是由于阀芯卡死后不能换位等原因造成的。

> **讨论练习题**
>
> 对于已经使用了一段时间的系统，如果压缩空气中凝结水的含量超过允许范围，将会对系统产生哪些影响？

技能实训 19　气压传动系统故障的分析与排除

1. 实训目的

1）学会气压传动系统故障的分析方法。

2）掌握气动系统常见故障的排除方法。

2. 实训设备及要求

1）气动实训台。

2）气动元件：双作用气缸 1 个、双电磁控制二位五通换向阀 1 个、气源处理装置 1 套、压缩空气预处理单元及软管和附件等。

3）由实训指导教师设置系统故障。

3. 实训内容及步骤

完成一个双电磁控制的二位五通换向阀对双作用气缸伸出与缩回的控制。控制原理图如

图 15-4 所示，完成气动回路的连接。

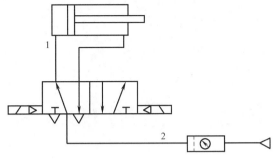

图 15-4　控制原理图

双作用气缸不动作，试分析故障原因并排除故障。可以参考下面说明进行：

1）检查气缸和电磁阀的漏气情况。若气缸漏气大，应查明气缸漏气的故障原因；若电磁阀排气孔漏气大，包括不应排气的排气孔漏气，则应查明是气缸漏气还是电磁阀漏气。若漏气排除后，气缸动作正常，则故障真实原因即是漏气。若漏气排除后，气缸动作仍不正常，则漏气不是故障的主要原因，应进一步诊断。

2）若气缸和电磁阀都不漏气或漏气很小，则应先判断电磁阀能否换向。可根据阀芯换向时的声音或电磁阀的换向指示灯来判断。若电磁阀不能换向，可使用试探反证法，操作电磁先导阀的手动按钮来判断是电磁先导阀故障还是主阀故障。若主阀能切换，即气缸能动作，则一定是电磁先导阀故障；若主阀仍不能切换，便是主阀故障。然后进一步查明电磁先导阀或主阀的故障原因。

3）若电磁阀能切换，但气缸不动作，则应查明有压输出口是否没有气压或者气压不足。可使用试探反证法，若电磁阀换向时活塞杆不能伸出，可卸下图 15-4 的连接管 1。若电磁阀的输出口排气充分，则必为气缸故障；若排气不足或不排气，可初步排除是气缸故障，进一步查明气路是否堵塞或供压不足。可检查减压阀上的压力表，看压力是否正常。若压力正常，再检查管路 2 各处有无严重泄漏或管道被扭曲、压扁等现象。若不存在上述问题，则一定是主阀阀芯被卡死。若查明是气路堵塞或供压不足，即减压阀无输出压力或输出压力太低，则需进一步查明原因。

4）电磁阀输出压力正常，气缸却不动作，可使用部分停止法，卸去气缸外负载。若气缸动作恢复正常，则应查明负载过大的原因；若气缸仍不动作或动作不正常，则可进一步查明是否摩擦力过大。

5）排除故障，并运行系统，使之正常工作。

4. 实训思考题

1）总结该回路出现故障的原因，回答你是如何排除故障的？

2）若双电磁控制二位五通换向阀有故障，导致气缸不能正常工作，分析其所有可能的故障原因。

思考题和习题

15-1　气缸在使用中应该注意哪些问题？

15-2　各种控制阀在安装、使用中应该注意哪些问题？

15-3　为了使气压系统能够长期稳定地运行，应采取哪些定期维护措施？

15-4　试列举气压传动系统常见的故障及其排除方法。

附录 常用液压与气动元件图形符号

名　　称	符　　号	名　　称	符　　号
定量泵		单作用增压器	p_1　p_2
变量泵		单向阀	
双向流动,带外泄油路单向旋转的变量泵		双向定量摆动气马达	
单向定量马达		单作用半摆动气缸或摆动马达	
双向变量马达		双向摆动缸,限制摆动角度	
双向变量泵或马达单元,双向流动,带外泄油路,双向旋转		单作用单杆缸,靠弹簧力复位	
先导控制,带压力补偿单向变量泵,带外泄漏油路		双作用单杆缸	
		双作用双杆缸	
气马达		单作用柱塞缸	
空气压缩机		单作用伸缩缸	

（续）

名　　称	符　　号	名　　称	符　　号
双作用伸缩缸		二位四通电磁方向阀	
单作用气液转换器		二位五通气动方向阀，单电磁铁，外部先导供气，手动操纵，弹簧复位	
液控单向阀		三位五通直动式气动方向阀，弹簧对中	
双向单向阀（液压锁）		二位四通双电磁铁，定位销式方向阀	
梭阀（或门）		二位四通液控方向阀	
双压阀（与门）		二位五通踏板控制方向阀	
快速排气阀		三位四通液控方向阀	
二位二通推压方向阀		二位四通方向阀，电磁铁操纵，液压先导控制	
二位二通电磁方向阀		二位三通液压电磁换向座阀	
二位三通机动方向阀		三位四通电磁方向阀	
二位三通电磁方向阀		三位五通手动方向阀，定位销定位	
二位三通电磁方向阀，手动定位		三位四通电液方向阀	

（续）

名　称	符　号	名　称	符　号
三位五通气动方向阀，电磁铁与先导控制和手动控制		可调节流阀	
二位三通气动方向阀，差动先导控制		压力继电器	
延时控制气动阀		直动式比例溢流阀	
直动式比例方向阀		直动式比例溢流阀，电磁力直接作用在阀芯上，集成电子器件	
先导式伺服阀，带主级和先导级的闭环位置控制，集成电子器件，外部先导供油和回油		直动式比例溢流阀，带电磁铁位置闭环控制，集成电子器件	
直动式溢流阀		先导式比例溢流阀，带电磁铁位置反馈	
先导式溢流阀		气动内部流向可逆调压阀	
直动式减压阀		气动外部控制顺序阀	
先导式减压阀		电磁溢流阀	
直动式顺序阀			
单向顺序阀		可调单向节流阀	

（续）

名　称	符　号	名　称	符　号
调速阀		隔膜式蓄能器	
单向调速阀		气囊式蓄能器	
三通流量阀,可调节,将输入流量分成固定流量和剩余流量		活塞式蓄能器	
		气瓶	
流量阀,滚轮柱塞操纵,弹簧复位		储气罐	
分流阀		带光学阻塞指示器的过滤器	
集流阀		带压力表的过滤器	
压力表		吸附式过滤器	
温度计		离心式分离器	
流量计		手动排水流体分离器	
过滤器			

（续）

名　称	符　号	名　称	符　号
自动排水流体分离器	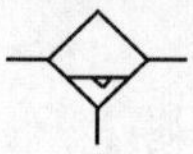	气压源	
油箱通气过滤器		带手动排水分离器的过滤器	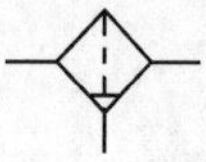
油雾器	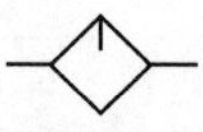	带双单向阀的快换接头，断开状态	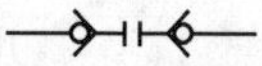
手动排水油雾器	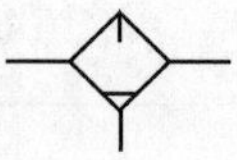	不带单向阀的快换接头，断开状态	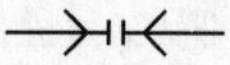
不带冷却液流道指示的冷却器		输出开关信号、可电子调节的压力传感器	
液体冷却的冷却器	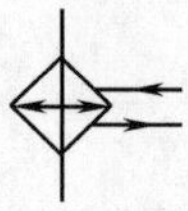	模拟信号输出压力传感器	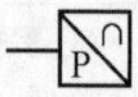
		加热器	
电动风扇冷却的冷却器		空气干燥器	
气源处理装置（气动三联件）上图为详细示意图，下图为简化图		不带压力表的过滤调压阀	
		液压源	

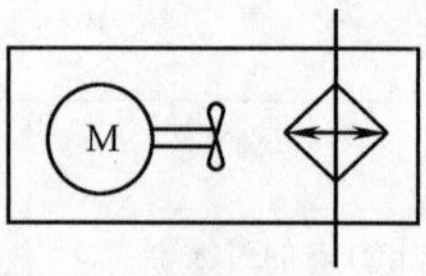

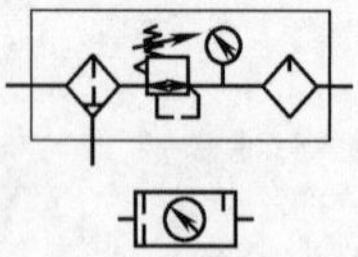

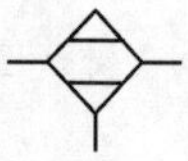

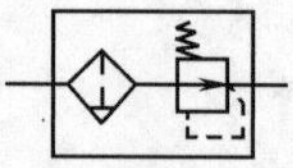

参 考 文 献

[1] 黎启柏. 液压元件手册 [M]. 北京：冶金工业出版社，2000.

[2] 袁承训. 液压与气压传动 [M]. 2 版. 北京：机械工业出版社，2005.

[3] 左健民. 液压与气压传动 [M]. 5 版. 北京：机械工业出版社，2016.

[4] 张宏甲. 金属切削机床液压传动 [M]. 南京：江苏科学技术出版社，1980.

[5] 姚新，刘民钢. 液压与气压 [M]. 北京：中国人民大学出版社，2000.

[6] 薛祖德. 液压传动 [M]. 北京：中央广播电视大学出版社，1995.

[7] 贾培起. 液压传动 [M]. 天津：天津科学技术出版社，1982.

[8] 刘延俊. 液压与气压传动 [M]. 4 版. 北京：机械工业出版社，2020.

[9] 丁问司，丁树模. 液压传动 [M]. 4 版. 北京：机械工业出版社，2019.

[10] 刘会清，李芝. 液压传动 [M]. 3 版. 北京：机械工业出版社，2020.

[11] 赵应樾. 液压控制阀及其修理 [M]. 上海：上海交通大学出版社，1999.

[12] 张磊等. 实用液压技术 300 题 [M]. 北京：机械工业出版社，2000.

[13] 阎祥安，焦秀稳. 液压传动与控制习题集 [M]. 天津：天津大学出版社，1999.

[14] 黄谊，张宏甲. 机床液压传动习题集 [M]. 北京：机械工业出版社，1992.